天然系抗菌・防カビ剤の開発と応用

Development and Applications of Natural Antibacterial and Antifungal Agents

監修：坂上吉一
Supervisor : Yoshikazu Sakagami

シーエムシー出版

はじめに

　天然系抗菌・防カビ剤とは，自然界から得られる微生物の増殖を抑える有用な抗菌性物質の総称である。それらのルーツは，植物由来，微生物由来，動物由来等多岐にわたる。近年の天然由来成分の嗜好（流行）を踏まえて，多くの化合物が登場してきている。それらの中には，食品衛生法で食品添加物としての使用が許可されているものも多い。天然系抗菌・防カビ剤は比較的古くからの使用実績があり，使用者にとって安全・安心を認識しやすい化合物も多く，今後も適宜登場してくるものと思われる。また，天然系抗菌剤は，合成系抗菌剤に比べて耐性菌が生じにくいことも特徴の一つであるとされている。

　近年，抗生物質を含めた抗菌剤による薬剤耐性菌問題が，日本だけでなく世界レベルで大きな問題の一つとなっている。その対策は種々講じられているが，大きな成果があがっているとは言い難いのが現状と思われる。過度な使用を避け，適正使用が対策の一つとされている。合成系抗菌剤に比べて耐性菌が生じにくいとされている天然系抗菌剤の適正使用は，意義あるものと思われる。

　微生物制御は，我々人類が微生物とうまくつきあっていく上で重要な学問分野の一つである。天然系抗菌剤の有効活用ならびにその応用は，我々人類にとっては，自然環境を考慮した抗菌剤の適正使用であり，この点で意義あるものと思われる。

　本書『天然系抗菌・防カビ剤の開発と応用』は，天然系抗菌剤を中心に，素材の基礎から種々の応用面まで幅広く取り上げた最新の書籍である。執筆者も大学の教員，公的機関の研究者ならびに各種抗菌素材等を取り扱うメーカーの技術者等，幅広い方々から構成されている。

　本書は，天然系抗菌・防カビ剤を取り扱うメーカー，今後，抗菌剤および防カビ剤を取り上げようとしているメーカー，大学ならびに公的機関等で抗菌剤分野および周辺領域を研究テーマに取り上げている研究室あるいは今後取り上げようとしている方々に大いに役立つ書籍であると確信している。

2019 年 4 月

日本防菌防黴学会会長
元　近畿大学農学部
坂上　吉一

執筆者一覧（執筆順）

坂上 吉一	元 近畿大学 教授；現 日本防菌防黴学会 会長	
小藤田 久義	岩手大学 農学部 森林科学科 教授	
辻村 舞子	秋田県立大学 木材高度加工研究所 特任助教	
中山 素一	九州産業大学 生命科学部 生命科学科 教授	
宮本 敬久	九州大学 大学院農学研究院 食品衛生化学分野 教授	
中野 宏幸	広島大学大学院 統合生命科学研究科 教授	
落合 秋人	新潟大学 大学院自然科学系／工学部 材料科学プログラム 助教	
谷口 正之	新潟大学 大学院自然科学系／工学部 材料科学プログラム 教授	
提箸 祥幸	農業・食品産業技術総合研究機構 北海道農業研究センター 作物開発研究領域 作物素材開発・評価グループ 上級研究員	
西村 麻里江	農業・食品産業技術総合研究機構 生物機能利用研究部門 主席研究員	
辻 朗	小島プレス工業㈱ 研究開発部 課長	
田中 貴章	小島プレス工業㈱ 研究開発部	
小塚 明彦	小島プレス工業㈱ 研究開発部 主査	
数岡 孝幸	東京農業大学 応用生物科学部 醸造科学科 准教授	
和田 夏美	九州大学 大学院生物資源環境科学府 生命機能科学専攻	
善藤 威史	九州大学 大学院農学研究院 生命機能科学部門 助教	
園元 謙二	九州大学 大学院農学研究院 生命機能科学部門 教授	
野田 正文	広島大学 大学院医系科学研究科 未病・予防医学共同研究講座 特任准教授	

杉山 政則	広島大学　大学院医系科学研究科　未病・予防医学共同研究講座　教授	
永尾 寿浩	大阪産業技術研究所　生物・生活材料研究部　脂質工学研究室　室長	
大﨑 久美子	鳥取大学　農学部　講師	
尾谷 浩	鳥取大学　農学部　名誉教授	
永田 宏次	東京大学　大学院農学生命科学研究科　応用生命化学専攻　准教授	
川上 浩	共立女子大学　大学院家政学研究科　人間生活学専攻　教授	
小磯 博昭	三栄源エフ・エフ・アイ㈱　第一事業部　食品保存技術研究室	
金谷 秀治	大洋香料㈱　研究所　香粧品研究室	
永利 浩平	㈱優しい研究所　代表取締役	
手島 大輔	㈱トライフ　代表取締役	
伊福 伸介	鳥取大学　大学院工学研究科　教授	
佐々木 満	熊本大学　パルスパワー科学研究所／大学院先端科学研究部　准教授	
江島 広貴	東京大学　大学院工学系研究科　マテリアル工学専攻　准教授	
田口 精一	東京農業大学　生命科学部　分子生命化学科　生命高分子化学研究室　教授；北海道大学　名誉教授	
相沢 智康	北海道大学　大学院先端生命科学研究院／国際連携研究教育局　教授	
小田 忍	金沢工業大学　ゲノム生物工学研究所／医工融合技術研究所／バイオ・化学部　応用バイオ学科　教授	
伊藤 健	関西大学　システム理工学部　機械工学科　教授	

目　次

【第Ⅰ編　総論】

第1章　抗菌・防カビ剤の種類（天然系，無機系，合成系）と特徴，利用動向　　坂上吉一

1 抗菌剤 …………………………………… 3
2 天然系抗菌剤 …………………………… 3
3 合成系抗菌剤 …………………………… 5
　3.1 無機系合成抗菌剤 ………………… 5
　3.2 有機系合成抗菌剤 ………………… 5
4 その他（ハイブリット系および固定化抗菌剤） ……………………………………… 7
4.1 ハイブリット系 ……………………… 7
4.2 固定化抗菌剤系 ……………………… 7
5 防カビ剤 ………………………………… 7
6 抗菌剤の利用動向 ……………………… 8
7 抗菌剤および防カビ剤の開発経緯と将来性 ………………………………………… 9
8 市場動向 ………………………………… 9

第2章　抗菌・防カビの検査・評価法　　坂上吉一

1 抗菌性試験法の現状 …………………… 11
　1.1 抗菌性試験法 ……………………… 12
　1.2 光触媒の抗菌性評価法 …………… 14
　1.3 抗菌加工製品の抗菌性能基準 …… 16
　1.4 その他の主な抗菌性試験法 ……… 16
2 防カビ試験法 …………………………… 16
　2.1 JIS Z 2911:2010 :2018（かび抵抗性試験方法） ……………………………… 16
　2.2 JIS R 1705:2016（ファインセラミックス－光照射下での光触媒抗かび加工製品の抗かび性試験方法） …… 18
　2.3 JIS L 1921:2015（ATP発光測定法） …………………………………… 19

【第Ⅱ編　探索・開発】

〈植物由来〉

第1章　スギテルペノイドの抗菌活性　　小藤田久義，辻村舞子

1 はじめに ………………………………… 23
2 スギ樹皮テルペノイド類の抗菌活性 …………………………………………… 23
　2.1 スギ樹皮および有機溶媒抽出物の抗菌活性 ……………………………… 24
　2.2 スギ樹皮ヘキサン抽出物に含まれる抗植物病原菌成分 ………………… 25
　2.3 スギ樹皮の主要ジテルペン類およびその抗細菌活性 …………………… 25
3 スギ材乾燥排液から得られるジテルペン

I

類の抗菌活性………………………… 27
　3.1　スギ材乾燥排液からのジテルペン類
　　　の分離精製………………………… 27
　3.2　スギ材乾燥排液から単離されたテル
　　　ペノイド類の抗菌活性…………… 30
4　まとめ…………………………………… 32

第2章　カテキン類の抗菌作用機構　　中山素一，宮本敬久

1　はじめに………………………………… 34
2　カテキン類の抗菌活性………………… 35
　2.1　カテキン類単独の抗菌活性……… 35
　2.2　カテキン類と他の薬剤との併用効果
　　　………………………………………… 37
3　細菌菌体に作用したカテキン類の可視化
　………………………………………………… 41
4　カテキン類の細菌菌体タンパク質への作
　用………………………………………… 43
　4.1　グラム陽性菌に対する作用……… 44
　4.2　グラム陰性菌に対する作用……… 46
5　カテキン類の吸着に対する菌体の応答
　………………………………………………… 48
6　おわりに………………………………… 50

第3章　植物由来抗菌物質とハードルテクノロジーによる食中毒菌の制御　　中野宏幸

1　はじめに………………………………… 52
2　植物由来抗菌物質……………………… 53
3　ハードルテクノロジー………………… 55
4　植物抽出液によるハードルテクノロジー
　食中毒菌の制御………………………… 56
　4.1　食中毒細菌に対する植物抽出液の抗
　　　菌性………………………………… 56
　4.2　植物抽出液と他の制御因子を組み合
　　　わせた制御………………………… 58
5　おわりに………………………………… 62

第4章　コメ由来ディフェンシンの抗真菌活性と医薬品素材への展開　　落合秋人，谷口正之，提箸祥幸

1　はじめに………………………………… 64
2　イネディフェンシンの多様性………… 65
3　OsAFP1の抗真菌活性と構造安定性
　………………………………………………… 65
4　OsAFP1の抗真菌メカニズム………… 66
5　OsAFP1の抗真菌活性に関わる構造要因
　………………………………………………… 69
6　今後の展開……………………………… 70

第5章　蒸着重合法による防カビフィルムの作製
西村麻里江, 辻　朗, 田中貴章, 小塚明彦

1　はじめに …………………………… 72
2　蒸着重合とは ……………………… 72
　2.1　薄膜形成手法 ………………… 72
　2.2　蒸着重合 ……………………… 73
3　蒸着重合の歴史 …………………… 73
4　徐放性蒸着重合膜の作製 ………… 73
　4.1　材料選定 ……………………… 73
5　防カビ資材 ………………………… 74
　5.1　構成 …………………………… 74
　5.2　徐放性能 ……………………… 74
　5.3　湿度依存性 …………………… 76
　5.4　食品安全性 …………………… 76
6　今後の展開 ………………………… 77

〈微生物由来〉

第6章　麹菌由来の抗菌物質（イーストサイジン）
数岡孝幸

1　はじめに …………………………… 79
2　イーストサイジン高生産菌の探索 …… 79
3　イーストサイジン活性を有する培養液の調製 …… 79
4　抗菌活性の測定 …………………… 80
5　イーストサイジン粗物質の調製 …… 81
6　イーストサイジンの性質 ………… 82
　6.1　安定性 ………………………… 82
　6.2　抗菌試験培地のpHおよび培地中に添加した金属イオンの抗菌活性への影響 …… 82
　6.3　抗菌作用様式 ………………… 82
　6.4　変異原性試験 ………………… 83
　6.5　抗菌スペクトル ……………… 83
7　イーストサイジンの利用例 ……… 84
8　おわりに …………………………… 85

第7章　乳酸菌バクテリオシンの探索とその利用
和田夏美, 善藤威史, 園元謙二

1　はじめに …………………………… 87
2　乳酸菌バクテリオシンとは ……… 87
　2.1　乳酸菌バクテリオシンの特徴 …… 87
　2.2　乳酸菌バクテリオシンの分類 …… 87
3　新奇乳酸菌バクテリオシンの探索 …… 88
4　乳酸菌バクテリオシンの生合成と作用機構 …… 90
5　乳酸菌バクテリオシンの利用 …… 91
　5.1　食品保存料（ナイシン製剤「ニサプリン」） …… 91
　5.2　ナイシン含有洗浄剤組成物 …… 92
　5.3　乳房炎予防剤・治療剤 ……… 92
　5.4　口腔ケア剤 …………………… 92
6　バクテリオシンの強化と生産系の構築 …… 93
7　おわりに …………………………… 93

第8章　植物由来乳酸菌と麹菌の産生する物質による病原性微生物の制御　　野田正文, 杉山政則

1　緒言 …………………………… 96
2　植物乳酸菌の産生する抗菌ポリペプチド
　　── バクテリオシン …………… 97
3　抗ピロリ物質を産生する植物乳酸菌
　　…………………………………… 99
4　植物乳酸菌による病原因子の発現制御
　　………………………………… 100
5　麹菌による病原性微生物の制御 …… 101
6　結語 …………………………… 102

第9章　選択的抗菌活性を有する脂肪酸の植物油からの微生物変換　　永尾寿浩

1　ヒトと微生物の関わりおよび選択的抗菌活性の意義 ……………………… 104
2　皮膚細菌叢とアトピー性皮膚炎 …… 106
3　微生物変換による希少脂質の製造 … 107
4　微生物変換で得られた 7-cis-C16:1 の選択的抗菌活性 ………………… 109
5　おわりに ……………………… 110

第10章　きのこ由来揮発性物質の植物病原菌類に対する抗菌作用　　大﨑久美子, 尾谷　浩

1　はじめに ……………………… 113
2　きのこ由来VAの活性検定 ……… 114
3　芳香臭きのこ由来のVA ………… 115
4　食用きのこ由来のVA …………… 117
4.1　ブナシメジのVA …………… 117
4.2　きのこ廃菌床から放出されるVA
　　………………………………… 118
5　おわりに ……………………… 119

〈動物由来〉
第11章　乳タンパク質ラクトフェリンの抗ウイルス・抗菌作用と活性増強　　永田宏次, 川上　浩

1　ラクトフェリン分子の特徴 ……… 121
2　ラクトフェリンの抗ウイルス作用 … 123
3　ラクトフェリンの抗ウイルス作用機序
　　………………………………… 124
4　抗HBV活性 …………………… 125
5　抗HCV活性 …………………… 125
6　抗HIV活性 …………………… 126
7　ラクトフェリンの抗菌作用 ……… 126
8　ラクトフェリン由来ペプチドの抗菌作用
　　………………………………… 126
9　ラクトフェリンおよびそのペプチドの抗ウイルス剤・抗菌剤としての利用 … 127

【第Ⅲ編　応用・利用】

第1章　天然系抗菌成分の食品添加物としての利用　　小磯博昭

1　はじめに……………………133
2　カラシ抽出物………………133
3　リゾチーム…………………134
　3.1　リゾチームの抗菌効果…………135
　3.2　リゾチームの安定性……………135
　3.3　リゾチームの効果的な使い方…136
4　ナイシン……………………138
　4.1　ナイシンの抗菌効果……………139
　4.2　ナイシンの安定性………………139
　4.3　ナイシンの効果的な使い方……140
5　ε-ポリリジン，プロタミン………140
　5.1　ε-ポリリジン，プロタミンの抗菌効果……………………………141
　5.2　ε-ポリリジン，プロタミンの安定性……………………………141
　5.3　ε-ポリリジン，プロタミンの効果的な使い方……………………142
6　おわりに……………………143

第2章　ヒドロキシ脂肪酸多価アルコールエステルによる体臭抑制素材への応用　　金谷秀治

1　はじめに……………………145
2　皮膚常在細菌による体臭の発生経路………………………………145
3　多価アルコール型抗菌剤の抗菌性…146
4　ヒト腋における皮膚常在菌の抑制効果試験……………………………148
5　リシノレイン酸グリセリルの残留性の評価……………………………149
6　リシノレイン酸グリセリルの殺菌作用機構の確認……………………150
7　おわりに……………………151

第3章　乳酸菌由来抗菌ペプチドを用いた口腔ケア用製剤「ネオナイシン®」　　永利浩平，手島大輔

1　はじめに……………………153
2　乳酸菌由来抗菌ペプチド…153
　2.1　ナイシン…………………………153
　2.2　高精製ナイシン…………………154
3　口腔用天然抗菌剤「ネオナイシン®」……………………………154
4　乳酸菌由来抗菌ペプチド製剤「ネオナイシン®」の応用………………157
5　乳酸菌由来抗菌ペプチド製剤「ネオナイシン-e®」への進化……………158
6　今後の展望…………………160

第4章　カニ殻由来の新素材「キチンナノファイバー」を用いた抗菌剤の開発　　伊福伸介

1　カニ殻由来の新素材「キチンナノファイバー」……………………………162
2　キチンナノファイバーに対する抗菌性の付与……………………………165
　2.1　表面脱アセチル化キチンナノファイバーフィルム……………………………165
　2.2　N-ハラミン化キチンナノファイバーの抗菌性……………………………167
　2.3　銀ナノ粒子を担持したキチンナノファイバーの抗菌性……………………………168

【第Ⅳ編　生産・技術】

第1章　超臨界流体・亜臨界水・マイクロ波を用いた高効率精油抽出技術　　佐々木　満

1　はじめに……………………………173
2　柑橘果皮からの精油抽出技術………174
　2.1　超臨界二酸化炭素を利用した柑橘果皮精油の抽出……………………………175
　2.2　水熱マイクロ波蒸留技術を利用した柑橘果皮精油の抽出……………………………176
3　おわりに……………………………179

第2章　ポリフェノール模倣高分子の精密重合　　江島広貴

1　はじめに……………………………181
2　ポリフェノール模倣高分子の精密重合……………………………182
3　ポリフェノール模倣高分子の抗酸化能……………………………184
4　ポリフェノール模倣高分子の接着能……………………………185
5　おわりに……………………………187

第3章　昆虫由来抗菌ペプチドの作用メカニズム解明と進化工学　　田口精一

1　イントロダクション………………189
2　アピデシンの作用メカニズム解明の変遷……………………………190
3　アピデシンの作用標的の特定………193
4　アピデシンの進化工学的高活性化……195
　4.1　進化工学システムの構築……………195
　4.2　進化工学研究から合理的高活性化へ……………………………196
5　タナチンの作用メカニズム解明の変遷……………………………198
6　タナチンの進化分子工学的高活性化……200
7　私見と今後の展開……………………201

第4章 遺伝子組換え微生物による抗菌ペプチドの生産技術　　相沢智康

1. 遺伝子組換え抗菌ペプチド生産技術の重要性 …………………………204
2. 遺伝子組換え抗菌ペプチドの可溶性画分での生産 …………………………204
3. 遺伝子組換え抗菌ペプチドの不溶性画分での生産 …………………………210
4. おわりに …………………………213

第5章 界面バイオプロセスによる抗菌物質生産カビ・放線菌のスクリーニングと抗菌物質の高生産　　小田　忍

1. はじめに …………………………215
2. 浮上性微粒子を用いた液体培地液面でのカビマットの形成 …………………………216
3. 液／液界面培養法による抗菌物質生産カビのスクリーニング …………………………217
4. 液／液界面培養法による生物活性物質の高濃度生産 …………………………219
5. 固／液界面培養法による抗菌物質生産カビ・放線菌のスクリーニング …………………………219
6. おわりに …………………………221

第6章 ナノ構造に起因する抗菌・殺菌効果　　伊藤　健

1. はじめに …………………………224
2. 昆虫の翅にあるナノ構造と抗菌特性 …………………………225
3. ナノ構造の作製法と表面特性の調整 …………………………225
4. 抗菌評価 …………………………227
5. 細胞レベルでの殺菌評価 …………………………228
6. まとめ …………………………232

第Ⅰ編
総　論

第1章　抗菌・防カビ剤の種類（天然系，無機系，合成系）と特徴，利用動向

坂上吉一*

　抗菌とは，「JIS Z 2801 抗菌加工製品－抗菌性試験方法・抗菌効果」では，「製品の表面における細菌の増殖を抑制する状態」と定義されている（カビや酵母等の真菌類はこの定義には含まれない）。また，抗菌とは「殺菌・消毒・滅菌等の全ての概念を包括する」とも表現され，業界によっては除菌との表記も認められる[1～3]。

　一方，防カビは，特定のカビ（真菌）の生育を抑制することを意味する。

　抗菌・防カビ剤の種類（天然系，無機系，合成系）と特徴，利用動向と題して，現在日本で使用されている抗菌剤および防カビ剤ならびにそれらの周辺事情等を中心に解説する。

1　抗菌剤[4]

　抗菌剤の原体は，およそ200～250種類以上あるが，それらは無機系，有機系，天然系，ハイブリット系および固定化抗菌剤系に分けられる。以下，それぞれについて，解説する。

2　天然系抗菌剤

　天然系抗菌剤とは，青森ヒバに含まれるヒノキチオール誘導体（ヒノキチオール，β-ドラブリン，他）のように，自然界から得られる微生物の増殖を抑える有用な抗菌剤の総称である[5]。近年の天然由来成分の嗜好（流行）を踏まえて，多くの化合物が登場してきている。それらの中には，食品衛生法で食品添加物としての使用が許可されているものも多い。また，天然系抗菌剤は比較的古くからの使用実績があり，使用者にとって安全・安心を認識しやすい化合物も多い。

　表1に現時点で明らかになっている天然系抗菌剤のリストを示す[6, 7]。

　精油類としては，ヒノキチオール，ヒノキ油エマルジョン，ヒバ油，青森ヒバ油，青森ヒバ油サイクロデキストリン混合物，ヒバ油エマルジョン，ひのき抽出物，ひのき成分，1,8-シネオール，ヨモギ油エキス（1,8-シネオール），ヨモギエキス，ユーカリブルタオイル（1,8-シネオール），レモンユーカリオイル，オレンジオイル，リモネン（オレンジオイル），グアイアズレン，タイム油，クローブ油，オレガノ抽出物および針葉樹テルペノイド類があげられる。

---

*　Yoshikazu Sakagami　元　近畿大学　教授；現　日本防菌防黴学会　会長

表1 主な天然系抗菌剤の分類

分類	抗菌剤名称
精油類 　テルペン類 　芳香族系	・ヒノキチオール，ヒノキ油エマルジョン，ヒバ油，青森ヒバ油，青森ヒバ油サイクロデキストリン混合物，ヒバ油エマルジョン，ひのき抽出物，ひのき成分 ・1,8-シネオール，ヨモギ油エキス（1,8-シネオール），ヨモギエキス，ユーカリプタオイル（1,8-シネオール），レモンユーカリオイル，オレンジオイル，リモネン（オレンジオイル），グアイアズレン，タイム油，クローブ油，オレガノ抽出物 ・針葉樹テルペノイド類
イソチオシアネート	・カラシ抽出物，天然からし成分，天然わさび成分，香辛料抽出物，セイヨウワサビ抽出物
ポリフェノール類	・カテキン，緑茶エキス，緑茶カテキン，緑茶乾留物，緑茶抽出物，茶抽出物 ・柿カテキン，柿抽出物，柿フラボノイド ・フラボノイド類（植物フラボノイド，フラボン誘導体） ・シソエキス
キノン類	・孟宗竹乾留パウダー，竹の抽出エキス，柿エキス
糖質系（アミノ糖類系）	・キトサン，キトサン配合エマルジョン，架橋キトサン，キトサン有機酸塩，ヒドロキシプロピルキトサン，キチン・キトサン繊維，セルロース含銅繊維
抗生物質	・ポリリジン（ε-ポリリジン）
タンパク質	・しらこタンパク（しらこ分解物），ラクトフェリン，ラクトフェリシン，米由来タンパク質・ペプチド
エステル類	・ウンデシル酸モノグリセリド，ラウリシジン（ラウリルグリセロール）
その他の天然物	・アロエキス，グレープフルーツ種子抽出物，シャクヤク根エキス，トウガラシエキス，モノ葉エキス，松抽出物，乳酸菌バクテリオシン，きのこ由来揮発性物質，麹菌由来抗菌物質 ・各種抽出物（ウド，エゴノキ，カワラヨモギ，酵素分解ハトムギ，ホオノキ，レンギョウ，イチジク，オレガノ，クワ，シソ，ショウガ，タデ，ニンニク，ハチク，ピメンタ，ブドウ種子，プロポリス，ユッカフォーム，ローズマリー，ミカン種子，ユッカフォーム）

嶋林三郎，柏田良樹，抗菌製品を創る[2]抗菌剤の種類，特徴とその動向（2）天然系抗菌剤，防菌防黴，**36**, 323-333（2008）に一部加筆・改変

　イソチオシアネートとしては，カラシ抽出物，天然からし成分，天然わさび成分，香辛料抽出物およびセイヨウワサビ抽出物があげられる。

　ポリフェノール類は，カテキン，緑茶エキス，緑茶カテキン，緑茶乾留物，緑茶抽出物，茶抽出物，柿カテキン，柿抽出物，柿フラボノイド，フラボノイド類（植物フラボノイド，フラボン誘導体）およびシソエキスがあげられる。

　キノン類は，孟宗竹乾留パウダー，竹の抽出エキスおよび柿エキスがあげられる。

　糖質系（アミノ糖類系）は，キトサン，キトサン配合エマルジョン，架橋キトサン，キトサン有機酸塩，ヒドロキシプロピルキトサン，キチン・キトサン繊維およびセルロース含銅繊維があげられる。

　抗生物質は，ポリリジン（ε-ポリリジン）が，タンパク質は，しらこタンパク（しらこ分解物），ラクトフェリン，ラクトフェリシンおよび米由来タンパク質・ペプチドがあげられる。

第1章　抗菌・防カビ剤の種類（天然系，無機系，合成系）と特徴，利用動向

　エステル類は，ウンデシル酸モノグリセリドおよびラウリシジン（ラウリルグリセロール）があげられる。

　また，その他の天然物は，アロエエキス，グレープフルーツ種子抽出物，シャクヤク根エキス，トウガラシエキス，モノ葉エキス，松抽出物，乳酸菌バクテリオシン，きのこ由来揮発性物質，麹菌由来抗菌物質および各種植物抽出物（ウド，エゴノキ，カワラヨモギ，酵素分解ハトムギ，ホオノキ，レンギョウ，イチジク，オレガノ，クワ，シソ，ショウガ，タデ，ニンニク，ハチク，ビメンタ，ブドウ種子，プロポリス，ユッカフォーム，ローズマリー，ミカン種子およびユッカフォーム）等である。

　なお，表1に示した天然系抗菌剤の代表的なものについては，「第Ⅱ編　探索・開発」の中で，それらが詳細に述べられている。

3　合成系抗菌剤

3.1　無機系合成抗菌剤[8,9]

　金属塩が中心である。結晶性アルミノケイ酸ナトリウム（銀置換ゼオライト），銅・亜鉛ゼオライト，銀ゼオライト，リン酸ジルコニウム・酸化銀，リン酸ジルコニウム・酸化銀・酸化亜鉛，リン酸チタン，酸化亜鉛および酸化チタンのゲル混合物，リン酸チタン銀担持ゲルと酸化亜鉛の混合物，銀担持二酸化ケイ素，酸化銀，ポリリン酸アンモニウム，リン酸ナトリウム，塩化銀，銀，酸化亜鉛，銅化合物，金属銅，テトラアミン銅イオン，リン酸系・ガラスおよび金属酸化物を含む親水性アミノシリコンポリマーである。これらの化合物については，（一社）繊維評価技術協議会の加工剤分類表にもリストアップされている。

3.2　有機系合成抗菌剤[8,9]

　有機系合成抗菌剤の分類を表2に示す。

　ビグアナイド系化合物，カーバニリド化合物，両性界面活性剤，カルボン酸類，アルコール系，第四アンモニウム塩系化合物，フェノール類，アミノ酸，スルファミド，ピリジン，ニトリル，ポリマー類およびその他（硫黄フロアブル　ラクトフェリン，ラクトフェリシン）がリストアップされている。なお，医薬品分野で汎用される殺菌消毒剤（アルコール類，アルデヒド類，ビグアナイド系，塩素系および過酸化物系）については省略する。

　なお，これらの化合物についても，前述の無機系合成抗菌剤のリストと同様に，（一社）繊維評価技術協議会の加工剤分類表にもリストアップされている。

表2 有機系合成抗菌剤の分類

大分類	中分類	小分類
有機系	ビグアナイド	グルコン酸クロルヘキシジン グルコン酸クロルヘキシジン・ピロクトオラミン ポリヘキサメチレンビグアナイド塩酸塩 クロロヘキシジン, 2-アクリルアミド-2-メチルプロパンスルホン酸共重合物 ポリヘキサメチレンビグアナイドハイドロクロライドと酸化亜鉛の配合物
	カーバニリド	トリクロカルバン リクロカルバンとナリジクス酸の配合物フェニルアミド系化合物
	両性界面活性剤	アルキルアミドプロピルジメチル β-ヒドロキシエチルアンモニウム塩・ポリ[オキシエチレン(ジメチルアミノ)エチレン(ジメチルイミノ)エチレンクロライド]
	カルボン酸	ポリメタクリル酸 ポリアクリル酸塩と硫酸亜鉛の配合物 ナリジクス酸（1-エチル-1,4-ジハイドロ-7-メチル-4-オキソ-1,8-ナフチリジン-3-カルボン酸）
	アルコール	多価アルコール系化合物
	第四アンモニウム塩	塩化ベンザルコニウム 有機シリコーン第四アンモニウム塩 N-ポリオキシアルキレン-N,N,N-トリアルキレンアンモニウム塩 アルキル第四アンモニウム・カルボン酸塩 アルキルジメチルアンモニウム塩 アルキルジメチルベンザルコニウム塩 アルキル第四アンモニウム塩 N,N,N,N-テトラアルキル第四アンモニウム塩 セチルトリメチルアンモニウムクロライド ジアルキル第四アンモニウム塩 テトラアルキル第四アンモニウム塩 オクタデシルジメチルアンモニウムクロライド 塩化ジデシルジメチルアンモニウム ジデシルジメチルアンモニウムクロライド リン酸エステルモノマーの共重合体の4級アンモニウム塩化合物 3-(メトキシシリル)-プロピルオクタデシルジメチルアンモニウムクロライド N-ポリオキシアルキレン-N,N,N-トリアルキレンアンモニウム 塩化ベンザルコニウムクロライド・多価アルコール系化合物 アルキルトリメチルアンモニウムジブチルリン酸塩 ジシアナミド・ジエチレントリアミン・塩化アンモニウム縮合物 ジシアンジアミド ポリアルキレン ポリアミンアンモニウム重縮合体 カチオンポリマー(ポリ-β-1,4)-N-アセチル-D-グルコサミンの部分脱アセチル化合物とヘキサメチレンビス(3-クロロ-2-ヒドロキシプロピルジメチルアンモニウムクロライド)との反応生成分
	フェノール	アルキレンビスフェノールナトリウム塩 パラクロールメタキシレノールビス(2,6 ジ-t-ブチル-4-メチルフェノール)ペンタエリスリトールジホスフェイト
	アミノ酸	N-アルキロイル-L-グルミタミン酸銀銅
	スルフアミド	N,N-ジメチル-N'-(フルオロジクロロメチルチオ)-N''-フェニルスルファミド
	ピリジン	亜鉛(2-ピリジンチオール-1-オキシド)：ピリチオン亜鉛ビス(1-ヒドロキシ-2(1)ピリジオチオネート(O,S)-T-4)亜鉛：ジンクピリチオン
	ニトリル	2,4,5,6 テトラクロロイソフタロニトリル
	ポリマー	アクリロニトリル・アクリル酸共重合物銅架橋物 アクリロニトリル硫化銅複合体 アクリルアミドージアリルアミン塩酸塩共重合体 メタクリレート共重合物 フッ素系ポリマー ポリエステル系ポリマー
	その他	硫黄フロアブルラクトフェリン, ラクトフェリシン

第 1 章　抗菌・防カビ剤の種類（天然系，無機系，合成系）と特徴，利用動向

4　その他（ハイブリット系および固定化抗菌剤）

4.1　ハイブリット系[4, 10, 11]

マイカ（雲母）の層間インターカレーションにより有機系抗菌剤（2-n-オクチル-4-イソチアゾロン-3）を導入したハイブリット型抗菌剤，あるいは難溶性リン酸塩（ホスト層）に第四アンモニウム塩（ベンザルコニウム塩化物あるいは塩化セチルピリジニウム）を挿入した有機無機ハイブリット型抗菌剤が開発されている。有機系薬剤の低い耐熱性と耐光性を付与する設計であり，塗料，プラスチック製品に多く利用されている。

4.2　固定化抗菌剤系[12, 13]

3-（トリメトキシシリル）プロピルジメチルオクタデシルアンモニウムクロライドは，第四アンモニウ塩にトリメトキシシリル基が分子末端に導入されており，繊維表面や水酸基を有する材料表面と脱メタノール反応（シランカップリング反応）により共有結合するようにデザインされた薬剤である。薬剤が製品表面から極めて脱落しにくく，長期間にわたって殺菌効果を維持する（固定化殺菌剤と称している）。

固定化された殺菌官能基は脱落することなく，接触した微生物の細胞表面を物理化学的に破壊することにより殺菌活性を発現する。なお，アニオン部位を有する分子が結合すると殺菌活性が著しく低下するが，洗浄により殺菌活性は回復するとされている。

5　防カビ剤

主要な防カビ剤（抜粋）を表3に示す。

主要な防カビ剤は，イソチアゾリン系（ベンズイソチアゾリン，オクチルイソチアゾリン，メチルイソチアゾリン・クロロメチルイソチアゾリン混合溶液），アゾール系（ミコナゾール，イトラコナゾール），イミダゾール系（エニルコナゾール），フタルイミド系（フルオロフォルペット，キャプタン），臭素系（ブロノポール），ベンズイミダゾール系（チアベンダゾール，カルベンダジム）およびヨード（ヨウ素）系（3-ヨード-2-プロピニルブチルカーバメート，ジヨードメチル-p-トリスルフォン）に分類できる。用途は，殺菌・防腐・防藻・防腐剤，医療用抗真菌薬，防カビ剤，農薬（殺菌剤），動物用抗真菌剤，プラスチックや染料等の防カビ剤，バナナ・柑橘類の防カビ剤，農業用・工業用防カビ剤および木材や塗料等の防カビ剤である。

また，食品用（食品添加物）の防カビ剤としては，オルトフェニルフェノール，オルトフェニルフェノールナトリウム，ジフェニル，チアベンダゾール，イマザリル，フルジオキソニル，ピリメタニルおよびプロピコナゾールが，みかん以外の柑橘類の防カビ剤やバナナの防カビ剤等として，使用されている。

表3 主要な防かび剤の分類（抜粋）

系統	主要な化合物	用途
イソチアゾリン系	ベンズイソチアゾリン オクチルイソチアゾリン メチルイソチアゾリン・クロロメチルイソチアゾリン混合溶液	殺菌・防腐・防藻・防腐剤
アゾール系	ミコナゾール イトラコナゾール	医療用抗真菌薬
イミダゾール系	エニルコナゾール	防カビ剤，農薬（殺菌剤），動物用抗真菌剤
フタルイミド系	フルオロフォルペット キャプタン	プラスチックや染料等の防カビ剤
臭素系	ブロノポール	殺菌剤・防腐剤
ベンズイミダゾール系	チアベンダゾール カルベンダジム	チアベンダゾール：バナナ・柑橘類の防カビ剤 カルベンダジム：農業用・工業用防カビ剤
ヨード（ヨウ素）系	3-ヨード-2-プロピニルブチルカーバメート ジヨードメチル-p-トリスルフォン	木材や塗料等の防カビ剤

6 抗菌剤の利用動向[7]

　抗菌技術を利用した抗菌加工製品は，国内においては年間1兆円を超える巨大市場を形成しているとされている（2013年時点で年間1兆円を超える市場規模であり，その後もある程度規模が拡大していることが予想される）。

　近年，安全面や衛生管理意識が高いレベルにある各種医療施設や介護老人施設，各種保育施設や，食の安全・安心が進んでいる食品製造現場等だけではなく，一般家庭においても，感染予防（制御）の立場から，個人の衛生意識の向上に伴い，抗菌加工製品は浸透してきており，また，製品数も年々増え続けている。したがって，今後も市場はより拡大していくものと予想される[6]。

　一般に，無機金属系の抗菌剤は，抗生物質とほぼ同様に選択毒性（抗生物質や化学療法剤が特定の病原菌やがん細胞に作用し毒性を示すが，我々にとって有益な菌である常在菌や正常細胞には作用しない）があるとされている。しかし，使用方法によっては（適正に使用しない場合は），常在菌に対する悪影響を否定できない可能性がある（増殖を抑える目的とする菌だけでなく，常在菌に対する影響が懸念される）。この点を十二分に考慮した適正使用が重要である。

　一方，合成系抗菌剤は，種類も多岐にわたる。安全性データがそろっている化合物は少なくはないが，無機金属系抗菌剤に比べ，より一層の注意をはらった適正使用が望まれる。また，有機系抗菌剤は耐性菌が出現しやすい傾向がある。

7　抗菌剤および防カビ剤の開発経緯と将来性[7]

　日本の文化を背景に開発された日本発の技術である抗菌技術は，清潔志向や感染症予防意識のより一層の向上を受けてその重要性がますます大きくなっている。日本国内ではすでに定着しているようであり，欧州でも「KOHKIN」の名称で知られる等，世界中に広がりつつあるのが現状である。

　また，2016年には，抗菌加工製品の世界的な普及を目指して，日本・中国・韓国が主体となった国際抗菌組織が発足している。（一社）抗菌製品技術協議会のSIAAマークを統一認証マークとして採用する予定であり，日本企業は国内で販売しているSIAA認証の抗菌加工製品をそのまま海外でも販売できるようになり，さらなる商機が生まれるものと思われる。

　抗菌加工製品のSIAAへの登録増加に比例するように，抗菌加工製品の規模は拡大してきている。1990年代後半の抗菌ブームの際に著しい伸びを見せ，その後数年間は市場が停滞気味であったが，2000年後半から再び順調な伸びを示し，2013年に1兆円の大台を突破した。

　一方，繊維製品関係では，（一社）繊維評価技術協議会（繊技協）で，抗菌防臭加工，制菌加工，光触媒抗菌加工，防カビ加工，その他の分野でSEKの認証が順調に進むとともに，平成30年度より機能性加工繊維製品の試験方法とその認証方法のアジア太平洋経済協力（APEC）域内への普及プロジェクトが実施されつつある。

8　市場動向[7]

　グローバルインフォメーションの最新の市場調査レポートである「食品保存剤の世界市場動向・予測2020年：天然食品保存剤・化学食品保存剤・抗菌剤・酸化防止剤」の中で，抗菌剤を含む天然食品保存剤・化学食品保存剤，酸化防止剤など，食品保存剤の世界市場は，2020年までに3,360億円（1ドル120円換算）に成長すると予想されている。また，2015年以降，年平均成長率は約2.4％とみられ，特にアジア太平洋地域では2.6％を示すと見込まれている。さらに，食品保存剤市場の主要な傾向として，植物や動物から抽出される天然保存剤の利用拡大が進むと予想されている。

　また，2013年の時点でのグローバルインフォメーションは，米国市場の殺菌剤および抗菌剤の需要を予測し，2013年から年間6％程度の成長で，2017年には約1,900億円（1ドル120円換算）の規模に達すると予測した。これをもとに2014年の市場規模を逆算すると，約1,600億円になり，日本市場の約4倍である。一方，アジア最大の市場規模の中国では，2011年に抗菌加工品市場は1兆円に達していると中国化工新聞が報じているとのことである。2013年度に1兆円規模に達した日本市場と比較して，非常に速いスピードでの到達であり，その後も成長が続いているのではと予測される。

文　　献

1) JIS Z 2801（日本工業規格）
2) 鳥居貴佳，あいち産業科学技術総合センターニュース，p.6（2013 年 6 月）
3) 菊野理津子，防菌防黴，**45**（11），543（2017）
4) 高麗寛紀，防菌防黴，**37**（12），883（2009）
5) 稲森善彦ほか，*Biol. Pharm. Bull.*，**23**（8），995（2000）
6) 嶋林三郎，柏田良樹，防菌防黴，**36**（5），323（2008）
7) 藤本嘉明，杉浦晃治ほか，抗菌技術と市場動向 2016，シーエムシー出版（2016）
8) 抗菌・防カビ・抗ウイルス，東レリサーチセンター（2015）
9) （一社）繊維評価技術協議会，加工剤分類表，p.29（2018）
10) 竹久英治ほか，抗菌のすべて，p.675，繊維社（1997）
11) 大野康晴ほか，防菌・防黴剤の開発と展望，p.90，シーエムシー出版（2005）
12) 高麗寛紀，化学と生物，**26**（12），834（1988）
13) 高麗寛紀，防菌防黴，**21**（6），331（1993）

第2章　抗菌・防カビの検査・評価法

坂上吉一*

はじめに

　第1章でも述べたが，抗菌とは，「JIS Z 2801 抗菌加工製品－抗菌性試験方法・抗菌効果」では，「製品の表面における細菌の増殖を抑制する状態」と定義されている（カビや酵母等の真菌類はこの定義には含まれない）。また，抗菌とは「殺菌・消毒・滅菌等の全ての概念を包括する」とも表現され，また業界によっては除菌との表記も認められる[1～3]。

　一方，防カビとは，特定のカビ（真菌）の生育を抑制することを意味する。

　抗菌性試験ならびに抗かび試験法は，各種抗菌・防カビ素材の抗菌性ならびに防カビ（抗かび）効果を評価する際に必要不可欠な試験方法である。

1　抗菌性試験法の現状

　各種抗菌性試験ならびにそれらの評価基準等については，団体規格等が ISO と JIS 規格等として詳細に述べられている[3]。

　主要な抗菌性試験としては，JIS Z 2801:2012（ISO 22196:2011），シェーク法（JIS Z 2801 が適用できない製品を対象），JIS R 1702:2012（光触媒抗菌加工製品の抗菌性試験），JIS R 1752:2013（可視光応答形光触媒抗菌加工製品の抗菌性試験），JIS L 1902:2015（繊維製品の抗菌性試験）等があげられる。

　また，防カビ試験としては，JIS Z 2911:2010 :2018（かび抵抗性試験方法），JIS R 1705:2016（ファインセラミックス－光照射下での光触媒抗かび加工製品の抗かび性試験方法），JIS L 1921:2015（ATP 発光測定法）等があげられる。

　一方，抗ウイルス試験としては，JIS R 1706:2013（光触媒材料の抗ウイルス性試験），JIS R 1756:2013（可視光応答形光触媒材料の試験），ISO 18184:2014（繊維製品の試験，JIS L 1922:2016）があげられる。

　今回，抗菌性試験法ならびに抗かび試験法について解説する（抗ウイルス性試験については割愛する）（表1）。

＊　Yoshikazu Sakagami　元　近畿大学　教授；現　日本防菌防黴学会　会長

表1 JIS，ISOにおける抗微生物試験法

抗菌試験	JIS Z 2801:2012（ISO 22196:2011）	抗菌性試験
	シェーク法　JIS Z 2801が適用できない製品	
	JIS R 1702:2012	ファインセラミックス－光照射下での光触媒抗菌加工製品の抗菌性試験
	JIS R 1752:2013	可視光応答形光触媒抗菌加工製品の抗菌性試験
	JIS L 1902:2015	繊維製品の抗菌性試験
抗かび試験	JIS Z 2911:2010 :2018	かび抵抗性試験方法
	JIS R 1705:2016	ファインセラミックス－光照射下での光触媒抗かび加工製品の抗かび性試験方法
	JIS L 1921:2015	ATP発光測定法
抗ウイルス	JIS R 1706:2013	光触媒材料の抗ウイルス性試験
	JIS R 1756:2013	可視光応答形光触媒材料の抗ウイルス性試験
	ISO 18184:2014	繊維製品の抗ウイルス試験（JIS L 1922:2016）

各記号は専門記号（L：繊維，R：窯業，Z：その他）

1.1 抗菌性試験法

1.1.1　JIS Z 2801（ISO 22196）抗菌加工製品の抗菌性試験法（フィルム密着法）[1〜7]

　繊維製品および光触媒抗菌加工製品を除く，プラスチック製品，金属製品，セラミック製品など抗菌加工製品（中間製品を含む）の表面における細菌に対する抗菌性試験方法を規定したものである。

　黄色ぶどう球菌と大腸菌を試験菌とし，前培養した試験菌を1/500ニュートリエント培地（NB培地）に懸濁（菌数：約10^5/mL）し，試験片（5 cm×5 cm：抗菌加工および無加工）の表面に一定量接種後，ポリエチレンフィルムを被せ密着し，35℃，RH 90％以上で24時間培養後，生菌数を測定（菌液接種直後および24時間培養後）し，回収液（SCDLP培地）で試験菌を回収し，生菌数を測定する。

　評価基準は以下の通りである。

$$R = (U_t - U_0) - (A_t - U_0) = U_t - A_t$$

　R：抗菌活性値
　U_0：無加工試験片の接種直後の生菌数の対数値（平均値）
　U_t：無加工試験片の24時間後の生菌数の対数値（平均値）
　A_t：抗菌加工試験片の24時間後の生菌数の対数値（平均値）

$$N = (C \times D \times V) \div A$$

　N：生菌数（試験片1 cm^{2}当たり）
　C：集落数（採用した2枚のシャーレの集落数の平均値）
　D：希釈倍数（採用したシャーレに分注した希釈液の希釈倍数）
　V：洗い出しに用いたSCDLP培地の液量（mL）
　A：被覆フィルムの表面積（cm^2）

第 2 章　抗菌・防カビの検査・評価法

無加工試験片の接種直後の生菌数の対数値

$(L_{\max} - L_{\min}) \div L_{\mathrm{mean}} \leq 0.2$

　$L_{\max}$：生菌数対数値の最大値
　$L_{\min}$：生菌数対数値の最小値
　L_{mean}：3 個の試験片の生菌数対数値の平均値

なお，無加工試験片の接種直後の生菌数（平均値）は，$6.2 \times 10^3 \sim 2.5 \times 10^4$ 個/cm² の範囲内であることが規定されている。

1.1.2　菌液吸収法（JIS L 1902）[1, 5]

繊維製品および用途や表面性状が繊維製品に類似するものに適用する抗菌性試験法である。一定量の細菌懸濁液を被験試料および対称試料（18 mm 角の試料をあらかじめ 30 mL 容量のバイアル瓶に 0.4 g を入れ，121℃，15 分間滅菌したもの）に浸み込ませ，35～37℃，18 時間後に，ポリソルベート 20 加減菌生理食塩水を 20 mL 加え，25～30 回振り，各試料から細菌を回収する。10 倍段階希釈後，各希釈液を NB 寒天培地に塗抹し，37℃で 48 時間培養後，生菌数を測定し，評価する方法である。

評価方法は以下のとおりである。

対称増殖値 $(F) = \mathrm{Log}\,C_{\mathrm{t}} - \mathrm{Log}\,C_0$

　$\mathrm{Log}\,C_{\mathrm{t}}$：18～24 時間培養後の対照試料 3 検体の生菌数（または ATP 量の算術平均）の常用対数
　$\mathrm{Log}\,C_0$：接種直後の対照試料 3 検体の生菌数（または ATP 量の算術平均）の常用対数

$\mathrm{Log}\,C_0 > \log T_0$ の場合は，$\log T_0$ を $\log C_0$ に置き換えて計算する。

$A = (\mathrm{Log}\,C_{\mathrm{t}} - \mathrm{Log}\,C_0) - (\mathrm{Log}\,T_{\mathrm{t}} - \mathrm{Log}\,T_0) = F - G$

　A：抗菌活性値
　F：対照試料の増殖値（$F = \log C_{\mathrm{t}} - \log C_0$）
　G：試験試料の増殖値（$G = \log T_{\mathrm{t}} - \log T_0$）
　$\mathrm{Log}\,T_{\mathrm{t}}$：18～24 時間培養後の試験試料 3 検体の生菌数（または ATP 量の算術平均）の常用対数
　$\mathrm{Log}\,T_0$：接種直後の試験試料 3 検体の生菌数（または ATP 量の算術平均）の常用対数

なお，JIS L 1902（2015 年）では，JIS L 1902（2008 年）で採用されていた抗菌防臭加工，制菌加工の言葉がなくなり，「抗菌加工」に統一された。活性値の表現方法では殺菌活性値の概念がなくなっている。また，抗菌活性値 A ＝静菌活性値 S。殺菌活性値にあたる値は参考値として算出可能とされている。

1.1.3 ハロー法（JIS L 1902）[2]

細菌を接種した寒天培地の中央部分に被験試料を載せ，37℃で24～48時間培養後，試料周囲の細菌の増殖の有無（阻止帯の有無）を観察し，抗菌効果を評価する方法である。半定量的な簡易法ではあるが，通常，抗菌性の有無の一次スクリーニング法として適用される。

1.1.4 シェーク法[2]

（一社）抗菌製品技術協議会の方法で，現在，2016年度版が提示されている。細菌懸濁液に供試試料（または対称品）を浸し，振とう培養（通常：25℃，120 rpm）した後，対照品と試験品の間で生菌数の変化を比較し，抗菌活性値を評価する方法で，フィルム密着法（JIS Z2801）が適用できない試料に適用する方法である。

前培養した供試菌液（菌数が 1.0×10^4～5.0×10^4 個/mL）を1/500 NB培地で希釈し，接種用菌液とする。減菌60 mL検査用コップ（外径63 mm，深さ35 mm，内容積60 mL：または同等品）に表面積が32 cm²に対して供試菌液10 mLを接種（無加工品を含めて，各3個ずつ）し，35 ± 1℃，24 ± 1時間振とうする。減菌生理食塩水で適宜希釈し，標準寒天培地に塗抹し，37℃で48時間培養後，出現する菌を計測し，以下の式に従い，抗菌活性値を評価する。

「抗菌活性値」：$(C - A) - (D - A) = (C - D)$

A：接種直後の対照区の生菌数の対数値（平均値）
C：保存24時間後の無加工試験区の生菌数の対数値（平均値）
D：保存24時間後の抗菌加工試験区の生菌数の対数値（平均値）
B：保存24時間後の対照区の生菌数の対数値（平均値）

（「無加工試験区」の対数値の平均値）あるいは（「抗菌加工試験区」の対数値の平均値）が「＜1」の場合は，「1」として掲載するものとする。

なお，試験成立の条件は以下の通りである。

下記4項目の試験成立条件をすべて満たすとき，その試験は有効と見なす。

① 「接種直後の対照区」および「対照区」の各3個の対数値の生菌数について，次式による計算を行い，その計算値が0.2以下であること。

（最高対数値−最低対数値）／（対数平均値）≦ 0.2

② A（「接種直後の対照区」の対数値の平均値）に対するB（「対照区」の対数値の平均値）の減少が1以下であること（$A - B \leqq 1$）。

③ 「接種直後の対照区」の各3個の生菌数について，それらの平均値が1.0×10^5～5.0×10^5 個/カップの範囲にあること。

④ 「無加工試験区」の各3個の生菌数がすべて1.0×10^3 個/カップ以上であること。

1.2 光触媒の抗菌性評価法[4,6]

JIS R1702のファインセラミックス−光照射下での光触媒抗菌加工製品の抗菌性試験法に適

用される試験方法で，ガラス密着法とフィルム密着法がある。生地や繊維製品の場合はガラス密着法を，タイルやプラスチック製品等ではフィルム密着法が適用される。波長 300～380 nm の紫外線領域で効果を示す光触媒を対象としている。

1.2.1 ガラス密着法

滅菌シャーレの底部にろ紙と滅菌水を入れ，U 字形ガラス管，次いでガラス板を置き，試験片（5 cm × 5 cm）を載せた後，試験菌液（黄色ぶどう球菌または肺炎かん菌）0.2 mL を滴下し，密着ガラスを載せる。ガラス板で蓋をした後，25±5℃，紫外線照射下（波長：300～380 nm，放射照度：< 0.25 mW/cm^2，放射時間：8時間）と非照射（明条件と暗条件）で 8 時間培養する。試料から菌を洗い出し，菌数を計測し，静菌活性値と光照射による効果を算出し，抗菌効果を評価する。

なお，評価基準は，静菌活性値 ≧ 2.0（SEK 基準では静菌活性値 ≧ 2.0 かつ光照射による効果（明暗差）≧ 1.0）。

1.2.2 フィルム密着法

供試菌液（1/500 NB 培地に懸濁：10^5/mL）を 5 cm×5 cm の試験片の表面に一定量接種し，密着フィルムを載せ，シャーレに蓋をする。試験片を光照射下および暗所で，25±5℃で 8 時間培養後，生菌数を測定し，抗菌効果を評価する。試験法の概要を図1に示す。

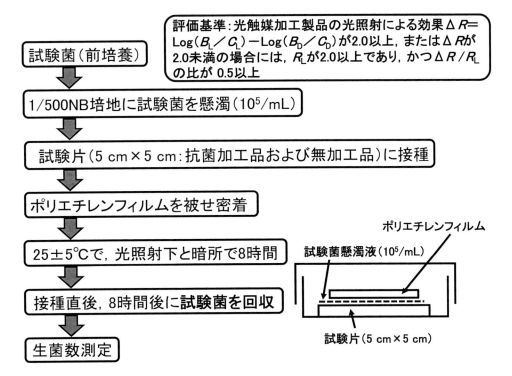

図1　JIS R 1702 フィルム密着法（光触媒抗菌加工製品：概要）

なお，評価基準は，光触媒加工製品の光照射による効果 $\Delta R = \mathrm{Log}(B_\mathrm{L}/C_\mathrm{L}) - \mathrm{Log}(B_\mathrm{D}/C_\mathrm{D})$ が 2.0 以上，または ΔR が 2.0 未満の場合には，R_L が 2.0 以上であり，かつ $\Delta R/R_\mathrm{L}$ の比が 0.5 以上である。

B_L：光照射 8 時間後の未加工品の生菌数の対数値
C_L：光照射暗所 8 時間後の光触媒加工品の生菌数の対数値
B_D：暗所 8 時間後の未加工品の生菌数の対数値
C_D：暗所 8 時間後の光触媒加工品の生菌数の対数値

1.3 抗菌加工製品の抗菌性能基準

JIS Z 2801:2010，シェーク法および JIS L 1902:2015 では，抗菌活性値が 2.0 以上を，照射フィルム密着法では，光触媒抗菌加工製品で抗菌活性値 2.0 以上，銀等無機・光触媒ハイブリッド抗菌加工製品では抗菌活性値（2a）2.0 以上，抗菌活性値（2b1）または抗菌活性値（2b2）1.0 以上を満たすこととされている。一方，JIS R 1702:2012 および JIS R 1752:2013 では，①光触媒加工製品の光照射による効果 $\Delta R = \mathrm{Log}(B_\mathrm{L}/C_\mathrm{L}) - \mathrm{Log}(B_\mathrm{D}/C_\mathrm{D})$ が 2.0 以上であること，または，②光触媒加工製品の光照射による効果 ΔR が 2.0 未満の場合には，光触媒抗菌加工製品の抗菌活性値 R_L が 2.0 以上であり，かつ $\Delta R/R_\mathrm{L}$ の比が 0.5 以上であることとされている（表 2）。

1.4 その他の主な抗菌性試験法

ペーパーディスク法，MIC（最小発育阻止濃度）測定法，MBC（最小殺菌濃度）測定法等がある。これらの方法については，抗菌活性の有無を判断するための基礎的情報を提供する手法である。

なお，抗菌製品技術協議会の品質と安全性に関する自主規格では，MIC が 800 μg/mL 以下，MBC が 100 μg/mL 以下を，抗菌性能基準としている。また，光触媒抗菌剤では，「明条件」のMIC が 800 μg/mL 以下で，「明条件の MIC」＜「暗条件の MIC」と規定している[7]。

2 防カビ試験法

2.1 JIS Z 2911:2010 :2018（かび抵抗性試験方法）[8, 9]

繊維製品やプラスチック製品，一般工業製品，塗料，皮革および皮革製品，電気・電子製品に対して，本試験法等が規定されている。

JIS Z 2911:2010 から :2018 での改正点の概要は以下の通りである。

菌株では，*Aspergillus niger* NBRC 105650 が削除され，試験菌株は計 10 株になった。また，「4.2 装置及び器具」の項が新たに追加され，「5.2 試料の清浄化」および「5.4 かび発育状態の判定」が規定された。

第2章 抗菌・防カビの検査・評価法

表2 抗菌加工製品の抗菌性能基準*

試験法名	抗菌性能基準	備考
JIS Z 2801:2010	抗菌活性値 2.0 以上	光触媒抗菌加工製品を除き原則として本試験法を適用
シェーク法	抗菌活性値 2.0 以上	JIS Z 2801 法が適用できない形状の製品に適用
JIS L 1902:2015	抗菌活性値 2.0 以上	繊維製品および用途や表面性状が繊維製品に類似するものに適用
光照射フィルム密着法	(光触媒抗菌加工製品) ・抗菌活性値 (1) 2.0 以上 (銀等無機・光触媒ハイブリッド抗菌加工製品) ・抗菌活性値 (2a) 2.0 以上 ・抗菌活性値 (2b1) または抗菌活性値 (2b2) 1.0 以上を満たすこと	光触媒抗菌加工製品に適用。なお、本法が適用できない形状の製品の場合、平板状に加工した試験片を用いて試験してもよい。
JIS R 1702:2012	①光触媒加工製品の光照射による効果 $\Delta R = \mathrm{Log}(B_L/C_L) - \mathrm{Log}(B_D/C_D)$ が 2.0 以上であること または ②光触媒加工製品の光照射による効果 ΔR が 2.0 未満の場合には、光触媒抗菌加工製品の抗菌活性値 R_L が 2.0 以上であり、かつ $\Delta R/R_L$ の比が 0.5 以上であること	光触媒抗菌加工製品に適用。なお、本法が適用できない形状の製品の場合、平板状に加工した試験片を用いて試験してもよい。
JIS R 1752	①光触媒加工製品の光照射による効果 $\Delta R = \mathrm{Log}(B_L/C_L) - \mathrm{Log}(B_D/C_D)$ が 2.0 以上であること または ②光触媒加工製品の光照射による効果 ΔR が 2.0 未満の場合には、光触媒抗菌加工製品の抗菌活性値 R_L が 2.0 以上であり、かつ $\Delta R/R_L$ の比が 0.5 以上であること	光触媒抗菌加工製品に適用する。可視光の波長が 380 mm 以上 780 mm 未満の範囲の光。

*品質と安全性に関する自主規格−抗菌製品技術協議会より

　次に、代表的な繊維製品の試験概要を記載する。試験菌種は、クロコウジカビ(アスペルギルス ニゲル)、アオカビ(ペニシリウム シトリナム)、ケトミウム(ケトミウム クロボスム)およびミロテシウム(ミロテシウム ベルカリア)である(使用実態を考慮して2種類以上のかびを選択するとされている)。

　試料 0.2 g を滅菌したバイアル瓶に入れ、試験胞子液 0.2 mL を接種し、25±1℃で42±1時間培養する。ATP消去試薬 0.1 mL、生理食塩水 4.7 mL、またATP抽出試薬 5 mL を加えて撹拌後、0.2 mL を分取し、発光試薬 0.1 mL を加えて撹拌した後、発光光度計で発光量を測定する。発光量からATP量を求め、下記の式に従い、抗かび活性値を算出する。

抗かび活性値＝｛Log（標準布・培養後の ATP 量）− Log（標準布・接種直後の ATP 量）｝

− ｛Log（加工試料・培養後の ATP 量）− Log（加工試料・接種直後の ATP 量）｝

評価基準は，抗かび活性値≧ 2.0 である（ただし，洗濯回数が少なく，かびが生えやすい製品については抗かび活性値≧ 3.0 である。なお，対象製品の分類ごとに，耐久性として，定められた洗濯処理後の試験も必要である）。

方法は，乾式法と湿式法がある。乾式法の場合は，シャーレ中の試験片（5 cm×5 cm）上に試験かび混合胞子を付着乾燥させた磁器素焼板を置き，ガラス板を載せ，ふたをする。26±2℃で 4 週間培養し，菌糸の発育の様子を観察する。湿式法の場合は，平板培地上に試験片（5 cm×5 cm）を密着貼付し，試験かび混合胞子混濁液を吹き付ける。26±2℃で 2 週間培養し，菌糸の発育状況を観察する。

試験結果の表示方法は，菌糸の発育が認められない場合は結果の表示は 0，菌糸の発育が試験片面積の 1/3 以内は 1，また，菌糸の発育が試験片面積の 1/3 を超える場合は 2，と表示する。

2．2　JIS R 1705:2016（ファインセラミックス－光照射下での光触媒抗かび加工製品の抗かび性試験方法）[8, 10]

主として，太陽光の照射下において，300 ～ 380 mm の紫外線領域で効果を示す光触媒抗菌加工製品を対象としている。

試験かびは，*Aspergillus niger* NBRC 105649（NBRC 6341 でも可）および *Penicillium pinophilum* NBRC 6345 で，PDA 斜面培地を用い，26±2 ℃で，*A. niger* は 1 週間，*P. pinophilum* は 2 週間培養したものを使用する。

抗かび活性値は，光触媒抗かび加工した平板状製品および無加工の平板状製品にかび胞子を接種し，光照射後の生残胞子数を測定したときの，無加工の平板状製品および光触媒抗かび加工した平板状製品の生残胞子数の対数値の差である。なお，この値には，光を照射しない条件で得られる生残胞子数の減少分も含まれる。

光触媒抗かび加工製品の光照射による効果は，光触媒抗かび加工した平板状製品にかび胞子を接種し，光照射後の生残胞子数および暗所に保存した後の生残胞子数を測定し，暗所に保存した後の生残胞子数および光照射後の生残胞子数の対数値の差として算出される。

紫外放射照度における光触媒抗かび加工製品の抗かび活性値は，以下の式に従い，算出する。

$$R_L = [\text{Log}(B_L/A) - \text{Log}(C_L/A)] = \text{Log}(B_L/C_L)$$

R_L：紫外放射照度条件 L（mW/cm^2）における光触媒抗かび加工製品の抗かび活性値
A：光触媒抗かび加工していない試験片の接種直後の生残胞子数の平均値（個）
B_L：光触媒抗かび加工していない試験片に紫外放射照度 L（mW/cm^2）で所定時間光照

第2章　抗菌・防カビの検査・評価法

射した後の生残胞子数の平均値（個）

C_L：光触媒抗かび加工した試験片に紫外放射照度 L（mW/cm²）で所定時間光照射した後の生残胞子数の平均値（個）

光触媒抗かび加工製品の光照射による効果（ΔR）は以下の式で評価する。

$$\Delta R = \mathrm{Log}(B_L/C_L) - [\mathrm{Log}(B_D/A) - \mathrm{Log}(C_D/A)]$$

$$= \mathrm{Log}(B_L/C_L) - \mathrm{Log}(B_D/C_D)$$

$$= R_L - \mathrm{Log}(B_D/C_D)$$

B_D：光触媒加工していない試験片を所定時間暗所に保存した後の3試験片の生残胞子数の平均値（個）

C_D：光触媒加工した試験片を所定時間暗所に保存した後の3試験片の生残胞子数の平均値（個）

2.3　JIS L 1921:2015（ATP 発光測定法）[11]

繊維製品の抗かび性試験方法及び抗かび効果（Textiles-Determination of antifungal activity and efficacy of textile products）の規格は，2012年に第1版として発行された ISO 13629-1 を基とし，我が国の技術動向，実態に即して技術的内容を変更して作成された日本工業規格である。

試験方法には，吸収法とトランスファー法がある。吸収法は，かび胞子懸濁液を直接試験片上に播種する試験方法である。一方，トランスファー法は，かび胞子を寒天培地に塗布し，試験片に転写させる試験方法である。

試験かびの発育値（F）は，以下の式に従い，算出する。

$$F = \mathrm{Log}C_t - \mathrm{Log}C_0$$

　$\mathrm{Log}C_0$：接種直後の対照試料3検体の ATP 量の算術平均の常用対数値
　$\mathrm{Log}C_t$：42 時間培養後の対照試料3検体の ATP 量の算術平均の常用対数値

また，抗かび活性値（A_a）は，以下の式に従い，算出する。

$$A_a = (\mathrm{Log}C_t - \mathrm{Log}C_0) - (\mathrm{Log}T_t - \mathrm{Log}T_0)$$

　$\mathrm{Log}C_0$：接種直後の対照試料3検体の ATP 量の算術平均の常用対数値
　$\mathrm{Log}C_t$：42 時間培養後の対照試料3検体の ATP 量の算術平均の常用対数値
　$\mathrm{Log}T_0$：接種直後の試験試料3検体の ATP 量の算術平均の常用対数値
　$\mathrm{Log}T_t$：42 時間培養後の試験試料3検体の ATP 量の算術平均の常用対数値

おわりに

　現在，各業界団体等より種々の抗微生物試験法が出されているのが現状である。それらの多くは公定法またはそれに準じる方法と位置づけられている。したがって，抗菌製品の抗菌あるいは抗かび（防カビ）効果については，現状に即した根拠に基づいたものである。しかし，健常人がやみくもに抗菌製品を使用することは，正しいことではないと考える（病人あるいは半病人は，免疫力が低下しているので，適正に使用することは悪くはないと考えられるが）。また，現在，抗生物質耐性菌が大きな社会問題の一つになっている[12]。抗菌剤も耐性菌の出現のリスクを否定できない，大きな社会問題の一つであるとされている。抗菌製品の守備範囲を正しく理解し，適正に使用することが最善である。

文　　　献

1) JIS L 1902, JIS Z 2801, JIS R 1702, JIS R 1752（日本工業規格）
2) 鳥居貴佳，あいち産業科学技術総合センターニュース，p.6（2013年6月）
3) 菊野理津子，防菌防黴，45（11），543（2017）
4) （一財）日本食品分析センター：http://www.jfrl.or.jp/item/effecttest/jis-l-1902.html
5) （一財）ボーケン品質評価機構：https://www.boken.or.jp/service/functionality/clean/photocatalyst_antibact.htm
6) （一社）日本繊維製品品質技術センター：https://www.qtec.or.jp/
7) （一社）抗菌製品技術協議会：www.kohkin.net/
8) 高麗寛紀，防菌防黴，46（3），105（2018）
9) （一財）日本規格協会，JIS Z 2911:2010 :2018，かび抵抗性試験方法
10) （一財）日本規格協会，JIS R 1705:2016，ファインセラミックス－光照射下での光触媒抗かび加工製品の抗かび性試験方法
11) （一財）日本規格協会，JIS L 1921:2015，繊維製品の抗かび性試験方法及び抗かび効果
12) 三瀬勝利，山内一也：ガンより怖い薬剤耐性菌，p.65，集英社新書（2018）

第Ⅱ編
探索・開発

第1章 スギテルペノイドの抗菌活性

小藤田久義[*1]，辻村舞子[*2]

1 はじめに

　樹木の抽出成分は，テルペノイドをはじめ，フェニルプロパノイド，リグナン，フラボノイド，タンニンなどの多様な化合物から構成され，樹木組織の骨格を形成する多糖類（セルロースおよびヘミセルロース）やリグニンとは異なり，微量でありながらも香りや色といった樹種固有の性質を特徴づけている。これらの成分のなかには病原菌や害虫などから自らの身を守るための防御物質として作用するものも存在し，フィトンチッドと呼ばれている。特に耐朽性が高い樹木からは抗菌作用を持つテルペノイド成分が見出されており，青森ヒバのヒノキチオール（β-ツヤプリシン）やヒノキのα-カジノールなどは抗菌性テルペノイドとして知られている[1]。スギはヒバやヒノキに比べて耐朽性ではやや劣るが国内最大の資源量と素材生産量を誇る樹種であることから，筆者らはその抽出成分の利用を目的としてスギテルペノイドの生理活性について検討を行ってきた。本稿では，木材加工の副産物である樹皮あるいは乾燥排液に含まれる抗菌性スギテルペノイド成分に関する研究で得られたいくつかの知見について述べる。

2 スギ樹皮テルペノイド類の抗菌活性

　樹皮は原木丸太の製材工程において大量に排出され，燃料や家畜敷料などに利用されている。このほか，近年では針葉樹の樹皮が農園芸用資材の原料に使われるようになり，土壌改良[2]，法面緑化[3]，水耕栽培[4]，などにも利用されている。また，これらの資材にスギの樹皮を用いると植物病原菌の発生が抑制されることが経験的に認められていたが，そのような抗菌作用が樹皮のいかなる成分に由来するのかについては不明であった。

　これまでに報告されている樹皮成分についての研究例はそう多くはないが，一般に有機溶媒によって抽出可能な成分は材部よりも豊富に含まれていることが知られている[5]。樹皮は樹体が外界と直接接触する最外層に位置していることから，生体防御の役割を担う組織として材部以上に多くの生理活性物質を含んでいるものと考えられ，さらには植物病原菌の抑制効果を有する何らかの抗菌成分が存在することが推測された。本研究では，まずスギ樹皮自体の抗菌活性について，いくつかの代表的な植物病原菌を用いて検証を試みた。次いで，数種の有機溶媒による逐次

＊1　Hisayoshi Kofujita　岩手大学　農学部　森林科学科　教授
＊2　Maiko Tsujimura　秋田県立大学　木材高度加工研究所　特任助教

抽出を行い，各抽出物の抗菌活性を調べるとともに，得られた抽出物から抗菌作用の主体となる成分の探索を行った。

2.1 スギ樹皮および有機溶媒抽出物の抗菌活性[6]

スギ樹皮の抗菌試験は，試料樹皮粉末を含む寒天培地に各植物病原菌を接種・培養して，樹皮を含まない対照培地と生育面積を比較することにより行った。植物病原菌には，供試菌としてリンゴ斑点落葉病菌 Alternaria alternata, イネいもち病菌 Pyricularia oryzae, シバブラウンパッチ病菌 Rhizoctonia solani, キュウリつる割り病菌 Fusarium oxysporum cucumerinum の4種を用いた。抗菌試験の結果，使用した菌の種類によって感受性に若干差が認められるものの，いずれも対照培地の50〜80%程度の阻害効果が観察され，明白な抗菌作用が認められた（表1）。また，n-ヘキサン，ジクロロメタン，エタノール，および70%アセトンで逐次抽出した後の残渣を試料として，抽出成分の除去による抗菌活性の変化についても同様に調べたところ，樹皮が本来持っている抗菌活性が半減もしくは完全に消失した。これよりスギ樹皮の抗菌活性には，主として有機溶媒で抽出される成分が寄与していることが確認された。各種溶媒抽出物の抗菌活性については，培地あたりの抽出物添加量が樹皮中の含有量と同じになるように調製して試験を行った。試験した抽出物は全て何らかの阻害効果を示したが，なかでもヘキサン抽出物がスギ樹皮の抗菌活性に最も大きく寄与していると考えられた（表2）。

表1 スギ樹皮および溶媒抽出後の抗菌活性[a]

菌 名	生育阻害率 (%)[b]	
	スギ樹皮粉	抽出済樹皮粉
A. alternata	49	阻害効果なし
P. oryzae	78	42
R. solani	83	阻害効果なし
F. oxysporum	57	阻害効果なし

a) ポテトデキストロース寒天培地 1 mL に対して樹皮粉 0.2 g を加えた。
b) 対照培地との生育面積比から算出した。

表2 スギ樹皮から逐次抽出により得られた各種抽出物の抗菌活性[a]

菌 名	生育阻害率 (%)			
	n-ヘキサン	ジクロロメタン	エタノール	70%アセトン
A. alternata	73	58	41	32
P. oryzae	88	79	16	1
R. solani	87	31	24	4
F. oxysporum	60	53	40	23

a) 培地 1 mL に対して樹皮粉 0.2 g に含まれる量に相当する各抽出物を加えた（n-ヘキサン：7.0 mg, ジクロロメタン：5.7 mg, エタノール：3.2 mg, 70%アセトン：2.0 mg）。

第 1 章　スギテルペノイドの抗菌活性

2. 2　スギ樹皮ヘキサン抽出物に含まれる抗植物病原菌成分[6, 7]

　ヘキサン抽出物に含まれる抗菌物質を分離・精製するため，各種液体クロマトグラフィーによる分画操作（グルーピング）を行った。分画された構成成分の異なる 37 グループの化合物群についてそれぞれ抗菌試験を行ったところ，程度には差があるものの，ほとんどのグループが抗菌活性を示した。このことから，スギの樹皮には多様な抗菌物質が存在し，それらの成分が総合的に機能することで活性が発現するものと推察された。このようなスギ樹皮の成分特性は，耐性菌の出現を抑制し，環境への負荷を軽減するという観点で，優れた特徴であるといえる。活性の高かったいくつかのグループから主要成分 8 種をそれぞれ単離した。単離された物質はいずれもジテルペンであり，6 種のアビエタン型骨格を有する化合物 ferruginol, iguestol, cryptojaponol, 6-α-hydroxysugiol, sugiol, 7-hydroxy-11,14-dioxo-8,12-abietadiene および 2 種のピマラン型骨格を有する化合物 isopimarol, isopimaric acid であった。単離された化合物について植物病原菌に対する抗菌試験を行った結果，菌の種類による効果の違いはあるが，いずれも一定の抗菌活性を示した（表 3）。なかでも，含有量が多く抗菌活性も比較的強い ferruginol は，スギ樹皮の植物病原菌に対する増殖抑制作用の発現に最も貢献していると考えられる。

2. 3　スギ樹皮の主要ジテルペン類およびその抗細菌活性[8]

　スギ樹皮のヘキサン抽出物には抗植物病原菌活性物質が複数存在し，そのいずれもがジテルペン類であったことから，スギ樹皮ジテルペン類の成分組成および感染性細菌に対する抗菌作用についてさらなる検討を行った。ガスクロマトグラフィー（GC）分析における主要成分を追跡しながら，スギ樹皮ヘキサン抽出物を各種クロマトグラフィーにより分画し，6 種のジテルペン，すなわち isopimarol, ferruginol, phyllocladanol, sugiyl methyl ether, sugiol, cryptojaponol を単離した。また，構造類似の sandaracopimaric acid と isopimaric acid を 2 種のジテルペン混合物として得た。GC 分析に基づいてこれらジテルペン類のスギ樹皮ヘキサン抽出物に占める割合を算出すると合計 83.6％ であった（図 1）。得られた化合物を用いて 5 種の感染性細菌に対する抗菌試験を行った結果，グラム陰性菌である大腸菌とサルモネラ菌に対してはいずれの化合物も活性を示さなかったが，グラム陽性菌に対してはいくつかのジテルペン類が抗菌活性を示した。すなわち，isopimarol には枯草菌と腸球菌に対する活性が，sandaracopimaric acid - isopimaric acid 混合物には黄色ブドウ球菌と枯草菌に対する活性が，ferruginol には 3 菌株全てに対して活性が認められた（表 4）。なかでも ferruginol の活性が最も強く，その MIC（最小生育阻止濃度）はいずれの菌株においても同じ値（1.56 μg/mL）であった。MIC 投与条件下における抗菌性の作用様態は各化合物ともに増殖抑制型（静菌型）であったことから，引き続き MBC（最小殺菌濃度）値を検定したところ，ferruginol では 3 菌株とも 3.13 μg/mL であった。また，isopimarol および sandaracopimaric acid - isopimaric acid 混合物では枯草菌に対してのみ殺菌作用が確認され，その MBC 値はそれぞれ 12.5 μg/mL および 50 μg/mL であった。

表3 スギ樹皮ヘキサン抽出物から単離された各化合物の植物病原菌に対する抗菌活性[a]

菌 名	各単離化合物の生育阻害率（%）[b]							
	I	II	III	IV	V	VI	VII	VIII
A. alternata	51	27	4	68	nd	63	3	nd
P. oryzae	52	72	20	53	18	90	49	70
R. solani	82	90	58	85	50	95	73	74
F. oxysporum	41	46	nd	71	30	49	16	10

a) 寒天培地（直径30 mm）の表面に各化合物100 μgを表面塗付した。
b) 化合物 I：ferruginol, II：iguestol, III：cryptojaponol, IV：6α-hydroxysugiol, V：sugiol, VI：7-hydroxy-11,14-dioxo-8,12-abietadiene, VII：isopimarol, VIII：isopimaric acid

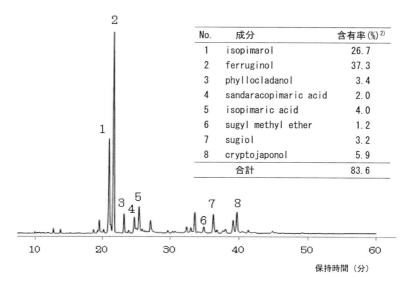

図1 スギ樹皮ヘキサン抽出物（TMS化誘導体）のGCプロファイルおよび成分組成[a]

a) 分析条件：カラム HP-5（30 m × 0.25 mm），温度190〜250℃（1℃/min），検出器 FID。
b) ヘキサン抽出物に対する重量%を示す。各標品を用いて外部標準法により算出した。

表4 スギ樹皮から単離された化合物の感染性細菌に対するMIC値（μg/mL）[a]

化合物[b]	大腸菌	サルモネラ菌	黄色ブドウ球菌	枯草菌	腸球菌
1	>50.0	>50.0	>50.0	3.13	12.5
2	>50.0	>50.0	1.56	1.56	1.56
3	>50.0	>50.0	>50.0	>50.0	>50.0
4-5	>50.0	>50.0	12.5	6.25	>50.0
6	>50.0	>50.0	>50.0	>50.0	>50.0
7	>50.0	>50.0	>50.0	>50.0	>50.0
8	>50.0	>50.0	>50.0	>50.0	>50.0

a) 最終濃度が50, 25, 12.5, 6.25, 3.13, 1.56 μg/mLとなるようにDMSO溶液として各化合物の希釈系列を作成し，NB培地に添加した。
b) 化合物 1：isopimarol, 2：ferruginol, 3：phyllocladanol, 4-5：sandaracopimaric acid - isopimaric acid, 6：sugiyl methyl ether, 7：sugiol, 8：cryptojaponol

第1章　スギテルペノイドの抗菌活性

3　スギ材乾燥排液から得られるジテルペン類の抗菌活性

　合板の製造工程では原料単板の高温乾燥処理が行われるが，その際に大量の水蒸気が排出される。これを冷却すると凝縮水とともに粘着性の物質（以下，タール様物質）が回収され，そのなかにはテルペノイドを主体とする原料木材由来の揮発成分が含まれている。合板の製造に用いられる木材は，ラワンなどの外国産広葉樹材から国産針葉樹材への転換が進んでおり，現在では合板の原料として最も大量に利用されている樹種はスギである[9]。スギ材単板の乾燥副産物として得られる排液中のタール様物質には，前項で抗菌活性物質として紹介したferruginolをはじめとするジテルペン類が多く含まれることが報告されている[10]。しかしながら，これらの成分は利用されることなく焼却処理されているのが現状である。本研究では，スギ材由来のタール様物質からのジテルペン類の分離精製法を開発し，主要なテルペノイド成分を単離するとともに，得られた各種成分の皮膚感染菌に対する抗菌活性について調べた。

3.1　スギ材乾燥排液からのジテルペン類の分離精製[11]

　合板製造工程の副産物であるタール様物質の特徴を明らかにするため，テルペノイド類の分離

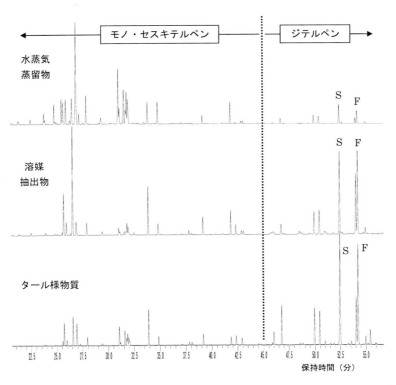

図2　水蒸気蒸留物，溶媒抽出物およびタール様物質のGC-MS分析による比較[a, b]
a）分析条件：カラムHP-5（30 m × 0.25 mm），温度60〜240℃（3℃/min），検出TIM。
b）S：sandaracopimarinol，F：ferruginol

法としてよく用いられる水蒸気蒸留ならびに溶媒（アセトン）抽出により得られる成分との比較を行った。スギ材由来の各試料についてガスクロマトグラフィー-マススペクロメトリー（GC-MS）分析を行った結果，タール様物質の組成は溶媒抽出物と類似の傾向を示した（図2）。一般に木材試料の水蒸気蒸留では揮発性の高いモノテルペンやセスキテルペンが選択的に得られ，溶媒抽出では低沸点物質から高沸点物質までの疎水性物質が幅広く得られる。また，ferruginolおよびsandaracopimarinolはスギ材の溶媒抽出物における主要成分であるが[12]，水蒸気蒸留における回収率は低いことが知られている。合板用単板は約170〜180℃という高温条件下にて乾燥処理を施されており，セスキテルペン類はもとより，水蒸気蒸留（100℃以下）では回収されにくいジテルペン類も副産物として排出されることから，結果的にタール様物質とスギ材溶媒抽出物が同様の成分組成を示したものと考えられる。

　スギ材由来タール様物質には抗菌活性を有するジテルペン類が主要成分として含まれることが確認されたため，これらの有用成分をタール様物質から効率的に分離する方法について検討し，加溶媒蒸留法（solvent-assisted-distillation：SAD法）を開発した。加溶媒蒸留法は当研究室において考案された新規のテルペノイド分離法であり，原料に高沸点溶媒（グリコール類）を加

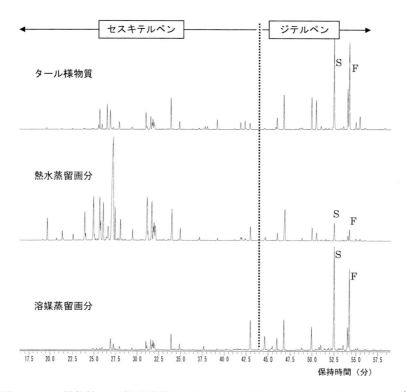

図3　タール様物質および加溶媒蒸留で得られた各画分のGC-MS分析による比較[a, b]
a) 分析条件：カラム HP-5（30 m × 0.25 mm），温度 60〜-240℃（3℃/min），検出器 TIM。
b) S：sandaracopimarinol，F：ferruginol

第 1 章　スギテルペノイドの抗菌活性

えて加熱蒸留することにより，水蒸気蒸留法では得られない高沸点のテルペノイドを分離回収する方法である。加溶媒蒸留法によるスギ材由来タール様物質からのジテルペン類の分離には水とトリエチレングリコールの混合溶媒を用いた。この場合，第1段階として水の沸騰により約

表5　タール様物質（BWP），熱水蒸留画分（WD），溶媒蒸留画分（TGD）に含まれるテルペノイド類のGC分析による比較[a]

No.	化合物	相対保持時間[b]	GCピーク面積比（%）		
			BWP	WD	TGD
1	a-Cubebene	0.61	-	2.3	-
2	Muurola-3,5-diene＜trans-＞	0.73	-	3.56	-
3	Dauca-5,8-diene	0.75	-	6.1	-
4	Muurola-4(14),5-diene＜trans-＞	0.78	-	5.99	-
5	epi-Cubebol	0.78	3.31	1.91	-
6	α-Muurolene	0.78	0.71	4.77	-
7	Cubebol	0.80	4.18	1.86	-
8	δ-Cadinene	0.81	3.58	30.57	2.43
9	Cadina-1,4-diene＜trans-＞	0.82	-	3.09	1.04
10	Elemol	0.84	1.16	2.36	0.64
11	Gleenol	0.88	-	1.27	-
12	1-epi-Cubenol	0.92	2.7	6.93	1.79
13	γ-Eudesmol	0.93	-	-	0.84
14	Cubenol	0.94	2.18	5.44	2.04
15	α-Muurolol	0.94	1.01	1.58	0.99
16	β-Eudesmol	0.95	1.68	1.91	1.83
17	α-Eudesmol	0.95	1.26	2.3	1.46
18	α-Cadinol	0.95	-	-	0.73
19	Cryptomerione	1.02	1.23	1.34	1.15
20	β-Bisabolenal	1.07	1.15	-	-
21	Bisabolatrien-1-ol-4-one＜2,7(14),10-＞	1.14	1.51	-	-
22	11-Acetoxyeudesman-4α-ol	1.23	1.26	-	-
23	Pimaradiene	1.24	1.11	1.67	-
24	Isophyllocladene	1.26	-	-	7.96
25	Sandaracopimara-8(14),15-diene	1.26	0.98	-	-
26	Phyllocladene	1.30	-	-	3.48
27	Abietatriene	1.34	-	0.87	2.58
28	Mannol	1.34	2.04	-	-
29	Abietadiene	1.36	6.39	4.62	6.7
30	Sandaracopimarinal	1.44	6.08	1.57	5.14
31	Phyllocladanol	1.47	5.59	0.81	-
32	Sandaracopimarinol	1.51	18.74	2.14	26.75
33	6,7-dehydroferruginol	1.55	7.97	-	5.51
34	Ferruginol	1.56	16.45	1.28	19.68
35	3-α-acetoxy-Manool	1.58	1.23	-	-

a) 分析条件：カラム HP-5（30 m × 0.25 mm），温度 60～240℃（3℃/min），検出器 FID。
b) 内部標準物質（heptadecane）の保持時間を 1.00 としたときの換算値

100℃で低沸点物質が水蒸気とともに蒸留回収され，第2段階としてトリエチレングリコールの沸騰により約290℃で高沸点物質が溶媒蒸気とともに蒸留回収される。図3および表5に示すように，熱水蒸留画分には主としてセスキテルペン類が，溶媒蒸留画分には主としてジテルペン類が蒸留回収された。これにより，加溶媒蒸留に使用した混合溶媒の沸点に応じてタール様物質中に含まれる成分を簡便かつ効率的に分別回収できることが示された。なお，熱水蒸留画分および溶媒蒸留画分におけるセスキテルペン類とジテルペン類の割合は，それぞれ83.3%：13.0%および14.9%：77.8%であった。

3.2 スギ材乾燥排液から単離されたテルペノイド類の抗菌活性[13]

合板製造工程におけるスギ材乾燥副産物（タール様物質）に加溶媒蒸留法を適用することにより，ジテルペン類を主体とする溶媒蒸留画分が得られたため，その主要成分を単離し，各化合物の抗菌活性を調べることとした。タール様物質から分離された溶媒蒸留画分を出発原料として，各種クロマトグラフィーにより精製を行い，7種のスギ材由来ジテルペン類，すなわち，abietatriene, abietadiene, sandaracopimarinal, sandaracopimarinol, 6,7-dehydroferruginolおよびferruginolを単離した。また，構造類似のphyllocladeneとisophyllocladeneを2種のジテルペン混合物として得た。なお，ここで得られた精製ジテルペン類のうち，abietatrieneおよびphyllocladene類については，原料であるタール様物質からは検出されなかった成分である。これらのジテルペン類は蒸留操作により元の成分が変化して発生した可能性も考えられるが，その由来については未解明であるため，今後の検討が必要である。

タール様物質から分離精製されたジテルペン類の抗菌活性を検討するにあたり，供試菌としてニキビの原因菌であるアクネ菌および水虫の原因菌である白癬菌を用いた。これらの皮膚感染菌を用いた理由は，脂溶性物質であるテルペン類の薬理作用を有効に活用するには外用剤としての用途が適していると考えたからである。アクネ菌 Propionibacterium acnes に対する精製ジテルペン類の抗菌活性はMICおよびMBCを求めることにより評価した（表6）。本実験に用いた精製ジテルペン類の中で最も活性が強かったのはferruginolであり，次いで6,7-dehydroferruginol, sandaracopimarinolの順であった。特にferruginolは市販の抗菌剤である塩化ベンザルコニウムに匹敵する抗菌作用を示し，そのMBC値は3.13 μg/mLであった。白癬菌に対する精製ジテルペン類の抗菌活性は，毛瘡白癬菌 Trichophyton mentagrophytes と紅色白癬菌 Trichophyton rubrum の2種類の菌株を用いて寒天培地における生育面積の比較により評価した。いずれの菌株においても，abietadiene, sandaracopimarinolおよびferruginolに生育抑制効果が観察された（図4および図5）。特にabietadieneは市販の抗菌剤である硝酸ミコナゾールに匹敵する抗菌作用を示した。

第 1 章　スギテルペノイドの抗菌活性

表 6　スギ乾燥排液から単離されたジテルペン類のアクネ菌に対する抗菌活性[a]

化合物	MIC (μg/mL)	MBC (μg/mL)
Ferruginol	3.13	3.13
6,7-Dehydroferruginol	3.13	6.25
Sandaracopimarinol	6.25	12.50
Abietatriene	6.25	25 $\leq$
Sandaracopimarinal	12.50	25 $\leq$
Abietadiene	12.50	25 $\leq$
Phyllocladenes	12.50	25 $\leq$
塩化ベンザルコニウム[b]	1.56	3.13

a) 最終濃度 25 μg/mL からの 2 倍希釈系列を GAM 培地に添加した。
b) アクネ菌に対するポジティブコントロールとして使用した。

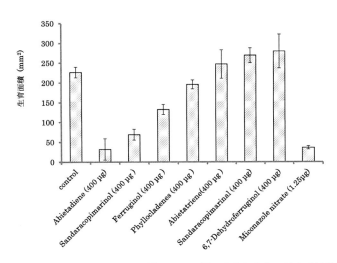

図 4　スギ乾燥副産物から単離されたジテルペン類の毛瘡白癬菌に対する抗菌活性[a, b]
a) サブロー寒天培地（直径 35 mm）の表面に各化合物のアセトン溶液を表面塗付した。
b) 白癬菌に対するポジティブコントロールとして硝酸ミコナゾールを使用した。

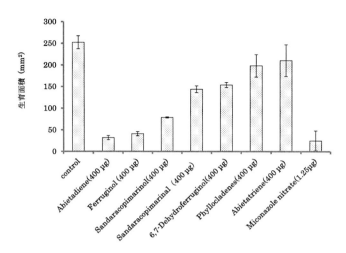

図 5 スギ乾燥副産物から単離されたジテルペン類の紅色白癬菌に対する抗菌活性[a, b]
a）サブロー寒天培地（直径 35 mm）の表面に各化合物のアセトン溶液を表面塗付した。
b）白癬菌に対するポジティブコントロールとして硝酸ミコナゾールを使用した。

4 まとめ

樹木抽出成分の有効利用に関する研究の一環として，スギ樹皮およびスギ材乾燥排液に含まれる抗菌性テルペノイドを探索し，その機能評価を行った。スギテルペノイドの抗菌活性はジテルペンに多く見出された。特に ferruginol には，植物病原菌（4種），感染性グラム陽性細菌（3種），アクネ菌，白癬菌（2種）に対する広範な抗菌活性が認められ，このうちいくつかの菌株に対しては市販の抗菌剤に匹敵する効果を示した。スギに含まれるテルペン類のなかでも ferruginol は最も主要な成分の一つであり，スギ樹皮ヘキサン抽出物やスギ材乾燥副産物（タール様物質）の 15～40％ 程度を占めている。また，筆者らは ferruginol の抗菌活性以外の機能に関しても検討を行っており，これまでに抗酸化活性（不飽和脂肪酸の酸化防止作用）や抗認知症活性（β アミロイド毒性の緩和作用）について報告している[14, 15]。このように，ferruginol は抗菌活性をはじめとする多様な生理活性を持つ高機能成分でありながら，入手が容易で潜在的資源量も豊富である。現在，一斉に伐採適齢期を迎えているスギ人工林をより付加価値の高い資源として活用するために，本研究の成果を役立てることができればと願う次第である。

第 1 章　スギテルペノイドの抗菌活性

文　　献

1) 谷田貝光克, におい・かおり環境学会誌, **38**, 428 (2007)
2) 杉本香葉子ほか, 日本緑化工学会誌, **28**, 259 (2002)
3) 石坂知行ほか, 日本緑化工学会誌, **35**, 146 (2009)
4) 石原良行ほか, 園芸学研究, **6**, 113 (2007)
5) H. Kofujita *et al.*, *Wood Sci. Technol.*, **33**, 223 (1999)
6) 小藤田久義ほか, 木材学会誌, **47**, 479 (2001)
7) H. Kofujita *et al.*, *Holzforschung*, **60**, 20 (2006)
8) 横山茂樹, 岩手大学大学院農学研究科修士論文 (2008)
9) 東京合板工業組合・東北合板工業組合編, 合板のはなし (2014)
10) 大平辰朗, におい・かおり環境学会誌, **40**, 400 (2009)
11) M. Tsujimura *et al.*, *J. Wood Sci.*, **61**, 308 (2015)
12) 長濱静男, 田崎正人, 木材学会誌, **39**, 1077 (1993)
13) M. Tsujimura, M. Goto, M. Tsuji, Y. Yamaji, T. Ashitani, K. Kimura, T. Ohira, and H. Kofujita, *J. Wood Sci.*, in press.
14) H. Saijo *et al.*, *Nat. Prod. Res.: Form. Nat. Prod. Lett.*, **29**, 1739 (2015)
15) 小藤田久義ほか, 「神経変性に対する保護剤」, 特願 2017-152754

第2章　カテキン類の抗菌作用機構

中山素一[*1]，宮本敬久[*2]

1　はじめに

　緑茶に多く含まれるポリフェノールのカテキン類は抗菌作用[1〜7]に加え，抗酸化作用[8]，抗がん作用[9]，体脂肪の減少作用[10]など多くの機能を有する興味深い天然物質である。カテキン類にはエピ体および非エピ体を含めて8種の主要な成分があり，市販緑茶抽出物（green tea extracts：GTE）中に占める各成分の割合（表1）からも分かるように，緑茶中に占める割合が最も多いのはエピガロカテキンガレート（EGCg）である。

　これまでにカテキン類の抗微生物作用については，食中毒細菌に対する抗菌および殺菌作用，抗ウイルス作用[11〜13]および毒素阻害作用[14,15]が報告されている。抗菌活性はカテキン類の中でエピカテキンガレート（ECg）およびEGCgが高いこと[16]，グラム陰性細菌よりもグラム陽性細菌に対して効果が高い傾向にあることが報告されている[17]。また，作用機作としては細菌細胞の細胞膜リン脂質へ結合して損傷を与えること[18]およびアルカリ性においてカテキン類から発生する過酸化水素の酸化力に基づく殺菌作用[19,20]が報告されている。しかし，実際に食品に利用可

表1　緑茶抽出物中に占めるカテキン類の割合[39]

緑茶抽出物中の成分	（％）	
total catechins	100	
epigallocatechin gallate（EGCg）	69.1	
epicatechin gallate（ECg）	18.9	
gallocatechin gallate（GCg）	5.0	
epigallocatechin（EGC）	2.6	79.2
epicatechin（EC）	2.3	
catechin gallate（Cg）	1.1	
gallocatechin（GC）	0.6	
catechin（C）	0.0	
rate of gallate type		94.2
rate of non-epi type		7.0
caffein		0.2
gallic acid		0.0

緑茶抽出物：ポリフェノン70A（三井農林㈱）

---

* 1　Motokazu Nakayama　九州産業大学　生命科学部　生命科学科　教授
* 2　Takahisa Miyamoto　九州大学　大学院農学研究院　食品衛生化学分野　教授

第 2 章 カテキン類の抗菌作用機構

能な条件で行われた抗菌作用についての報告は少なく，その作用機構についても不明な点が多く残されていた。本稿では，これまでに我々の研究で得られたカテキン類の抗菌作用とその機構について解説する。

2 カテキン類の抗菌活性

2.1 カテキン類単独の抗菌活性

これまでにカテキン類の抗菌活性は固体培地を用いて検討され，グラム陽性細菌およびコレラ菌などの一部のグラム陰性細菌に対しては抗菌活性が高いことが報告されている[5,6]。カテキン類はタンパク質などとの相互作用が強く，栄養豊富な液体培地中では培地成分と沈殿を形成するため，液体培地中での抗菌活性の報告はほとんどなかった。実際の食品などへの応用や抗菌作用の機構解明のためには，細菌の増殖可能な液体培地中で抗菌作用を明らかにする必要がある。そこでまず，カテキン類の共存下でも沈殿を形成しない栄養培地について検討した結果，50%濃度となるように調製した LB 培地が抗菌試験に適していた。このため 50% LB 培地を用いて種々の pH において細菌に対する抗菌スペクトルを調べた。

2.1.1 カテキン類の抗菌スペクトル

緑茶抽出物（GTE）の pH 6.5 における最小生育阻止濃度（MIC）測定結果を表 2 に示す。GTE の抗菌活性はこれまでの報告と同様にグラム陽性菌に対しては高く，グラム陰性菌に対しては全体的に低かった。しかし，グラム陽性菌でもリステリアや乳酸菌の一部の菌種は感受性が低く，逆にグラム陰性菌ではビブリオ属細菌の感受性が高かった。一般的にグラム陰性細菌は外膜を有するため抗生物質や殺菌料などの薬剤に対して高い。GTE の抗菌活性もグラム陰性細菌では低い傾向にあった理由の一つとして，中性 pH において負に帯電した外膜リポ多糖と同様に負電荷を有するカテキン類が電気的に反発するなどの理由により外膜を通過しにくかったことが考えられる。グラム陽性菌の中では乳酸菌に対する GTE の抗菌活性は低かったが，これは乳酸菌の有機酸産生能による pH の低下，菌体表層部の物理化学的性状によりカテキン類が細胞内に侵入しにくいため，あるいはカテキン類から発生する過酸化水素などの活性酸素種を除去する機構が発現していることなどによるものと考えられる。さらに野生株 Salmonella Typhimurium および菌体内の過酸化物の消去に関係するアルキルヒドロキシペルオキシダーゼをコードする遺伝子を欠損させた $\Delta ahpC$ 株および $\Delta ahpF$ 株に対する GTE の MIC は 2,000 mg/L であったが，菌体表層付近の過酸化物消去に関与するカタラーゼ遺伝子欠損株 $\Delta katG$ では 500 mg/L と有意に低かったことから，細菌の有するカタラーゼ活性の強さもカテキン耐性に関係すると考えられる。

2.1.2 緑茶抽出物の抗菌活性に対する pH の影響

カテキン類の抗菌作用は pH の影響を受けることが報告されている。種々の pH で培養して GTE の抗菌スペクトルを調べると表 3 に示すように *Staphylococcus aureus*, *Burkholderia*

表2 緑茶抽出物の pH 6.5 における抗菌活性[39]

菌株	MIC (mg/L)
グラム陽性菌	
Alicyclobacillus acidoterrestris IAM15085	1000
Bacillus coagulans CA1106	62.5
Bacillus coagulans CA1108	250
Bacillus cereus JCM 2152	125
Bacillus subtilis JCM 1465	250
Bacillus subtilis IFO 3007	250
Bacillus subtilis IFO 3023	250
Bacillus subtilis IFO 12113	500
Bacillus subtilis IFO 13722	250
Brevibacillus parabrevis IFO 3331	62.5
Enterococcus faecalis JCM 5803	1000
Enterococcus faesium	2000
Lactobacillus brevis 1	2000
Lactobacillus brevis 2	2000
Lactobacillus mesenteroides	> 2000
Lactobacillus buchneri JCM 1115	> 2000
Lactobacillus delbrueckii JCM 1148	125
Lactobacillus fructivorans JCM 1117	> 125
Lactobacillus plantarum JCM 1149	2000
Lactobacillus delbrueckii JCM 1148	125
Lactococcus lactis JCM 5805	500
Leuconostoc mesenteroides NBRC 3426	> 2000
Leuconostoc mesenteroides NBRC 12060	1000
Listeria monocytogenes No.13	500
Listeria monocytogenes No.21	500
Listeria monocytogenes No.53	500
Listeria monocytogenes No.115	500
Pediococcus acidilactici JCM 2032	2000
Pediococcus pentosaceus	> 2000
Staphylococcus aureus IFO 3060	62.5
グラム陰性菌	
Burkholderia cepacia JCM 5506	500
Burkholderia cepacia JCM 15124	500
Enterobacter cloacae JCM 1232	2000
Escherichia coli O157:H7 (VT1, VT2)	500
Escherichia coli O157:H7 (VT1)	1000
Escherichia coli IFO 3301	500
Escherichia coli O157:H- (VT1, VT2)	2000
Klebsiella pneumoniae JCM 1248	250
Pseudomonas aeruginosa IFO 13275	1000
Salmonella Enteritidis IFO 3313	2000
Salmonella Enteritidis ΔrpoS	2000
Salmonella Infantis	2000
Salmonella Typhimurium IFO 12529	2000
Salmonella Typhimurium IFO 12529 ΔahpC	2000
Salmonella Typhimurium IFO 12529 ΔahpF	2000
Salmonella Typhimurium IFO 12529 ΔkatG	500
Serratia marcescens JCM 1239	> 2000
Vibrio alginolyticus 10-1	< 62.5
Vibrio cholerae non O1 FK	125
Vibrio cholerae FK	62.5
Vibrio parahaemolyticus 33-8	62.5
Vibrio parahaemolyticus WP-1	62.5
Vibrio vulnificus	250

第2章 カテキン類の抗菌作用機構

表3 緑茶抽出物の抗菌活性に対するpHの影響[39]

菌株	MIC (mg/L)						
	pH 3	pH 4	pH 5	pH 6	pH 7	pH 8	pH 9
グラム陽性菌							
Alicyclobacillus acidoterrestris IAM15085	250	1000	500				
Bacillus cereus JCM 2152	−	−	62.5	125	500	250	125
Bacillus coagulans	−	−	500	250	62.5	62.5	62.5
Bacillus subtilis JCM 1465	−	−	250	500	250	250	125
Lactobacillus brevis	−	2000	2000	2000	>2000	2000	−
Lactobacillus plantarum JCM 1149	250	>2000	>2000	>2000	>2000	>2000	−
Leuconostoc mesenteroides NBRC 3426	2000	>2000	2000	2000	>2000	>2000	−
Listeria monocytogenes No.21	−	−	62.5	500	500	500	500
Staphylococcus aureus IFO 3060	−	−	500	500	250	125	62.5
グラム陰性菌							
Burkholderia cepacia JCM 5506	−	>500	>500	>500	500	125	<62.5
Escherichia coli O157:H7 (VT1, VT2)	−	−	2000	2000	500	125	<62.5
Pseudomonas aeruginosa IFO 13275	−	−	>1000	>1000	250	250	250
Salmonella Enteritidis IFO 3313	−	−	>2000	2000	500	250	<125
Vibrio cholerae non O1	−	−	−	250	250	−	125
Vibrio parahaemolyticus WP-1	−	−	<7.8	125	63	−	<62.5

cepacia, Escherichia coli O157:H7 (VT1, VT2), Pseudomonas aeruginosa および Salmonella Enteritidis に対する GTE の抗菌活性はアルカリ側で高かったが，Listeria monocytogenes に対しては酸性側で高く，Lactobacillus brevis, Lactobacillus plantarum および Leuconostoc mesenteroides では pH の影響はほとんど認められなかった。これは菌種によって増殖最適 pH が異なり，リン脂質の組成，菌体外マトリックス，特に菌体外高分子物質（extracellular polymeric substances：EPS）などの産生量や種類も異なるためだと思われる。

2.1.3 カテキン類の抗菌活性に対するpHの影響

種々の pH で細菌に対して測定した主要カテキン8成分の MIC を表4に示す。これら主要なカテキン類の構造を図1に示す。グラム陰性菌に対しては，どのカテキンも pH 5.0, 6.5 ではほとんど抗菌効果を示さなかったが，pH 8.0 では EGCg およびガロカテキンガレート（GCg），エピガロカテキン（EGC）に抗菌効果が認められた。グラム陽性菌に対しては，酸性ではガロイル基を有するガレート体が，塩基性では過酸化水素産生が高いガリル基を有するカテキン類の抗菌活性が高い結果が得られた。これより酸性では菌体へのカテキンの吸着が，アルカリ性では吸着に加え，過酸化水素産生がカテキン類の抗菌活性において重要な役割を果たしていると考えられた。

2.2 カテキン類と他の薬剤との併用効果

通常，単独で強い抗菌力を示す天然由来食品保存料は少ないため，実際の使用に当たっては他

表4 カテキン類の抗菌活性に対するpHの影響[39]

カテキン類	MIC (mg/L)														
	Staphylococcus aureus			*Listeria monocytogenes*			*Bacillus cereus*			*Escherichia coli* O157:H7			*Escherichia coli* K12		
	pH 5	pH 6.5	pH 8	pH 5	pH 6.5	pH 8	pH 5	pH 6.5	pH 8	pH 5	pH 6.5	pH 8	pH 5	pH 6.5	pH 8
epicatechin	≥500	≥500	≥500	≥250	≥1000	≥1000	≥500	≥500	≥500	≥1000	≥1000	≥1000	≥1000	≥1000	≥1000
epigallocatechin	≥500	≥500	125	≥250	≥1000	250	≥500	≥500	≥500	≥1000	≥1000	500	≥1000	≥1000	≥1000
epicatechin gallate	250	≥500	≥500	62.5	500	500	125	250	≥500	≥1000	≥1000	≥1000	500	≥1000	≥1000
epigallocatechin gallate	125	250	125	62.5	250	500	125	250	250	≥1000	≥1000	250	≥1000	500	250
catechin	≥500	≥500	≥500	≥250	≥1000	≥1000	≥500	≥500	≥500	≥1000	≥1000	≥1000	≥1000	≥1000	≥1000
gallocatechin	≥500	≥500	250	≥250	≥1000	500	≥500	≥500	≥500	≥1000	≥1000	≥1000	≥1000	≥1000	≥1000
catechin gallate	125	≥500	≥500	62.5	500	≥1000	62.5	≥500	≥500	≥1000	≥1000	≥1000	≥1000	≥1000	≥1000
gallocatechin gallate	125	250	125	31.3	250	250	62.5	250	250	≥1000	≥1000	125	≥1000	≥1000	500

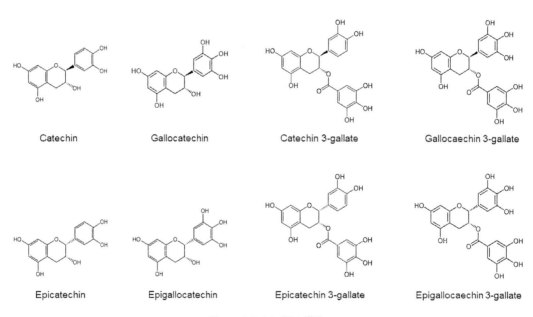

図1 カテキン類の構造

の食品添加物と併用する必要がある。例えば，調味料および強化剤として用いられているグリシンは単独でも抗菌活性を示すが，NaClと併用することにより低濃度で抗菌作用を示す[21,22]。また，EGCgは抗生物質テトラサイクリンおよびβ-ラクタム剤と相乗効果を示すと報告されている[23~25]。以下にカテキン類を含有するGTEと各種食品添加物との併用効果について述べる。

GTEとNaClの併用[26]は，表5に示すように *Vibrio parahaemolyticus* および *Serratia marcescens* 以外の試験した菌株全てに対して効果を示し，4% NaCl共存下では，GTEは単独で抗菌効果を示す濃度の1/2~1/8で抗菌効果を示した。*V. parahaemolyticus* は生育にNaCl

第2章　カテキン類の抗菌作用機構

表5　緑茶抽出物と食塩との併用効果[39]

菌　株		緑茶抽出物の MIC（mg/L）			
		NaCl 濃度（%）			
		0	2	4	6
グラム陽性菌	*Bacillus cereus* JCM 2152	125	125	< 15.6	-
	Bacillus subtilis JCM1465	500	500	250	250
	Listeria monocytogenes No.21	2000	2000	2000	1000
	Staphylococcus aureus IFO 3060	> 250	> 250	250	125
グラム陰性菌	*Escherichia coli* O157:H7 (VT1, VT2)	2000	2000	500	125
	Klebsiella pneumoniae JCM 1162	250	> 250	> 250	125
	Pseudomonas aeruginosa IFO13275	500	1000	< 125	< 125
	Salmonella Enteritidis IFO3313	> 2000	> 2000	2000	1000
	Serratia marcescens JCM1239	> 2000	> 2000	> 2000	> 2000
	Vibrio cholerae O1 FK	31.25	125	62.5	31.25
	Vibrio parahaemolyticus WP-1	-	62.5	62.5	62.5

を必要とするため併用効果が認められなかったと思われるが，グラム陰性菌のなかではもともとカテキン感受性が非常に高い。この理由についてはさらに検討が必要である。

また，グラム陽性菌の *L. monocytogenes* とグラム陰性菌の *E. coli* O157:H7 に対する GTE と食品添加物の併用効果を pH 5.0，6.5，8.0 の液体培地中で調べた結果[26]，表6に示すように一般的に *E. coli* O157:H7 に比べ *L. monocytogenes* に対して高い併用効果が認められた。*L. monocytogenes* に対していずれの pH においても GTE との併用効果を示した添加物は EDTA，キトサンであり，pH 6.5 および 8.0 で効果のあったものはグリシン，ヘキサメタリン酸ナトリウム，エタノール（pH 5.0 では効果が低い）であった。これに対して *E. coli* O157:H7 では，試験した全ての pH で併用効果を示したものはヘキサメタリン酸ナトリウムおよびクエン酸であった。有機酸は一般的にその抗菌活性が非解離分子の量に比例しており，pK 値の高い方が幅広い pH 域で抗菌活性が高いといわれている[27]。試験した有機酸ではクエン酸とその塩の pK 値は最も低いが，GTE との併用効果は最も高かった。クエン酸とその塩はキレート効果を示すことが知られており，ヘキサメタリン酸塩や EDTA といったキレート力を有する物質が GTE との強い併用効果を示したことからもクエン酸のキレート力が GTE との併用効果には重要であったと考えられる。キレート剤は，菌体表層部のタンパク質などを架橋して細胞構造の維持に寄与している二価カチオンに結合して菌体表層部から引き離す結果，膜透過性の撹乱や膜結合性酵素の遊離などが起こるために細菌の生育阻害を引き起こすと考えられている[28]。pH 6.5 および 8.0 で *E. coli* O157:H7 に対して併用効果を示したのはヘキサメタリン酸ナトリウム，EDTA，エタノールであった。アスコルビン酸は，pH 8.0 では産生した過酸化水素を消去するためか GTE の抗菌活性を阻害した。キレート力のない有機酸およびその塩では酢酸ナトリウム，ソルビン酸，フマル酸は両菌株に対して GTE との併用効果を示さなかった。また，図2に示すように低濃度のプロタミンと GTE の併用では相乗効果が認められ細菌の増殖は阻害されたが，0.1%プロタ

表6 緑茶抽出物と食品添加物の併用効果[39]

併用物質	濃度（％）	Escherichia coli O157:H7 (VT1, VT2) 緑茶抽出物のMIC (mg/L)			Listeria monocytogenes 血清型 1/2a 緑茶抽出物のMIC (mg/L)		
		pH 5	pH 6.5	pH 8	pH 5	pH 6.5	pH 8
無し		>1000	>1000	250	63-125	500-1000	500
酢酸ナトリウム	0.01		1000			500	
	0.05		500-1000			500	
	0.1		500-1000			500	
	0.5		500-1000			500	
ソルビン酸	0.1	>1000	>1000	250	15.6	500	500
	1	0	1000	250	<15.6	500	500
フマル酸Na	0.1	>1000	>1000	250	63	500	500
	1	>1000	>1000	250	63	500	500
クエン酸	0.0005	>1000	500-1000	63-125	31	500	250-500
	0.005	1000	500-1000	63-125	<31	500	250-500
	0.05	1000	500-1000	31-63	<31	250	500
ヘキサメタリン酸Na	0.5	250	250-500	31	0	500	500
	1	250	125	<31	0	250	500
	5	250	<125	<31	0	125	250
EDTA	0.0001	>1000	1000	125	<125	500	250-500
	0.001	500-1000	500-1000	125	<125	500	250-500
	0.01	250	<125	63	<125	250	125
エタノール	0.5	>1000	>1000	125	125	500	250-500
	1	>1000	>1000	125	125	500	250-500
	5	1000	<125	<31	0	125	0
	8	0	0	0	0	0	0
リゾチーム	0.0001	>1000	>1000	125-250	0	500	250-500
	0.001	>1000	>1000	125-250	0	500	250-500
	0.01	>1000	>1000	125-250	0	500	250-500
グリシン	1	>1000	500	125-250	125	500	500
	3	500			0	250	125-250
キトサン	0.01	>1000	125	250	63	125	125-250
	0.05	<125	<125	125	0	<125	<125
ナイシンA 濃度（μg/mL）	0.4	>1000	>1000	125	63	500	500-1000
	4	>1000	>1000	125	<63	500	500-1000
	40	>1000	>1000	125	<63	250	500-1000
	400	>1000	>1000	63-125	<63	<250	500-1000
アスコルビン酸	0.01	>1000	>1000	>1000	125	500	500
	0.05	>1000	>1000	>1000	<125	500	500-1000
	0.1	>1000	>1000	>1000	<125	500	1000
	0.2	>1000	>1000	>1000	<125	500	1000

ミンと500 mg/L以上のGTEの併用では沈殿の形成により逆に抗菌活性が低下した。これらの併用試験の結果から，カテキンの抗菌活性を向上させるためには細菌表層に損傷を与えることが

第 2 章　カテキン類の抗菌作用機構

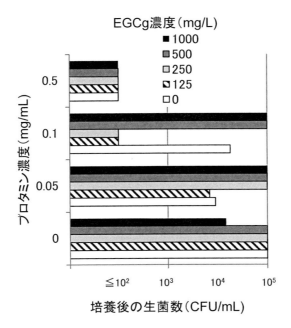

図 2　腸管出血性大腸菌に対する緑茶抽出物とプロタミンの併用効果[39]

重要と考えられる。

3　細菌菌体に作用したカテキン類の可視化

　カテキン類の抗菌作用機構を解明するためにはカテキン類の細菌菌体における局在部位を明らかにする必要がある。セリウムは，カテキンがアルカリ性で産生した過酸化水素と反応（$3H_2O_2 + 2Ce^{3+} + 6OH^- \rightarrow 2Ce(OH)_3OOH \downarrow + 2H_2O$）して凝集物を形成する[29]。さらに，この凝集物はカテキンと反応してより大きな凝集物を生成することを利用し，比濁法により簡便に短時間でカテキンを定量することができる[30]。この原理を応用すると，細菌をカテキン類で処理後，アルカリ条件下でセリウムと反応させて生じる凝集はセリウムを含むので電子顕微鏡で視覚化することができる[31]。これによりカテキン類の細菌菌体における局在部位を明らかにできる。

　EGCg 処理した S. aureus 菌体と塩化セリウムを反応後，樹脂包埋して作製した超薄切片試料を透過型電子顕微鏡観察した結果，菌体表層に電子線不透過性の凝集物（$Ce(OH)_3OOH$ の沈殿）が確認され，EGCg が表層に吸着していることが間接的ではあるが示された[31]（図 3）。EGCg の吸着形態については，酸性とアルカリ性で EGCg が多数有する -OH 基の解離状態が異なるためか，非解離の酸性では低密度ではあるが細胞壁の奥まで入り込みペリプラズムから細胞膜表層にまで達して厚い層をなしていたのに対し，解離しているアルカリ側では細胞壁と考えられる細胞表層最外層にびっしりと一面に吸着しているもののペリプラズム間隙にはほとんど入っ

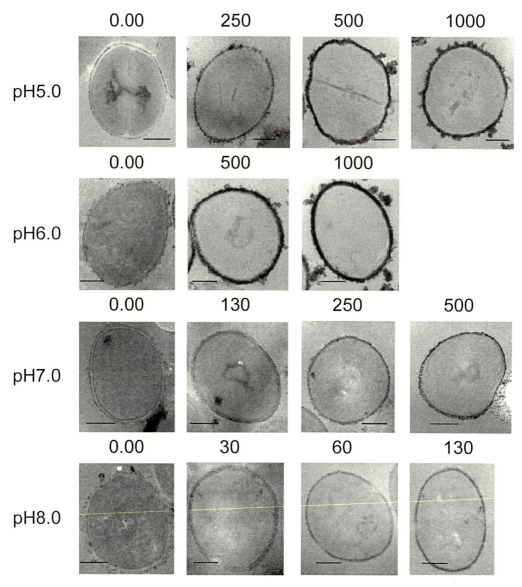

図3 種々のpHにおいてEGCg処理したS. aureusを塩化セリウム染色後の電子顕微鏡観察像[39]
S. aureusを1時間室温で種々のpHのHEPES緩衝液においてEGCg処理した。集菌洗浄後，0.1％塩化セリウム溶液（pH 8）中で処理して透過型電子顕微鏡観察した。図中の数値は処理したEGCg濃度（mg/L）を示す。バーの長さ：200 nm
引用：文献31）M. Nakayama, N. Shigemune, T. Tsugukuni, H. Tokuda, T. Miyamoto, Difference of EGCg adhesion on cell surface between Staphylococcus aureus and Escherichia coli visualized by electron microscopy after novel indirect staining with cerium chloride, J. Microbiol. Methods, 86 (1), 97-103 (2011)

ていないようであった[31]（図3）。これに対して大腸菌では1,000 mg/L EGCg処理後でも，ほとんど菌体表層部には電子線を透過しない凝集（$Ce(OH)_3OOH$の沈殿）は認められなかった[31]

第 2 章　カテキン類の抗菌作用機構

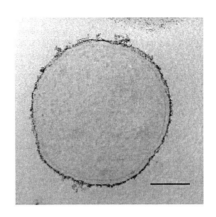

図 4　EGCg 処理した *E. coli* を塩化セリウム染色後の電子顕微鏡観察像[39]
バーの長さ：200 nm
引用：文献 31）M. Nakayama, N. Shigemune, T. Tsugukuni, H. Tokuda, T. Miyamoto, Difference of EGCg adhesion on cell surface between *Staphylococcus aureus* and *Escherichia coli* visualized by electron microscopy after novel indirect staining with cerium chloride, *J. Microbiol. Methods*, 86（1）, 97-103（2011）

（図 4）ことから，菌体表層部に対する EGCg の親和性は低いことが示され，外膜がカテキン類の作用障壁となっていることがこの結果からも支持された。また，両菌種においても細胞質に凝集物は確認されなかったことから細胞内部には EGCg が侵入していないものと考えられる。

また，*Bacillus cereus* および *Bacillus subtilis* の栄養細胞および芽胞を pH 6.5 の 10mM HEPES 緩衝液中で 130 mg/L の EGCg で処理後，pH 8.0 で塩化セリウム処理した菌体の超薄切片を電子顕微鏡観察した結果，図 5 に示すように *B. cereus* および *B. subtilis* のいずれにおいても栄養細胞の菌体表層部に $Ce(OH)_3OOH$ に由来する黒いスポットの形成が観察され[33]，EGCg が栄養細胞表層およびその近傍に存在していることが示された。これに対して，芽胞には $Ce(OH)_3OOH$ の黒いスポットはほとんど認められず，EGCg の芽胞に対する吸着量は極めて少ないと考えられた[32]。

4　カテキン類の細菌菌体タンパク質への作用

細菌菌体の表面に吸着した EGCg は，膜の流動性を低下させるなど細胞膜のみがターゲットなのか，菌体表層の膜タンパク質もターゲットなのかは抗菌メカニズム解明の観点からは重要である。EGCg 処理した大腸菌を破砕して調製したタンパク質の SDS-PAGE 結果[33]から，図 6 に示すようにカテキン処理により，泳動ゲル中に侵入しない高分子量タンパク質の増加およびタンパク量の低下するバンドが検出された。これらはカテキンと結合して凝集し，SDS 処理によっても可溶化しなくなったと考えられた[33]。このため，グラム陽性菌と陰性菌において EGCg が結合して機能阻害されるタンパク質を同定するために二次元電気泳動により EGCg 処理後にタ

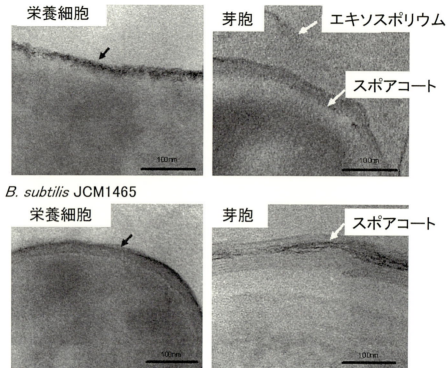

図5 EGCg処理したB. cereusおよびB. subtilisの栄養細胞および芽胞の塩化セリウム染色像[39]
栄養細胞および芽胞をpH 6.5の10 mM HEPES緩衝液中，130 mg/LのEGCgで処理後，pH 8.0で塩化セリウムを処理した菌体の超薄切片を透過型電子顕微鏡観察した。
引用：文献32) N. Shigemune, M. Nakayama, T. Tsugukuni, J. Hitomi, C. Yoshizawa, Y. Mekada, M. Kurahachi, T. Miyamoto, The mechanisms and effect of epigallocatechin gallate (EGCg) on the germination and proliferation of bacterial spores, *Food Control*, 27 (2), 269-274 (2012)

ンパク質量が減少したスポットを同定し，同定されたタンパク質の中でカテキン類の標的になると推定される菌体表層タンパク質の機能に対する影響を調べた。

4.1 グラム陽性菌に対する作用

グラム陽性菌に対するEGCgの抗菌作用機構を調べるためにB. subtilis栄養細胞を1,000 mg/LのEGCgで37℃，1時間処理後，菌体タンパク質の二次元電気泳動を行った結果[34]（図7），EGCgとの結合により凝集して泳動ゲル内に侵入できなかった菌体タンパク質がスポット強度の低下したスポットとして73個検出された[34]。これらのうち，スポット強度低下の大きかった20個のタンパク質をMS/MSイオンサーチにより同定した結果，菌体表層部のタンパク質として，オリゴペプチドABCトランスポーター結合リポタンパク質，グルコース・ホスホ

第 2 章　カテキン類の抗菌作用機構

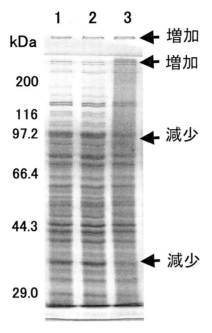

図 6　EGCg で 1 時間処理した *E. coli* 菌体タンパク質の SDS-PAGE パターン[39]
1：未処理菌体
2：4% NaCl 処理菌体
3：1,000 mg/L EGCg 処理菌体

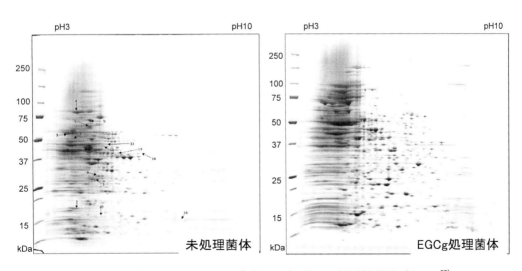

図 7　EGCg 処理した *B. subtilis* 菌体タンパク質の二次元電気泳動パターン[39]
引用：文献 34) M. Nakayama, K. Shimatani, T. Ozawa, N. Shigemune, D. Tomiyama, K. Yui, M. Katsuki, K. Ikeda, A. Nonaka, T. Miyamoto, Mechanism for the antibacterial action of epigallocatechin gallate (EGCg) on *Bacillus subtilis*, *Biosci. Biotechnol. Biochem.*, 79 (5), 845-854 (2015)

ランスフェラーゼシステムトランスポーター，リン酸ABCトランスポーター基質結合タンパク質，ペニシリン結合タンパク質5（PBP5）が同定された。これらのうち，オリゴペプチドABCトランスポータータンパク質とEGCgの相互作用を調べるために構造既知のサルモネラのOppa（1RKM.pdb）を雛形にB. subtilisのOppaのホモロジーモデリングによる立体構造の構築を行い，そのモデリング構造を用いてドッキングシミュレーションを行った。その結果，EGCgおよび基質であるLys-Ala-Lys（KAK）オリゴペプチドは，オープンコンフォメーションにおいてそれぞれの分子内エネルギー（歪みエネルギーと分子内静電エネルギーの和）はEGCg：－1.8 kcal/mole, KAK：－6.0 kcal/moleと低く，安定した複合体を形成することが示された。このためEGCgはオリゴペプチドABCトランスポーターのオープンコンフォメーションの時に結合して安定な複合体を形成すると考えられた。一方，クローズコンフォメーションにおいては，それぞれの歪みエネルギーはEGCg：＋32.8 kcal/mole, KAK：＋5.2 kcal/moleとなり，EGCgの分子内エネルギーは非常に高く不安定な状態になると推察された。以上のことから，EGCgはオリゴペプチドABCトランスポーターのオープンコンフォメーションには取り込まれるが，クローズコンフォメーションへの構造変換は阻害することでOppaの機能阻害をしていると推定された[34]（図8）。

また，EGCg処理した菌体では，グルコースの取り込みが阻害されていることが示され，グルコース・ホスホトランスフェラーゼシステムトランスポーターも阻害されていることが示唆された[34]。

EGCg処理によりPBP5もタンパク質量が低下したが，B. subtilisでは，pbp5欠損株の芽胞は耐熱性が低下することが報告されている[35]。実際にMIC以下の濃度の125 mg/LのEGCg存在下でB. subtilisを培養すると芽胞形成率が90％程度から0.6％に低下し，形成されたB. subtilis芽胞の耐熱性はEGCg非存在下で形成された芽胞の25％程度まで低下していた[34]（図9）。

4.2 グラム陰性菌に対する作用

E. coli栄養細胞を1,000 mg/LのEGCgで37℃，1時間処理後，菌体タンパク質の二次元電気泳動を行い，EGCgとの結合により凝集して泳動ゲル内に侵入できなかった菌体タンパク質（スポット強度の低下したスポット）を同定した[36]。

EGCg処理により強度が1/3以下に減少したスポットおよび消失したスポット16個について20 kDa以下のスポットはMS-MSイオンサーチで，それ以上の分子質量のスポットについてはPMF（ペプチドマスフィンガープリンティング）によりタンパク質の同定を行った。その結果，細胞表層に存在する5個のタンパク質が同定された[36]（表7）。その中で外膜タンパク質として見出されたのはポーリンタンパク質のみであった。

大腸菌ポーリンタンパク質分子中の塩基性アミノ酸はポーリンタンパク質の孔内に側鎖を伸ばした形で存在している[36]（図10）。特に，孔中央部のArg3分子が存在する部分の空隙は狭い。

第2章 カテキン類の抗菌作用機構

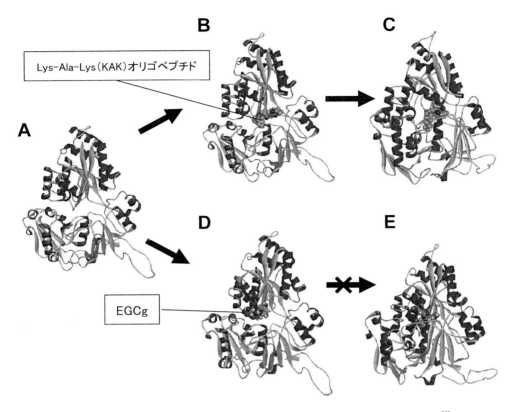

図8 オリゴペプチド ABC トランスポータータンパク質と EGCg の相互作用[39]
A：Open conformation
B：Open conformation ＋ KAK（－6.0 kcal/mol）
C：Closed conformation ＋ KAK（＋5.2 kcal/mol）
D：Open conformation ＋ EGCg（－1.8kcal/mol）
E：Closed confirmation ＋ EGCg（＋32.0 kcal/mol）
引用：文献 34）M. Nakayama, K. Shimatani, T. Ozawa, N. Shigemune, D. Tomiyama, K. Yui, M. Katsuki, K. Ikeda, A. Nonaka, T. Miyamoto, Mechanism for the antibacterial action of epigallocatechin gallate（EGCg）on *Bacillus subtilis*, Biosci. Biotechnol. Biochem., **79**（5）, 845-854（2015）

　このポーリンと EGCg についてドッキングシミュレーションを行った結果，EGCg は孔内に侵入し孔内で最も狭くなっている孔中央部にある Arg と水素結合により安定的に結合し，孔を塞ぐように存在することが推定された[36]（図 11）。実際にグルコースの取り込みに対する EGCg 処理の影響を調べた結果，EGCg 処理区ではコントロールに比べグルコースの取り込み能が低下していることが示されている。
　また，これら以外にペリプラズムタンパク質として MreB タンパク質も同定されている。*S.* Typhimurium や *B. cereus* を ECg や EGCg で処理すると，長桿状から短桿状や球状への形態

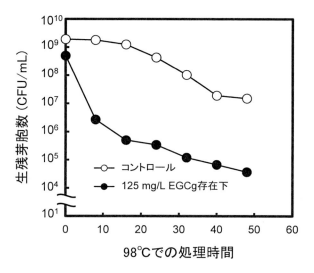

図9　EGCg 存在下で形成された芽胞の耐熱性

引用：文献 34) M. Nakayama, K. Shimatani, T. Ozawa, N. Shigemune, D. Tomiyama, K. Yui, M. Katsuki, K. Ikeda, A. Nonaka, T. Miyamoto, Mechanism for the antibacterial action of epigallocatechin gallate (EGCg) on *Bacillus subtilis*, Biosci. Biotechnol. Biochem., **79** (5), 845-854 (2015)

表7　EGCg 処理により凝集して二次元電気泳動スポット強度の低下した *E. coli* 菌体タンパク質[39]

GenBank No.	タンパク質名	理論分子量	理論 p I
gi｜157160451	外膜タンパク質 F（ポーリン）	39.9 kD	4.8
gi｜6650193	外膜タンパク質 OmpC（ポーリン）	40.4 kD	4.5
gi｜170019471	外膜タンパク質 C（ポーリン）	41.4 kD	4.6
gi｜12517874	ペニシリン結合タンパク質3（PBP3）	39.1 kD	5.3
gi｜16130858	ペリプラズム局在アスパラギナーゼⅡ	36.9 kD	5.9

変化が観察され，EGCg や ECg は細菌の細胞壁合成に対して影響を与える可能性が示されている[37]ことからも，MreB タンパク質は EGCg の重要な作用点の一つであると考えられる。

5　カテキン類の吸着に対する菌体の応答

　大腸菌を 1,000 mg/L EGCg で 37℃ で処理を行った場合，菌体の受ける損傷は1時間処理程度では非選択培地で回復可能な損傷であった。EGCg の大腸菌に対する抗菌作用機構解明のため，EGCg で1時間処理した菌体から RNA を調製して DNA マイクロアレイ解析により EGCg 処理の遺伝子発現に対する影響を網羅的に調べた。EGCg 処理により転写量が増加した遺伝子は 34 個，減少した遺伝子は8個であった。これらのうち，リアルタイム PCR でも2倍以上の増加が確認された遺伝子の欠損株のうち野生株に比べて EGCg に対する感受性が増加したのは，

第 2 章　カテキン類の抗菌作用機構

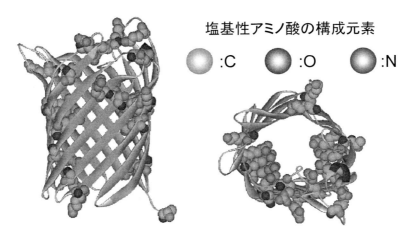

図10　ポーリンタンパク質の立体構造と構成塩基性アミノ酸の配置[39]
引用：文献36）M. Nakayama, K. Shimatani, T. Ozawa, N. Higemune, T. Tsugukuni, D. Tomiyama, M. Kurahachi, A. Nonaka, T. Miyamoto, A study of the antibacterial mechanism of catechins: Isolation and identification of *Escherichia coli* cell surface proteins that interact with epigallocatechin gallate, *Food Control*, **33**（2）, 433-439（2013）

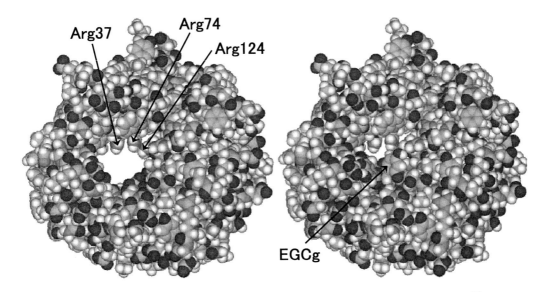

図11　ポーリンタンパク質におけるアルギニン分子の配置とEGCg結合部位の推定[39]
引用：文献36）M. Nakayama, K. Shimatani, T. Ozawa, N. Higemune, T. Tsugukuni, D. Tomiyama, M. Kurahachi, A. Nonaka, T. Miyamoto, A study of the antibacterial mechanism of catechins: Isolation and identification of *Escherichia coli* cell surface proteins that interact with epigallocatechin gallate, *Food Control*, **33**（2）, 433-439（2013）

ΔmdtA, ΔyhdV, ΔyhfYであった。この結果からEGCg処理1時間では，ストレス応答系として BaeSRシステムが誘導され，RND型多剤トランスポーター遺伝子 mdtABC が発現してEGCg の排出を促進してその作用を緩和している可能性が考えられた[38]。

6 おわりに

　緑茶の主要な成分であるカテキン類はさまざまな生理機能を有しており，細菌に対する抗菌力は一般にグラム陽性菌に対して高い。しかし，培養条件によってはカテキン類に対して高い耐性を示す Bacillus 属細菌（Bacillus coagulans）も存在し，乳酸菌の一部もカテキン耐性が高い。これらの菌では，細胞表面の荷電や，表面疎水性，菌体外物質などによりカテキン類が表面に吸着しにくいことなどが考えられる。グラム陰性菌でも腸炎ビブリオなど比較的カテキン耐性が低い菌種も存在するが，グラム陰性菌では外膜リポ多糖体の存在により菌体表面の親水性が高いためかカテキン類が吸着しにくく，菌体表層部のタンパク質とカテキン類の相互作用が起こりにくく，カテキン類の抗菌効果が発揮されにくい。このため界面活性剤，キレート剤やポリカチオンなどの外膜に損傷を与えるような薬剤との併用により，カテキン類が菌体内に侵入しやすくなり，抗菌力を示すようになる。しかし，pHにも依存するが，陽イオン性の化合物の場合，高濃度ではカテキン類が陰性の電荷をもつ場合に結合して凝集するため抗菌効果が逆に低下する場合もある。カテキン類を抗菌の目的で有効に利用するためには，対象となる細菌の種類ごとに併用可能な添加物などの組み合わせと濃度の最適化が重要である。さらに抗菌効果を示さない濃度でも菌体内の代謝に対して影響を及ぼすため，芽胞形成率も低下し，形成される芽胞の耐熱性も低下する。本稿では示していないが，カテキン類などのポリフェノールは細菌毒素に対しても細胞毒性阻害効果を示し，毒素活性の阻害だけでなく，細菌からの毒素の産生阻害，分泌阻害など，感染症細菌の病原性の低下にも有効な場合がある。これらの知見を総合的に理解しておくと，茶系飲料の微生物制御，感染症対策および環境の危害菌対策も効果的に行うことができるだけでなく，新たな天然由来抗菌成分の検索も容易になり，その利用の範囲も広がると思われる。カテキン類は周囲のpHの影響により荷電状態が変化するため抗菌作用の機構も異なってくる。さらに酸化重合して生成する重合物の抗菌活性も高いことから，その重合体をはじめとしてカテキン類の類縁化合物など抗菌作用を有する新規天然植物ポリフェノール類も今後さらに発見されるであろう。これらの抗菌力を有する天然成分と抗生物質の併用，安全性の高い食品添加物の併用，バクテリオファージなど生物学的微生物制御法との併用など，今後の安全性の高い微生物制御への展開が期待される。

第2章 カテキン類の抗菌作用機構

文　献

1) 原征彦, 石上正, 日本食品工業学会誌, **36** (12), 996 (1989)
2) 原征彦, 渡辺真由美, 日本食品工業学会誌, **36** (12), 951 (1989)
3) F. Mendel, R. H. Philip *et al.*, *J. Food Prot.*, **69** (2), 354 (2006)
4) 西川武志, 小林菜津美ほか, 腸内細菌学雑誌, **20**, 321 (2006)
5) 戸田真佐子, 大久保幸枝ほか, 日本細菌学会誌, **44** (4), 669 (1989)
6) T. Taguri, T. Tanaka *et al.*, *Biol. Pharm. Bull.*, **27**, 1965 (2004)
7) D. Bandyopadhyay, T. K. Chatterjee *et al.*, *Biol. Pharm. Bull.*, **28**, 2125 (2005)
8) Y. Sakihama, M. F. Cohen *et al.*, *Toxicology*, **177** (1), 67 (2002)
9) H. Tachibana, K. Koga *et al.*, *Nat. Struct. Mol. Biol.*, **11** (4), 380 (2004)
10) T. Nagao, Y. Komine *et al.*, *Am. J. Clin. Nutr.*, **81** (1), 122 (2005)
11) L. K. Chang, T. T. Wei *et al.*, *Biochem. Biophys. Res. Commun.*, **301** (4), 1062 (2003)
12) J.-M. Song, K.-H. Lee *et al.*, *Antiviral Res.*, **68** (2), 66 (2005)
13) 和田邦生, 谷口隆秀ほか, 日本獣医学会学術集会講演要旨集, p.188 (2002)
14) 戸田真佐子, 大久保幸枝ほか, 日本細菌学雑誌, **45** (2), 561 (1990)
15) 大久保幸枝, 佐々木武二ほか, 感染症学雑誌, **72** (3), 211 (1998)
16) 西山隆造, 小崎道雄, 日本農芸化学会誌, **49** (12), 629 (1975)
17) Y. Yoda, Z. Hu *et al.*, *J. Infect. Chemother.*, **10**, 55 (2004)
18) H. Ikigai, T. Nakae *et al.*, *Biochim. Biophys. Acta*, **1147**, 132 (1993)
19) H. Arakawa, M. Kanemitsu *et al.*, *Anal. Chim. Acta*, **472**, 75 (2002)
20) H. Arakawa, M. Maeda *et al.*, *Biol. Phram. Bull.*, **27** (3), 277 (2004)
21) 竜口和恵, 坂本次郎ほか, 食品衛生学会誌, **30** (6), 506 (1989)
22) 竜口和恵, 坂本次郎ほか, 食品衛生学会誌, **30** (6), 512 (1989)
23) A. S. Roccaro, A. R. Blanco *et al.*, *Antimicrob. Agents Chemother.*, **48** (6), 1968 (2004)
24) W.-H. Zhao, Z.-Q. Hu *et al.*, *Antimicrob. Agents Chemother.*, **45** (6), 1737 (2001)
25) Z.-Q. Hu, W.-H. Zhao *et al.*, *Antimicrob. Agents Chemother.*, **45** (6), 558 (2002)
26) 中山素一, 重宗尚文ほか, 防菌防黴, **36** (9), 569 (2008)
27) 松田敏生, 食品微生物制御の化学, 幸書房 (1998)
28) 木田中, 田口文章, 防菌防黴, **35** (9), 567 (2007)
29) R. T. Briggs, D. B. Drath *et al.*, *J. Cell Biol.*, **67**, 566 (1975)
30) M. Nakayama, N. Shigemune *et al.*, *Int. J. Food Sci. Technol.*, **45** (10), 2071 (2010)
31) M. Nakayama, N. Shigemune *et al.*, *J. Microbiol. Meth.*, **86** (1), 97 (2011)
32) N. Shigemune, M. Nakayama *et al.*, *Food Control*, **27** (2), 269 (2012)
33) M. Nakayama, N. Shigemune *et al.*, *Food Control*, **25** (1), 225 (2012)
34) M. Nakayama, K. Shimatani *et al.*, *Biosci. Biotechnol. Biochem.*, **79** (5), 845 (2015)
35) A. T. John, N. R. Anne *et al.*, *Bacteriology*, **1**, 257 (1986)
36) M. Nakayama, K. Shimatani *et al.*, *Food Control*, **33** (2), 433 (2013)
37) W. Si, J. Gong *et al.*, *J. Chromatogr. A*, **1125**, 204 (2006)
38) 中山素一, 佐藤惇ほか, 防菌防黴, **45** (8), 393 (2017)
39) 宮本敬久, ソフトドリンク技術資料, **3**, 375 (2015)

第3章 植物由来抗菌物質とハードルテクノロジーによる食中毒菌の制御

中野宏幸*

1 はじめに

　食の安全への社会的関心が高まる中，食品や飲料水を介した微生物性食中毒の発生は後を絶たず，食の生産から消費まで一貫した安全性の確保が求められている。病原微生物は自然界に広く分布しており食材の汚染は避けにくいことから，原材料の洗浄・殺菌による初期菌数減少，製造・流通段階での汚染防止や増殖制御対策は大変重要となる。しかしながら，近年，わが国における食の生産・流通環境の変化，消費者の健康志向や食行動を反映して，衛生管理対策がとくに求められる ready-to-eat 食品，低塩・低糖食品，無添加食品，マイルド加熱食品など微生物の残存や増殖を許しやすい食品が増加している。また，小売店や消費者の不適切な温度管理や取り扱いリスクに対してある程度の対応が必要で，微生物に対する抵抗性を持たせた食品が求められる。食品の微生物面からの安全性の確保にこれまで保存料などの食品添加物が果たしてきた役割は大きかったのは事実であるが，消費者の化学物質に対する不信感は根強く，敬遠されがちである。その中で注目されているのが，「ヒトが昔から食品あるいは食品とともに，何らの害作用もなしに食べてきた植物，動物あるいは微生物起源の抗菌性物質」，と定義される"バイオプレザバチブ"である。このような天然物の中で植物の有する抗菌性は食品の微生物制御の一つとして重要な手段になっている。植物は動物と違って自ら移動できないため，環境の変化や害虫，病原菌などの外敵から身を守るための防御機能を多少有している。その一つに抗菌成分の産生能があり，例えばワサビの辛み成分であるアリルイソチアネートや茶葉に多く含まれるカテキン類はよく知られている。これらは食品や食品関連素材だけでなく多方面で広く実用化されている。一方，天然物といえども高濃度の使用は味覚に悪影響が生じたり，長期にわたる摂取により健康障害を招く可能性も否定できず，単独での使用ではなく，複数の微生物制御要因や技術との組み合わせ，すなわち後述する"ハードルテクノロジー"[1]を用いた食品保存技術の確立が重要になっている。本章では植物由来抗菌物質，とくに植物抽出液の抗菌性および既知の制御因子を組み合わせた食中毒細菌の制御法について我々が行った研究も含めて解説したい。

＊　Hiroyuki Nakano　広島大学大学院　統合生命科学研究科　教授

第3章　植物由来抗菌物質とハードルテクノロジーによる食中毒菌の制御

2　植物由来抗菌物質

　抗菌性を有する植物由来の天然物として食品添加物の保存料（既存添加物）では，ペクチン分解物，エゴノキ抽出物，カワラヨモギ抽出物，ホオノキ抽出物，レンギョウ抽出物が挙げられる。ペクチン分解物は果実などに含まれるペクチンをペクチナーゼ処理したもので，ペクチン酸に含まれるオリゴガラクツロン酸，ガラクツロン酸の殺菌作用，増殖阻害作用による。低いpHでは細菌や真菌に対する効果が増強されることが知られている。エゴノキ抽出物は安息香酸，カワラヨモギ抽出物は漢方の成分でもあるカピリンが抗菌作用に関わる成分として挙げられている。日持ち向上を期待して使用されるものとして，茶抽出物の抗菌性がよく知られており，粗カテキンの中でもEGC（エピガロカテキン）とEPG（エピガロカテキンガレート）に高い効果がある。また，紅茶のテアフラビン類もボツリヌス菌を含む各種食中毒細菌の制御に有効であることが分かっている。その他，孟宗竹抽出物，ショウガ抽出物，ヒノキチオール，ホップ成分，柑橘種子抽出物，香辛料（ローズマリー，セージ，クローブ，オレガノ，ペッパー）抽出物が挙げられる[2,3]。植物由来の抗菌性物質で最もよく知られているものは，ワサビやカラシの揮発性成分であるアリルイソチオシアネート（AIT）である。これを主成分とするアリルカラシ油は，ワサビ，西洋ワサビ，黒カラシに多く含まれており，蒸気状態で接触させると抗菌効果が非常に高くなることが報告されている[4,5]。関山[6]は黒カラシのアリルカラシ油蒸気の食中毒細菌，腐敗細菌，真菌などに対する効果を定量的に調べ抗菌・鮮度保持シートやラベルを開発し，これらはすでに広く利用されている。

　植物由来の抗菌物質として最も報告が多いのは香辛料成分である[7〜12]。Tajkarimiら[13]の総説では，香辛料やその成分の微生物に対する効果が菌種や食品区分ごとに詳細にまとめられている。香辛料の用途や特性についてもこれまで多くの総説にまとめられている[14,15]。表1の宮本[16]による香辛料の主要成分と特性で示されるように，芳香，辛み，苦味，着色性のような調理に関わる特性以外に抗菌性を有するものがあり，クローブ（オイゲノール），オレガノ（カルバクロール），シナモン（シンナムアルデヒド），などに強い抗菌性があることがよく知られている。このように植物に多く含まれる精油（essential oil：EO）成分がその抗菌成分として重要な働きをしている。古代エジプトではミイラ作りの防腐処理に植物成分が組み合わせて使われ，古代ローマではマスタードがジュースの発酵防止に使われたなどの記述が残されている。このように，微生物の存在が認識されるはるか以前から，人類は生活の中で抗菌性を有する植物を経験的に利用してきた。しかし，植物成分の抗菌性についての科学的な研究は，微生物の働きが知られるようになった19世紀後半になってからで，香辛料など植物由来の抽出物やその精油の抗菌効果に関する報告は数多くみられる[10,11]。例えば，抗菌性を有する植物として昔からヒトによく食べられてきたものとして，ショウガやペッパー[7]，ワサビやカラシ[17]などが知られている。ニンニクは黄色ブドウ球菌，サルモネラ，大腸菌，リステリア・モノサイトゲネスなどに対して抗菌作用を示し[18]，また，バジルとタイムは赤痢菌に対して効果を示したと報告されている[19]。香辛

表1 香辛料の主要成分と特性（宮本，1990）

香辛料名	主要香味成分	抗菌性	芳香	辛味	甘味	苦味	着色性
アニス	アネトール	△	◎				
オールスパイス	オイゲノール，メチルオイゲノール	○	◎		△	△	
オレガノ	チモール，カルバクロール	○	○	○		△	
カラシ	和，黒：アリルイソチオシアネート	◎	○	◎			△
	白：ρ-ヒドロキシベンジルイソチオシアネート	○	○	◎			△
カルダモン	シオネール，α-テルピニルアセテート	○	◎	△		△	
キャラウェイ	カルボン，リモネン	△	◎	○	△	○	
クミン	クミンアルデヒド，β-ピネン	○	◎	○		△	
クローブ	オイゲノール，アセチルオイゲノール（−）	◎	◎	○	△		
コショウ	ピペリン，リモネン，フェナンドレン，ピネン	△	○	◎			
サフラン	クロシン，クロセチン		○			○	◎
サンショウ	ジペンテン，サンショオール，シトロネラール	△	○	◎			
シソ	ペリルアルデヒド	○	○			△	○
シナモン	シンナムアルデヒド，オイゲノール	◎	◎	○	○		
ショウガ	ジンゲロール，ジンゲロン	△	○	◎			
セージ	シネオール，カンファー，チモール，オイゲノール	○	○			○	
タイム	チモール，シメン	○	○	△		△	
ターメリック	ターメロン，ジンギベレン		△	△			◎
ディル	カルボン，リモネン	○	○				
トウガラシ	カプサイシン，ジヒドロカプサイシン	△	△	◎			△
ナツメグ	ピネン，リモネン，オイゲノール	○	○	○	△	○	
ニンニク	ジアリルジスルフィド，ジアリルスルフィド	◎	○	○			
ハッカ	メントール	○	◎				
バジル	リナロール，シネオール，メチルシャビコール	○	○	△	○		
ローズマリー	シネオール，ボルネオール	○	○	△	△		
ローレル	シネオール，ピネン，オイゲノール	○	○			△	
ワサビ	アリルイソチオシアネート	◎	◎	◎			

◎：特性強い，○：特性あり，△：特性僅かに認められる。

料以外に，ヒトが昔からずっと飲用されてきた緑茶にも抗菌性があり，さらに，緑茶に含まれるエピガロカテキンガレートはβ-ラクタム剤に対するMRSAの感受性を増強させたとの報告もある[20]。我々の以前の研究でもパプリカとユーカリ抽出物はMRSAのオキサシリンに対する感受性を回復させることを証明している。また，中国，日本，韓国のようなアジアの国々では漢方と呼ばれる薬用植物が昔から薬として病気の治療によく使われてきた。例えば，ウコンのような薬

第 3 章　植物由来抗菌物質とハードルテクノロジーによる食中毒菌の制御

用植物にも抗菌性があり，ウコン茶抽出物は大腸菌 O157:H7，サルモネラ，リステリア，黄色ブドウ球菌に対して 0.63％濃度で殺菌効果を示したと報告されている[21]。また，*Aspergillus flavus* などの真菌の発育抑制，さらには，マイコトキシンの産生を抑制する植物成分についての報告もある[22, 23]。一方，柿渋の成分であるタンニンがノロウイルスを不活化することも報告されている[24]。

3　ハードルテクノロジー

　天然物である植物由来抗菌物質は食中毒細菌を制御するための魅力的な素材であるが，単独で有効な濃度では味への影響や安全性の問題が生じる可能性がある。そこで，添加量を最小限にし，複数の穏やかな微生物制御要因と組み合わせた食品保存技術の確立が重要になっている。この手法は現在，食品の微生物制御では欠かすことのできない概念で，Leistner のハードルテクノロジーとして知られている（図1）[1]。食品の保存における一般的なハードルとして，温度（高温，低温），水分活性（糖，食塩），pH，抗菌剤，酸化還元電位（Eh）などがある。これにより，食品の味覚や物性等，高いレベルでの嗜好性を維持した上で安全性も確保できるため，消費者の求める食品製造が可能となる。

　ハードルテクノロジーにより微生物を効率的に制御できる原理として，複数のハードルによって，微生物の体内部環境を一定に保持するホメオスタシスを撹乱し，その維持が困難になることや代謝消耗が挙げられている[25]。一方，多くの細菌では生命維持に不利な環境に置かれると，保護的に働くストレスショックタンパク質が誘導される場合がある。その場合，ハードルテクノロジーが逆効果になる可能性がある。そこで，細胞質膜，DNA，酵素系などそれぞれ異なった細胞標的に作用するハードルを組み合わせ，相乗的な作用により，ストレスタンパク質合成による回復を上回ることが必要となる。したがって，食品の品質維持のために比較的穏和なハードルを巧妙に組み合わせて，対象食品や微生物ごとに検証してから適用していくことが必要である。

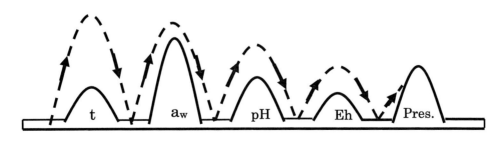

図1　Leistner によるハードル理論の概念図[1]
t：低温，a_w：水分活性，pH：酸性／アルカリ性，Eh：酸化還元電位，Pres.：抗菌剤

4 植物抽出液によるハードルテクノロジー食中毒菌の制御

4.1 食中毒細菌に対する植物抽出液の抗菌性

　現在，日本で発生している食中毒の多くは，細菌やウイルスなど微生物によるものである。細菌性食中毒における主要な原因菌として，カンピロバクターやサルモネラ，ウェルシュ菌，黄色ブドウ球菌，腸炎ビブリオ，病原大腸菌が挙げられる。また，発生事例は少ないものの致命率が非常に高いボツリヌス菌による食中毒も危惧されている。

　既述のように植物由来の抗菌物質として一部の香辛料抽出成分が知られているが，私たちは90種類のハーブ，香辛料，漢方食材から熱水抽出液とエタノール抽出液を作製し，ボツリヌス菌（A, B, F型菌），類縁菌のスポロゲネス菌（*Clostridium sporogenes*）を供試菌として抗ボツリヌス活性を有する植物の探索を行った[26]。さらに，グラム陽性菌では，*Staphylococcus aureus*（黄色ブドウ球菌），MRSA（メチシリン耐性黄色ブドウ球菌），リステリア・モノサイトゲネス，*Bacillus* 属細菌として *B. subtilis*, *B. coagulans*, *B. cereus*（セレウス菌），*B. thuringiensis*, *B. megaterium* の5菌種，グラム陰性菌としてO157:H7を含む大腸菌，緑膿菌およびNAGビブリオ（non-O1コレラ菌）に対する効果も調べた。抗菌性試験は，平板希釈法により発育抑制効果の観察や最小発育阻止濃度（MIC）の測定を行った。その結果，表2に示すように，熱水抽出液よりもエタノール抽出液に抗菌成分が多く認められた。代表的な食中毒細菌に対する植物抽出液の抗菌性は，全般的にグラム陽性菌の方が陰性菌よりも植物抽出液に対する感受性は高かった（表3）。全般的に，レモンユーカリ，カレープランツ，甘草のエタノール抽出液が非常に高い抗菌性を有しており，黄色ブドウ球菌に対するMICは0.05～0.025％で，さらに微量の0.0125％でも大きく発育を阻害した。これらに続いて高い抗菌性を示したのが，メース，ナツメグで，MICは0.05～0.2％であった。セージ，クローブ，ユーカリ，ローズマリー，ローリエ，パプリカ，ライムリーフのMICは0.2％で，中程度の抗菌性を示した。さらに，菊花，コリアンダー（葉），ゴールデンセージ，レモンローズゼラニウム，タイムにも抗菌性が認められた。MRSAは感受性株より1段階ほど耐性を示すものが多かったが，レモンユーカリおよびカレープランツは同等あるいはそれ以上の抑制効果を示した。芽胞形成好気性菌に対しても，レモンユーカリ，カレープランツ，甘草のMICは0.025～0.05％で効果は高かった。ボツリヌス菌の栄養細胞と芽胞に対する結果はほぼ同じであったが，セントジョーンズワートやセージのように芽胞に対するMICが小さく発芽あるいは発芽後成育阻害を示すものもみられた。ウェルシュ菌の感受性は他のグラム陽性菌より若干低く，レモンユーカリ，カレープランツ，甘草のMICは0.1％であった。これに対しグラム陰性菌の大腸菌や緑膿菌は耐性を示し，クローブ（MIC：0.4％）とローズマリーに抗菌性がみられるのみであった。コレラ菌に対してはクローブおよびローズマリーのMICが0.2％で高く，レモンユーカリ，甘草，ナツメグ，メース，シナモンにも抗菌活性がみられた。

　毒素型食中毒の代表的な細菌である黄色ブドウ球菌は嘔吐活性を有するエンテロトキシンを産生

第3章 植物由来抗菌物質とハードルテクノロジーによる食中毒菌の制御

表2 植物抽出液の抗ボツリヌス菌作用

検体（和名）	学名	部位等	EtOH 抽出液	熱水抽出液
セントジョーンズワート	*Hypericum perforatum*	葉	3＋	－
カレープランツ	*Helichrysum italicum*	葉	3＋	－
ローズマリー	*Rosmarinus officinalis*	葉	3＋	1＋
ユーカリ	*Eucalyptus globulus*	葉	2＋	2＋
レモンユーカリ	*Eucalyptus citriodora*	葉	3＋	－
ナツメグゼラニウム	*Pelargonium fragrans*	葉	2＋	2＋
アップルゼラニウム	*Pelargonium odoratissimum*	葉	2＋	1＋
レモンゼラニウム	*Pelargonium crispum*	葉	2＋	1＋
パイナップルゼラニウム	*Pelargonium mollicomum*	葉	2＋	－
セージ	*Salvia officinalis*	香辛料	3＋	－
チェリーセージ	*Salvia microphylla*	葉	1＋	1＋
ラベンダーセージ	*Salvia cv. Indigo Spires*	葉	2＋	－
カラミンサ	*Calamintha grandiflora*	葉	2＋	－
イブキジャコウソウ	*Thymus serpyllum*	葉	－	－
カモマイル	*Matricaria chamomilla*	花＆葉	2＋	－
クチナシ	*Gardenia jasminoides*	実	1＋	－
サントリナ	*Santolina chamaecyparissus*	葉	1＋	－
タイム	*Thymus vulgaris*	香辛料	1＋	ND
オレンジタイム	*Thymus citriodorus*	葉	－	－
ステビア	*Stevia rebaudiana*	葉	－	－
シソ	*Perilla frutescens*	葉	1＋	－
山椒	*Zanthoxylum piperitum*	香辛料	1＋	－
肉桂	*Cinnamomum cassia*	香辛料	－	－
八角	*Illicium verum*	香辛料	－	－
ドクダミ	*Houttuynia cordata*	葉	－	－
メース	*Myristica fragrans*（種皮）	香辛料	3＋	－
ナツメグ	*Myristica fragrans*（種子）	香辛料	3＋	－
ベイリーブス	*Laurus nobilis*	香辛料	3＋	2＋
パプリカ	*Capsicum annuum*	香辛料	2＋	－
アニス	*Pimpinella anisum*	香辛料	－	－
ペパーミント	*Mentha piperita*	葉	1＋	－
スペアミント	*Mentha spicata*	葉	2＋	－
ラベンダー	*Lavandula angustifolia*	葉	－	－
黄連	*Coptis japonica*	漢方	－	3＋
川楝子	*Melia azedarach*	漢方	－	－
銀杏	*Ginkgo biloba*	漢方	－	－
トウガラシ	*Capsicum annuum*	香辛料	－	－

3＋：0.2％以下で完全抑制，2＋：0.5～1.0％で完全抑制，1＋：部分的増殖抑制，－：効果なし．

する．これの産生条件は食品（培地）成分や環境条件に影響を受け，必ずしも増殖菌数と比例しないことが知られている．カレープランツの本菌に対する MIC は 0.025～0.05％ であったが，これより微量の 0.002～0.01％ 添加することによりコントロール同様の 10^9 cfu/mL まで増殖し

表3 主な食品微生物に対する植物抽出液のMIC（％）

植物抽出液 （エタノール抽出液）	グラム陽性菌						グラム陰性菌	
	黄ブ球菌	MRSA	リステリア	枯草菌	セレウス菌	ボツリヌス菌	大腸菌	コレラ菌
レモンユーカリ	0.025	0.025	0.05	0.025	0.025	0.05	＞0.4	0.2
カレープランツ	0.05	0.025	0.05	0.025	0.025	0.1	＞0.4	＞0.4
甘草	0.05	0.05	0.1	0.05	0.05	0.05	＞0.4	0.2
メース	0.1	0.2	0.4	0.2	0.2	0.2	＞0.4	0.4
ナツメグ	0.05	0.2	0.2	0.2	0.2	0.2	＞0.4	0.4
クローブ	0.2	0.2	＞0.4	0.4	0.4	0.4	0.4	0.2
ユーカリ	0.1	0.2	＞0.4	0.2	0.2	0.2	＞0.4	＞0.4
ローズマリー	0.2	0.4	＞0.4	0.4	0.2	0.4	＞0.4	0.2
セージ	0.2	0.2	＞0.4	0.4	0.4	0.4	＞0.4	0.4
チェリーセージ	0.4	＞0.4	＞0.4	0.4	0.4	0.4	＞0.4	＞0.4
タイム	＞0.4	＞0.4	＞0.4	＞0.4	0.4	＞0.4	＞0.4	＞0.4
ベイリーフ	0.2	0.1	＞0.4	＞0.4	0.2	＞0.4	＞0.4	＞0.4
セントジョーンズワート	0.1	0.1	0.1	＞0.4	＞0.4	0.2	＞0.4	＞0.4

（pH 7.0）

表4 黄色ブドウ球菌のエンテロトキシン産生に及ぼすカレープランツ抽出液の影響

カレープランツ －EtOH 抽出液（％）		培養時間（hr）				
		0	12	24	48	96
コントロール	菌数（cfu/mL）	1.6×10^4	1.3×10^9	2.5×10^9	2.7×10^9	3.7×10^9
	Ent A*	＜2	128	256	512	512
0.002	菌数（cfu/mL）	1.6×10^4	5.9×10^8	2.3×10^9	3.5×10^9	3.2×10^9
	Ent A	＜2	32	64	128	12
0.005	菌数（cfu/mL）	1.6×10^4	8.9×10^4	1.2×10^9	2.2×10^9	2.4×10^9
	Ent A	＜2	2	32	64	256
0.01	菌数（cfu/mL）	1.6×10^4	2.2×10^3	1.8×10^4	8.0×10^8	1.9×10^9
	Ent A	＜2	＜2	＜2	32	64

*：凝集を示した最高希釈倍数の逆数R
検出限界（RPLA kit，デンカ生研）：＜1～2 ng/mL

た場合でも 1/10 以下の毒素産生量であった（表4）。このように植物抽出液には抗菌性のみならず毒素産生抑制作用も認められた。

4．2　植物抽出液と他の制御因子を組み合わせた制御

　食肉製品に発色剤として添加されている亜硝酸ナトリウムはボツリヌス菌の増殖を強く抑制することが知られている。しかし，生体中の二級アミンと反応して発がん性物質であるニトロソアミンを形成することがあり，近年，発色剤無添加の食肉製品や，基準値の 70 ppm を大きく下回る製品が増加している。このような低塩化は本菌による食中毒発生リスクを高めているため，こ

第3章　植物由来抗菌物質とハードルテクノロジーによる食中毒菌の制御

れを補う制御要因として植物抽出液の抗菌性に着目し，亜硝酸ナトリウムとの併用効果について検討した。ボツリヌス菌（A型62A株）に対する亜硝酸塩単独のMICはTPGY寒天培地（pH 7.0）で6〜8 ppmであり，4 ppmでは増殖抑制がまったくみられなかった。しかし，低濃度のカレープランツ（0.05%），レモンユーカリ（0.02%），甘草（0.02%），黄蓮（0.05%）と4 ppmの亜硝酸塩を併用することにより試験菌株の完全抑制あるいは強い抑制効果がみられた。とくに，黄蓮熱水抽出液は他の抽出液に比べて併用効果が高く，FIC index（＜0.5で相乗効果ありと判定）は0.35で相乗効果がみられた[26]。肉汁中での25℃保存におけるA型菌の挙動を図2に示している。亜硝酸塩10 ppmのみでは3日目まで菌数に変化はみられなかったものの4日目から増殖を始め，6日目には10^8 cfu/mLでコントロールと同じ菌数に達した。0.05%のナツメグ抽出液のみでは2日目までは菌数が初期菌数より若干減少したが，その後は増加し，最終的にはコントロールあるいは10 ppm亜硝酸塩のみと同じ菌数に達した。しかし，10 ppm亜硝酸塩と0.05%クローブの併用により菌数は徐々に低下し5日目以降，検出限界以下となった。

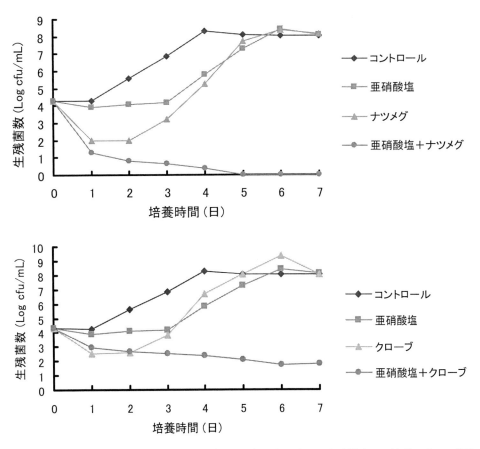

図2　香辛料抽出液（0.05%）と亜硝酸塩（10 ppm）を組み合わせた肉汁中での抗ボツリヌス効果
接種物：A型ボツリヌス菌芽胞，保存温度：25℃

同様の結果が，クローブ，セージでも得られている。

　Bacillus 属細菌を対象に，植物抽出液と静菌剤として広く用いられているグリシン，酢酸ナトリウムと植物抽出液の効果を検証するために，pH 7.0 あるいは 6.0 に調整した TSB 培地を食品モデルとして接種保存試験を行った（表5）。グリシンの細菌への作用については，細胞壁を構成するペプチドグリカンの合成において，アラニンの替わりにグリシンが取り込まれ構造が脆弱化することが知られている。10℃でも発育可能なチルド群の B.cereus，B.thuringiensis，B.megaterium の保存試験（10℃）において，コントロールでは1週目あるいは4週目（B.cereus）に増殖した。甘草が最も高い抗菌性を示し，0.0125％の微量濃度で，酢酸ナトリウムとグリシンの添加の有無にかかわらず完全抑制した。レモンユーカリは 0.025％以上で単独で 20 週以上増殖阻止した。0.0125％においては単独使用の場合増殖を許す例もみられたが，酢酸ナトリウムとグリシンを加えると完全増殖阻止した。カレープランツは 0.0125％濃度で 2～8 週目に増殖がみられたが，酢酸ナトリウム，グリシンを加えると増殖遅延，両者を加えた場合は 20 週目まで完全抑制した。全体的に，植物抽出液の抗菌性に対して低 pH とグリシンは相加的に働き，日持ち向上剤として多用されている酢酸ナトリウムの効果は低かった。35℃保存で B.subtilis，B. coagulans は 0.0125％甘草単独では1日目から増殖がみられたが，pH 5.5，0.4％酢酸 Na，0.5％グリシンを加えた場合，7日目まで完全に増殖が抑制され，ハードル効果が認め

表5　植物抽出液，グリシン，酢酸ナトリウム添加 TSB（pH 7/6）における低温性 Bacillus の接種保存試験（10℃，20weeks）

植物エタノール抽出液	濃度	SAC（％）	GLY（％）	BC（pH7/pH6）	BT（pH7/pH6）	BM（pH7/pH6）
レモンユーカリ	0.0125％	−	−	8(+)*/20(−)**	20(−)/20(−)	4(+)/20(−)
	0.0125％	0.25	−	8(+)/20(−)	20(−)/20(−)	8(+)/20(−)
	0.0125％	−	0.5	20(−)/20(−)	12(+)/20(−)	20(−)/20(−)
	0.0125％	0.25	0.5	20(−)/20(−)	20(+)/20(−)	20(−)/20(−)
カレープランツ	0.0125％	−	−	8(+)/20(−)	2(+)/8(+)	4(+)/8(+)
	0.0125％	0.25	−	8(+)/20(−)	4(+)/20(−)	4(+)/20(−)
	0.0125％	−	0.5	20(−)/20(−)	4(+)/8(+)	8(+)/20(+)
	0.0125％	0.25	0.5	20(−)/20(−)	8(+)/20(−)	20(−)/20(−)
甘草	0.0125％	−	−	20(−)/20(−)	20(−)/20(−)	20(+)/20(−)
	0.0125％	0.25	−	20(−)/20(−)	20(−)/20(−)	20(−)/20(−)
	0.0125％	−	0.5	20(−)/20(−)	20(−)/20(−)	20(−)/20(−)
	0.0125％	0.25	0.5	20(−)/20(−)	20(−)/20(−)	20(+)/20(−)
コントロール（EtOH 0.125％）	−	−	−	4(+)/8(+)	1(+)/1(+)	1(+)/1(+)
	−	0.25	−	4(+)/20(−)	1(+)/1(+)	1(+)/20(−)
	−	−	0.5	20(−)/20(−)	1(+)/1(+)	8(+)/20(−)
	−	0.25	0.5	8(+)/20(−)	1(+)/12(+)	20(−)/20(−)

BC：Bacillus cereus，BT：B. thuringiensis，BM：B. megaterium
SAC：酢酸ナトリウム，GLY：グリシン
*：8週目に増殖（pH 7.0），**：20週目も非増殖（pH 6.0）

第3章　植物由来抗菌物質とハードルテクノロジーによる食中毒菌の制御

られた。

　グラム陰性菌はその外膜が有効成分の透過障害となり，植物抽出液に対する感受性は低かった。しかし，クローブは0.4％と高濃度ではあるものの抗菌性を示し，pH 5.5，グリシン1％でさらに効果が高くなった。この効果はpH低下よりグリシンの添加による方が大きかった。また，クエン酸Naにも効果がみられた。液体培地での接種保存試験で大腸菌はクローブ0.2％，pH 5.5／グリシン1.0％の条件下では15℃，6日間の保存でも一定菌数を維持し，静菌効果がみられた。クローブ0.4％では殺菌的に作用して菌数は減少し，pH 5.5／グリシン1％条件では6日目に検出限界以下となった。また，ローズマリー抽出液は0.4％単独では増殖を許したが，単独因子ではほとんど影響しない濃度のグリシン，キレート剤であるEDTAを組み合わせた場合，35℃，48時間以内に大きな菌数減少がみられた。

　食品製造において安全性を重視して過度の加熱が施された場合，食味や食感，栄養面で劣化するため，高品質な食品製造では従来よりもマイルドな加熱処理かつ効果的な殺菌が求められている。そこで，Clostridium属芽胞の加熱殺菌に及ぼす植物抽出液の影響を調べた。植物エタノール抽出液（5％濃度）の中で本菌芽胞に対して80℃と100℃において顕著な耐熱性低下作用を示したのは甘草とレモンユーカリのエタノール抽出液であった（表6）[27]。62A株に対して80℃，60分の加熱処理を行った場合，前者は約5.8 Log，後者は約3.8 Log減少した。シナモンにも効

表6　植物抽出液によるボツリヌス菌芽胞の耐熱性（D値）の低下

植物抽出液	芽胞減少数（対数）				
	C. botulinum 62A		C. botulinum Okra		C. botulinum PA3679
	80℃ 60 min	100℃ 30 min	80℃ 60 min	100℃ 30 min	100℃ 30 min
コントロール（5% EtOH）	0.86 fg	3.23 h	0.54 fg	2.40 e	0.39 ghi
甘草	5.76 a	6.06 abc	4.13 a	6.07 ab	2.84 b
レモンユーカリ	3.79 b	6.01 bc	3.86 b	5.88 ab	3.49 a
カレープランツ	0.89 fg	4.33 g	0.56 f	5.15 c	0.13 hi
ローズマリー	1.64 de	4.37 g	1.36 c	5.83 ab	0.69 de
パイナップルセージ	0.94 f	5.29 ef	0.36 gh	5.82 b	0.07 i
セントジョーンズワート	1.43 e	5.30 de	0.57 f	5.87 b	0.34 fgh
チェリーセージ	1.72 d	5.92 ab	0.92 e	5.89 b	0.73 d
ローズゼラニウム	1.40 e	6.05 a	1.35 c	5.92 ab	0.75 efg
ハーブゼラニウム	0.67 g	5.87 abc	1.34 c	5.84 ab	0.47 d
セージ	0.85 f	5.58 cd	0.65 f	5.60 b	0.27 ghi
メース	0.80 fg	5.82 abc	0.34 h	6.01 ab	0.33 fghi
シナモン	3.14 c	6.02 ab	1.46 c	6.13 a	1.06 c
ユーカリ（熱水抽出）	0.39 h	5.25 de	0.95 e	5.91 ab	0.60 def
黄蓮（熱水抽出）	0.73 fg	4.90 g	1.11 d	3.80 d	0.81 d
クローブ（熱水抽出）	0.22 h	5.37 f	0.16 i	5.81 ab	0.45 efg

同じ英文字の数値は有意差なし（$P > 0.05$）

果が認められ，約 3.1 Log 程度の加熱致死促進作用が認められた。一方，100℃，30 分の加熱処理では甘草，レモンユーカリ以外にローズゼラニウムやメースも約 6 Log 程度の菌数減少を示した。耐熱性が最も強かった PA3679 株においてレモンユーカリ抽出液の耐熱性低下作用が一番強く，100℃で 30 分の加熱処理で 3.5 Log，甘草は約 2.8 Log 程度 PA3679 の芽胞数を減少させた。

今回検討したボツリヌス菌の芽胞については非常に厳格な殺菌が必須で，12D の死滅条件を満たすには高圧滅菌が必要なことに変わりない。しかしながら，食品の安全性を重視した過度の加熱は食品の品質を損なうことがあるため，温和な条件での加熱しかできない食品が増えている。*Bacillus* 属細菌はセレウス菌食中毒を引き起こすだけでなく，しばしば食品の変敗事故を起こし，廃棄されることがある。植物成分は芽胞の耐熱性を低下させ，食品事故や食品ロスの防止に貢献できる可能性を持っている。

5　おわりに

現在，食中毒細菌の増殖抑制や食品の腐敗延長を目的に用いられる保存料や静菌剤は化学合成食品添加物から天然物に主流が変わりつつある。その中で注目される植物成分を利用した微生物制御法について本章で述べた。とくに，これまでよく知られる香辛料類に加え，レモンユーカリ，カレープランツなどのハーブ類や漢方食材の甘草抽出液が抗菌性を有し，さらに毒素産生抑制や芽胞耐熱性低下作用もあることを紹介した。残念ながら O157 大腸菌を始めとするグラム陰性菌に対する効果は低かったが，今後，ハードルテクノロジーに基づいて，天然物由来である植物抽出液を有効活用し，種々の食品微生物制御因子と組み合わせることにより，安全性と保存性を高め，品質の高い食品の製造と流通が期待される。

文　　献

1) L. Leistner, *Food Res. Int.*, **25**, 151 (1992)
2) 松田敏生，食品微生物制御の化学，幸書房 (1998)
3) 西村民男，誰でもわかる抗菌の基礎知識，p.157，テクノシステム (1999)
4) S. Inouye *et al.*, *J. Antimicrob. Chemother.*, **47**, 565 (2001)
5) K. Isshiki *et al.*, *Biosci. Biotechnol. Biochem.*, **56**, 1479 (1992)
6) 関山泰司，防菌防黴，**23**, 233 (1995)
7) L. R. Beuchat & D. A. Golden, *Food Technol.*, **43**, 134 (1989)
8) A. M. Witkowska *et al.*, *J. Food Res.*, **2**, 37 (2013)
9) P. S. Negi, *Int. J. Food Microbiol.*, **156**, 7 (2012)

第 3 章　植物由来抗菌物質とハードルテクノロジーによる食中毒菌の制御

10) S. Burt, *Int. J. Food Microbiol.*, **94**, 223 (2004)
11) L. L. Zaika, *J. Food Safety*, **9**, 97 (1988)
12) 上田成子ほか, 日食工誌, **29**, 111 (1982)
13) M. M. Tajkarimi *et al.*, *Food Control*, **21**, 1199 (2010)
14) 岩井和夫, 中谷延二 (監修), 香辛料成分の食品機能, 光生館 (1989)
15) K. Hirasa & M. Takemasa, Spice Science and Technology, Marcel Dekker (1998)
16) 宮本悌次郎, 香辛料の抗菌性と食品保存, 防菌防黴, **14**, 517 (1986)
17) C. M. Lin & J. Kim, *J. Food Protect.*, **63**, 25 (2000)
18) M. Kumar & J. S. Berwal, *J. Appl. Microbiol.*, **84**, 213 (1998)
19) C. F. Bagamboula *et al.*, *J. Food Protect.*, **66**, 668 (2003)
20) W. H. Zhao *et al.*, *Antimicrob. Agents Chemother.*, **45**, 1737 (2001)
21) S. Kim & D. Y. C. Fung, *Lett. Appl. Microbiol.*, **39**, 319 (2004)
22) L. B. Bullerman, *J. Food Sci.*, **39**, 1163 (1974)
23) H. Hitokoto *et al.*, *Appl. Environ. Microbiol.*, **39**, 818 (1980)
24) M. Kamimoto *et al.*, *J. Food Sci.*, **79**, 941 (2014)
25) 清水潮, 食品微生物の科学 (第3版), p.170, 幸書房 (2012)
26) H. Cui *et al.*, *Food Control*, **21**, 1030 (2010)
27) H. Cui *et al.*, *Food Control*, **22**, 99 (2011)

第4章　コメ由来ディフェンシンの抗真菌活性と医薬品素材への展開

落合秋人[*1], 谷口正之[*2], 提箸祥幸[*3]

1　はじめに

　ヒトの口腔内は，常に病原性微生物の攻撃に晒されている。この攻撃による最も典型的な疾病は，歯周病やカンジダ症として知られる細菌や真菌による感染症である。これらの感染症は，単に口腔内の炎症を引き起こすだけにとどまらず，病原性微生物の細胞壁成分に由来する炎症性物質（内毒素）を介して，心筋梗塞や狭心症などの原因となる動脈硬化症やがんなどのさまざまな疾患のリスクを高めることも報告されている[1]。

　カンジダ症は，ヒト常在菌の一種である真菌（*Candida* 属菌種）により引き起こされる日和見感染症である。口腔カンジダ症は口腔環境や食道において発症し，重症化すると粘膜の糜爛などを併発することにより難治化し，歯肉炎などの他の疾病も誘発する。口腔カンジダ症の治療には，表1に例示されるようなアゾール系，アリルアミン系，ポリエン系，およびエキノキャンディン系（単にキャンディン系ともよぶ）の抗真菌薬が使用されている[2-4]。アゾール系およびアリルアミン系の抗真菌薬は，エルゴステロールの生合成を抑制することにより真菌の膜構造を破壊する。ポリエン系抗真菌薬は，エルゴステロールに結合することによって細胞膜の破壊および膜機能の喪失を引き起こす。そしてエキノキャンディン系の抗真菌薬は，β-D-グルカンの合成を阻害することによって細胞壁の損傷を引き起こす。いずれも効果的な抗真菌薬であるが，作用メカニズムが似通っており，耐性菌の出現や副作用の側面を考慮すると，治療のためのさらなる選択肢が必要とされている[5]。

　近年，植物由来の抗菌ペプチドを利用した試みが広く行われている。植物は，チオニン，ディフェンシン，脂質輸送タンパク質，シクロチド，ヘベイン様タンパク質，およびノッチン型ペプチドなどの多様な抗菌タンパク質・ペプチドを生産する[6,7]。これらは，病原体の感染や不利な環境条件によって引き起こされるストレスから身を守るための先天性免疫応答の一部として発現され，その多くは分子内ジスルフィド形成に関わるシステイン残基が豊富である。なかでも植物ディフェンシンは，システイン残基に加えて塩基性残基に富んだ低分子ペプチドであり，真菌に

---

*1　Akihito Ochiai　新潟大学　大学院自然科学系／工学部　材料科学プログラム　助教
*2　Masayuki Taniguchi　新潟大学　大学院自然科学系／工学部　材料科学プログラム　教授
*3　Yoshiyuki Sagehashi　農業・食品産業技術総合研究機構　北海道農業研究センター　作物開発研究領域　作物素材開発・評価グループ　上級研究員

第4章　コメ由来ディフェンシンの抗真菌活性と医薬品素材への展開

表1　口腔咽頭カンジダ症に使用されている主な抗真菌薬

成分名	商品名	作用メカニズム	最小発育阻止濃度 (MIC, μM)
ミコナゾール（アゾール系）	フロリードゲルなど	細胞膜に結合し，膜透過性障害を引き起こす	0.1-12.5
イトラコナゾール（アゾール系）	イトリゾールカプセルなど	細胞膜のエルゴステロール合成阻害	0.14-6.0
アムホテリシンB（ポリエン系）	ファンギゾンシロップなど	細胞膜に結合し，膜透過性障害を引き起こす	0.2-0.5

(抗菌薬インターネットブック http://www.antibiotic-books.jp より引用)

対して高い抗菌活性を示すものが多数報告されている。本章では，著者らが抗真菌薬の候補として研究を進めているコメ（イネ）由来ディフェンシンOsAFP1の機能と抗真菌メカニズムについて，得られた最新の結果[8]を解説する。

2　イネディフェンシンの多様性

イネに関する研究は，日本晴（*Oryza sativa* Japonica Nipponbare）およびコシヒカリの全ゲノム構造が明らかにされるとともに飛躍的に発展した。日本晴のゲノム配列は，2005年にInternational Rice Genome Sequencing Project（IRGSP）によって公開された[9]。この情報をもとに，MSU Rice Genome Annotation Project データベース（http://rice.plantbiology.msu.edu/index.shtml）において，数十のディフェンシン様（DEFL）ファミリータンパク質がアノテーションされている[10]。これらのうち，DEF1（Os01g70680），DEF7（Os02g41904），DEF8（Os03g03810），およびDEFL1（Os02g07550）は，イネ種子においてmRNAレベルで高発現されることが明らかにされている。DEF7はOsAFP1ともよばれ，49残基からなるアミノ酸配列を有し，その一次構造から分子内に4本のジスルフィド結合を持つと予想される。また，イネにおけるいくつかの機能がすでに報告されており，病原微生物の感染などのストレスに応答して発現し，抗菌性を発揮することが明らかにされている[11,12]。そこで，OsAFP1のヒト病原性微生物に対する抗真菌活性について着目した。

3　OsAFP1の抗真菌活性と構造安定性

OsAFP1は真菌に対して強力な抗菌活性を発揮する。濁度法を用いた活性測定において，OsAFP1は4 μMの濃度でヒト病原性真菌 *Candida albicans* CIA4の生育を完全に阻害した（図1）。また，50％生育阻害濃度（IC$_{50}$）は2 μMであった。同様に，真菌類である出芽酵母 *Saccharomyces cerevisiae* S288CおよびBY4742に対して抗真菌活性を示した。また，殺菌活性試験により，OsAFP1処理後30分程度において約50％の *C. albicans* 細胞が死滅し，処理後

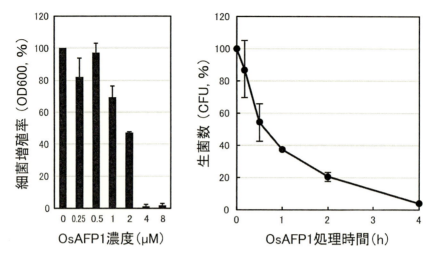

図1 OsAFP1 の *C. albicans* に対する抗真菌活性
増殖阻害試験(左)および殺菌活性試験(右)。
(文献8より引用・改変)

4時間においてほぼ全ての細胞が死滅した(図1)。したがって,OsAFP1は標的細胞に対して殺菌的に抗真菌活性を示すといえる。一方で,*Porphyromonas gingivalis* ATCC 33277, *Streptococcus mutans* JCM 5705, *Staphylococcus aureus* NBRC 12732, および *Propionibacterium acnes* JCM 6473 などのヒト病原性細菌や,モデル細菌 *Escherichia coli* K-12に対して全く抗菌性を示さなかった。この結果は,OsAFP1が真菌細胞に特有の標的分子を厳密に認識することを示す。細胞選択が可能な OsAFP1 は,抗菌スペクトルこそ狭いが,副作用の少ない抗真菌薬として応用できる可能性がある。

一般に,ディフェンシンを含むいくつかのシステインリッチペプチドの構造は,非常に堅牢で優れた熱安定性およびプロテアーゼ耐性を有することが知られている[13]。還元型および非還元型 OsAFP1 の質量分析から,OsAFP1 はその分子内に4つのジスルフィド結合を有することが示唆された。そこで,このペプチドの熱安定性および血清安定性を評価した。100℃で10分間加熱処理した OsAFP1 は,非加熱前の活性をほぼ維持していた。さらに,OsAFP1 は,37℃においてヒト血清を24時間処理しても活性は失わなかった。これらの結果は,予想通り OsAFP1 が極めて高い構造安定性を有することを示す。

4 OsAFP1 の抗真菌メカニズム

ディフェンシンを含む多くの抗菌ペプチドは,標的細胞において細胞膜の破壊もしくは透過化を引き起こし,膜の完全性を破壊することにより抗菌性を示す[14]。これらの抗菌メカニズムは,細胞内 DNA と結合するヨウ化プロピジウム(PI)の細胞内への取り込みを観察する膜損傷試験

第4章　コメ由来ディフェンシンの抗真菌活性と医薬品素材への展開

により簡便に評価可能である[15]。陽性対照である Mellitin を処理した *C. albicans* 細胞においては，半数以上の細胞に PI が取り込まれた。この状態は，細胞膜が破壊もしくは透過化されたことを示す。一方で，OsAFP1 を処理した細胞においては，PI の取り込みがほとんど観察されなかった。この結果は，一般的な抗菌ペプチドとは異なり，OsAFP1 が細胞膜に作用しないことを示唆する（図2）。

非常に興味深い現象であるが，これは予想外の結果ではない。*Nicotiana alata* 由来の NaD1 および *Solanum lycopersicum* 由来の TPP3 などの多くの植物ディフェンシンは，主にそれらの

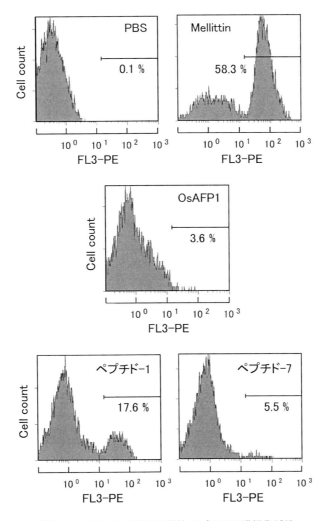

図2　OsAFP1 およびその断片ペプチドの膜損傷試験
C. albicans 細胞に PBS もしくはそれぞれのペプチドを作用させ，フローサイトメーターによって PI による核酸染色を観察した。
（文献8より引用・改変）

標的細胞の膜透過性を高めることによって抗菌活性を発揮する[16,17]。一方で，*Raphanus sativus* 由来のRsAFP2 および *Medicago sativa* 由来のMsDef1 などの一部の植物ディフェンシンは，膜透過性を増大させるだけでなく，細胞壁または細胞質膜の特定の成分に結合し，アポトーシスまたは Ca^{2+} シグナル伝達の崩壊を誘導することにより抗真菌活性を発揮する[18,19]。OsAFP1 もまた，これらと同様の経路を介する抗菌メカニズムを有することが予想された。

そこで筆者らは，「OsAFP1の抗真菌活性はアポトーシスの誘導を伴う」という仮説を立て，アポトーシスマーカーである FITC-アネキシン V を用いて，この仮説を検証した。アポトーシス細胞においては，細胞膜内のフォスファチジルセリン（PS）が細胞表層に露出する。アネキシン V は，カルシウムイオンの存在下において PS と特異的に結合することから，ラベル化した FITC の蛍光を検出することにより間接的にアポトーシス細胞を観察できる[20]。OsAFP1 を処理したほぼ全ての *C. albicans* 細胞は，処理後 0.5 時間後に原形質膜周辺において蛍光を発した（図3）。これらの結果は，細胞に初期アポトーシスが誘導されたことを示す。また，PI との二重染色の結果，PI のみの蛍光を示す壊死細胞は観察されず，さらに PI 蛍光によって推定される死細胞の割合は上記の殺菌活性試験の結果と一致した（図3）。以上の結果により，標的細胞にアポトーシスを誘導することによって OsAFP1 が抗真菌活性を発揮することを明らかにした。

さらに，OsAFP1 処理後 0.5 時間の細胞を用いて免疫細胞化学（ICC）染色を行い，*C.*

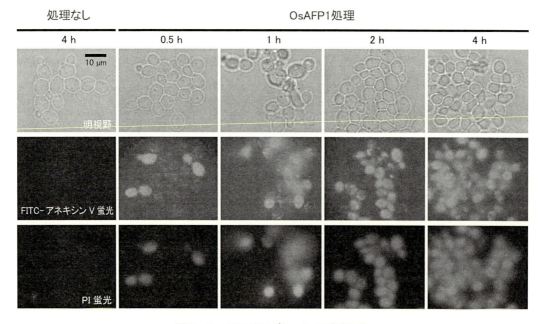

図3　OsAFP1 のアポトーシス誘導効果
OsAFP1 処理した *C. albicans* 細胞を FITC-アネキシン V および PI を用いて同時染色し，落射蛍光顕微鏡により観察した。
（文献8より引用・改変）

第 4 章　コメ由来ディフェンシンの抗真菌活性と医薬品素材への展開

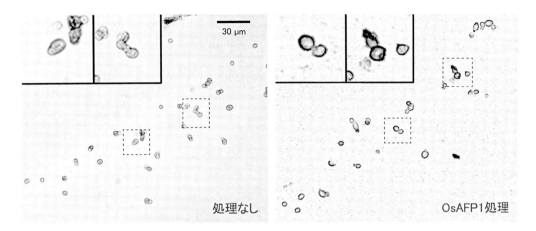

図 4　免疫細胞化学染色による OsAFP1 の局在性
OsAFP1 処理した *C. albicans* 細胞を免疫細胞化学染色して顕微鏡により観察した。
（文献 8 より引用・改変）

albicans 細胞中の標的分子を探索した。その結果，細胞表面が特に黒く染色された（図 4）。上述のように，殺菌活性試験およびアポトーシス誘導試験により，OsAFP1 処理後 0.5 時間後の細胞において初期アポトーシスが誘導され，さらに半数の細胞が死滅することが示されている。これら結果を総合的に判断すると，OsAFP1 は，*C. albicans* の細胞壁もしくは細胞膜周辺に存在する標的分子に結合することによりアポトーシスを誘導し，細胞死をもたらすとの結論に達した。

5　OsAFP1 の抗真菌活性に関わる構造要因

　OsAFP1 の抗真菌活性に関わる領域を探索した。まず OsAFP1 の一次構造を 8 つの領域に分割し，断片ペプチド（ペプチド-1～-8）を合成した。それらのアミノ酸配列は，隣接する領域が重複するように設計されている（図 5）。*C. albicans* 細胞に対する抗真菌活性を測定した結果，ペプチド-1，-2，-7，および-8 において活性が観察された。とりわけ，OsAFP1 の両側末端領域に相当するペプチド-1 および-7 の IC_{50} は 6 μM および 10 μM であり，他のペプチドより比較的高い活性を示すことがわかった。これは OsAFP1 の N 末端および C 末端の領域が活性に重要であることを示唆する。次に，ペプチド-1 および-7 に対して PI を用いた膜損傷試験を行った（図 2）。その結果，ペプチド-7 を処理した細胞の 5.5% のみが蛍光を発したことから，OsAFP1 と同様に，細胞膜には作用しないと考えられる。一方で，ペプチド-1 を処理した細胞においては，17.6% の細胞に膜損傷が引き起こされ，OsAFP1 の抗菌メカニズムの特性を反映していない可能性が示された。

　これらの分析結果から，OsAFP1 の C 末端領域はその抗真菌活性において重要な役割を果た

図5　OsAFP1の一次構造と設計した8種類の断片ペプチド
（文献8より引用・改変）

すと考えられた。そこで，OsAFP1のペプチド-7に相当する領域のアミノ酸（Lys-35，His-37，Leu-39，Glu-40，Arg-41，およびLys-42）をアラニン残基に置換した部位特異的変異体を設計した。大腸菌において発現できなかったGlu-40における変異体を除く5種類の変異体の抗真菌活性を測定した結果，全ての変異体のMICが32 μM以下にまで低下した。さらにIC_{50}値を比較することにより，特にLeu-39およびArg-41におけるアラニン変異体の活性が顕著に低下し，これらの残基がOsAFP1の抗真菌活性において重要な役割を果たすことを明らかにした。

6　今後の展開

本章では，イネ由来ディフェンシンOsAFP1の示す抗真菌活性の特徴とそのメカニズムの一端を紹介した。OsAFP1は，4 μMの濃度で殺真菌的に *C. albicans* CAI4の細胞増殖を完全に阻害した。一方で，アゾール系やポリエン系などの既存の抗真菌薬は，MIC＝0.1～1 μMの低濃度で抗真菌活性を発揮できる。そのため，OsAFP1を抗真菌薬として利用するには，その活性強化が必要かもしれない。今後，X線結晶構造解析などにより，活性残基の役割を詳細に解明する必要がある。一方，OsAFP1は，既存の抗真菌薬とは異なるメカニズム，すなわちアポトーシスを誘導することにより抗真菌活性を発揮した。この特徴は，OsAFP1を利用することにより，不要な薬剤耐性菌の出現リスクを抑えつつ真菌感染症の治療を可能にする新たな抗真菌感染症治療法の開発に繋がる可能性を示す。今後は，OsAFP1のヒト細胞に対する安全性の検証など，臨床研究も見据えた研究を進める予定である。

また，本研究の特色は，長い食経験があるイネ由来のタンパク質を対象としている点である。波及効果として，イネ自身の生体防御機構の解明や耐病性イネの育種に繋がり，米に対するさらなる付加価値の賦与にも繋がることが期待される。

第 4 章　コメ由来ディフェンシンの抗真菌活性と医薬品素材への展開

文　　献

1) K. Arimatsu *et al*., *Sci. Rep*., **4**, 4828（2014）
2) Z. Iqbal *et al*., *J. Prosthodont. Res*., **60**, 231（2016）
3) R. Prasad *et al*., *Adv. Exp. Med. Biol*., **892**, 327（2016）
4) S. C. Chen *et al*., *Med. J. Aust*., **187**, 404（2007）
5) J. Morschhäuser, *J. Microbiol*., **54**, 192（2016）
6) R. Nawrot *et al*., *Folia Microbiol*., **59**, 181（2014）
7) K. A. Silverstein *et al*., *Plant J*., **51**, 262（2007）
8) A. Ochiai *et al*., *Sci. Rep*., **8**, 11434（2018）
9) International rice genome sequencing project, *Nature*, **436**, 793（2005）
10) Y. Kawahara *et al*., *Rice*, **6**, 4（2013）
11) Y. Sagehashi *et al*., *J. Pestic. Sci*., **42**, 172（2017）
12) S. Tantong *et al*., *Peptides*, **84**, 7（2016）
13) P. Q. Nguyen *et al*., *FEBS J*., **281**, 4351（2014）
14) W. C. Wimley, *ACS Chem. Biol*., **5**, 905（2010）
15) N. M. O'Brien-Simpson *et al*., *PLoS One*, **11**, e0151694（2016）
16) T. L. Cools *et al*., *Future Microbiol*., **12**, 441（2017）
17) J. A. Payne *et al*., *Biochim. Biophys. Acta*, **1858**, 1099（2016）
18) A. M. Aerts *et al*., *FEBS Lett*., **583**, 2513（2009）
19) A. Muñoz *et al*., *Mol. Microbiol*., **92**, 1357（2014）
20) T. Suzuki *et al*., *J. Immunol*., **166**, 5567（2001）

第5章　蒸着重合法による防カビフィルムの作製

西村麻里江[*1]，辻　　朗[*2]，田中貴章[*3]，小塚明彦[*4]

1　はじめに

　カビとは菌糸状の構造をもつ微生物の一般名称であり，主に子嚢（しのう）菌類（いわゆるカビ）と，担子（たんし）菌類（いわゆるキノコ）の一部を指して用いられることが多い。ちなみに，カビ，ウイルス，バクテリアも「菌」と呼ばれるが，これらは全く異なる生物である。

　温暖，湿潤な日本の気候はカビの生育に適しており，微量の有機質でもカビの生育には十分な栄養源となり得るため，食品だけではなく動植物や住環境，産業機械などのさまざまな場所でカビが発生しているのが観察される。このようなカビは「汚れ」に見えるだけではなく，カビの発生による劣化などの問題を引き起こす。また，カビにより引き起こされる病気も問題であり，身近なところではアレルギーなどが問題になっている。近年，フードロスが社会問題として取り上げられることが多いが，カビの発生によるフードロスは米国だけでも年間330億円程度という報告がある[1]。

　国産農産物では収穫後の農薬の使用が制限されているため，流通・保存時のカビの発生が問題になっており，特に果物において被害が大きい。しかし，現時点では効果的な防カビ技術が非常に少なく，安全かつ実用的な技術の開発が早急に求められている。そこで，植物由来の人体や環境に安全な防カビ化合物を用いた徐放性防カビフィルムの作製について，作製技術やその特徴について以下に紹介する。

2　蒸着重合とは

2.1　薄膜形成手法

　高分子薄膜を形成する手法には，大きく分けてウェット工法とドライ工法の2種類が存在する。ウェット工法とは，主に溶液にポリマーを溶解させて塗工乾燥によって高分子薄膜を得る手法であり，簡易的に高分子薄膜を形成できる特徴を有している。しかしながら，昨今深刻な環境

　＊1　Marie Nishimura　農業・食品産業技術総合研究機構　生物機能利用研究部門　主席研究員
　＊2　Akira Tsuji　小島プレス工業㈱　研究開発部　課長
　＊3　Takaaki Tanaka　小島プレス工業㈱　研究開発部
　＊4　Akihiko Kozuka　小島プレス工業㈱　研究開発部　主査

第 5 章　蒸着重合法による防カビフィルムの作製

問題やエネルギー問題の観点から有機溶剤による環境負荷や乾燥工程によるエネルギーロスが問題視されている。一方，ドライ工法は高分子を溶融して膜を形成する手法や溶剤を使用せずにモノマーを硬化させることで高分子膜を形成する手法である。この工法の特徴は，有機溶剤を使用しないため環境負荷が少ないことにあるが，溶融しない高分子膜の成膜ができないことや均一な薄膜形成が困難といった欠点がある。これらの欠点を補うことができる手法として，近年，蒸着重合法が注目されている。

2.2 蒸着重合

蒸着重合とは，真空下でモノマーを昇華または蒸発させて，基板上で自己重合させる工法である。この工法の特徴はポリ尿素，ポリイミドなどの不融不溶の高分子を均一に薄膜化できることが大きな特徴である（図1）。さらに，材料の組み合わせがポリ尿素だけを見ても数十万通り存在するため，さまざまな機能性薄膜を作製できる可能性を秘めている。

3　蒸着重合の歴史

蒸着重合法は1980年代に開発された工法であり，さまざまなバッチ式の蒸着重合装置が開発されてきた。しかしながら，重合メカニズムの解明および安定した製造と膜品質のバラツキが大きいため，工業化が難しいと言われてきた。そんな中において，小島プレス工業㈱において世界初連続式 Roll to Roll 蒸着重合成膜装置が開発された（図2）。この装置は，蒸着重合膜を連続成膜するだけではなく，インライン監視装置および蒸発監視センサーなどにより成膜品質の監視および成膜条件へのフィードバックを可能とした装置仕様となっているため，成膜品質の見える化および適正化を図ることが可能となっている。

4　徐放性蒸着重合膜の作製

4.1　材料選定

ポリアミド，ポリ尿素の架橋系蒸着重合膜は湿度に対する応答性があることが最近の研究で分かってきた。高湿度の時に蒸着重合膜が膨潤して蒸着重合膜に包まれた物質が放出され，低湿度

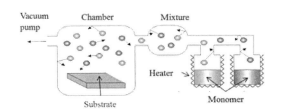

図1　蒸着重合工法の特徴

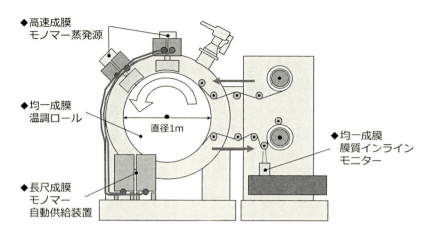

図2　連続式 Roll to Roll 蒸着重合成膜装置

の時には放出されにくい傾向がある。この特徴を生かし，カビ害が発生しやすい高湿度環境において防カビ成分を積極的に徐放できる架橋系蒸着重合膜を作製した。

5　防カビ資材

5.1　構成

異なる膜厚の蒸着重合膜を成膜して，防カビ化合物の徐放期間を評価した。防カビ資材の作製方法は，ベースフィルム上に防カビ成分を蒸着または塗工により形成して，その上に蒸着重合膜を形成した構成である（図3，図4）。つまり，防カビ成分がベースフィルムと蒸着重合膜に挟まれた構成となっている。

5.2　徐放性能

試作評価の水準は，蒸着重合の膜厚を2，4，6，8 μmと水準を振り，防カビ化合物の量をそれぞれ同程度の量を導入したものを評価した（表1）。

その結果，蒸着重合膜厚が8 μmのとき，防カビ化合物を1か月以上徐放できることが確認できた。また2 μmの徐放期間は6日程度と短いことが確認できた（図5）。

蒸着重合膜の膜厚を制御することで防カビ化合物の徐放量を制御することができた。また，蒸着重合膜厚6 μmフィルムを用いて防カビ評価を行った結果，防カビ効果が1か月程度持続することを確認できた。つまり，防カビ化合物の徐放期間と防カビ効果に整合性があることが分かり，防カビ資材としての可能性を確認することができた。

第5章　蒸着重合法による防カビフィルムの作製

図3　防カビ資材の構成

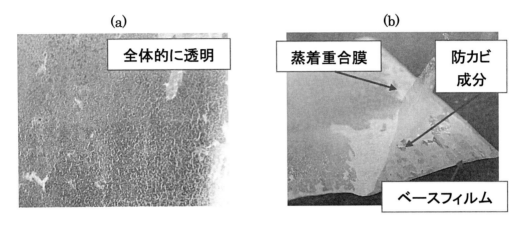

図4　(a) 防カビ資材全体，(b) 防カビ資材を分解した箇所

表1　評価水準

	A	B	C	D
徐放膜厚（μm）	2.0	4.0	6.0	8.0
有効面積（cm^2）	80	80	80	80
防カビ成分（g）	0.32	0.35	0.35	0.34

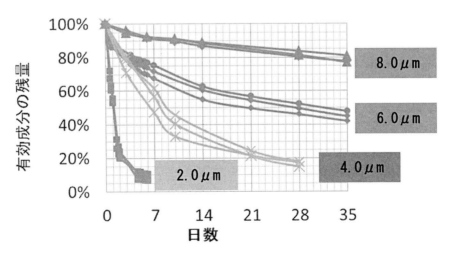

図5　膜厚違いによる徐放期間比較

※ VDP：蒸着重合法（Vapor Deposition Polymerization）の略

5.3 湿度依存性

膜厚コントロールにより徐放性能を自在にコントロールできることに加え，この材料系による蒸着重合膜は湿度によっても徐放性能をコントロールすることが可能である。

評価は，膜厚違いによる徐放期間比較で使用したものと同ロットで作製した蒸着重合膜 6 μm のサンプルを使用した。評価条件は 25℃ で，湿度 50％ と 90％ の環境下で実施し，放置したサンプルの重量変化によって徐放性能を比較した。その結果，湿度 90％ 環境下に放置したサンプルの方が重量変化が大きかった（図 6）。

このことから，高湿度ほど防カビ化合物を放出しやすい膜であることが確認された。これは吸湿しやすい材料を選択的に使用することで，湿度変化によって蒸着重合膜の網目が伸縮する機能を保持することが可能になったと考えられる。

カビが高湿度になるほど発生しやすいと仮定すると，この防カビ資材を活用すれば，現在発生しているカビによる被害件数を減少させることが可能であると考えられる。

5.4 食品安全性

食品安全の専門家との意見交換により，現在蒸着重合膜に使用中の材料の一部が将来的に使用を規制される可能性があることが判明した。物性の近い材料系へ変更した場合，僅かながら反応速度が遅くなるため，最悪の場合，形成された蒸着重合膜の中からの未反応物が基準値を上回る可能性がある。そのような場合には食品用途としては使用できなくなってしまう。

蒸着重合膜の形成過程は，高温加熱段階を経て行われる。蒸着重合時に未反応物を残さないようにするためには，成膜反応を長時間進めると好ましいが，一方，この高温加熱過程は，生理活性物質の蒸散や分解，失活などを誘発し，防カビ化合物の消失に繋がることも考えられる。そこ

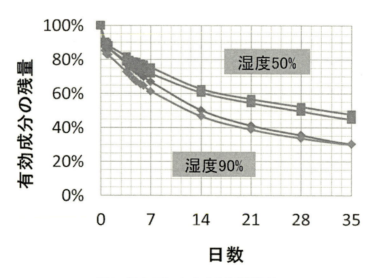

図 6　湿度の違いによる徐放期間比較

第 5 章　蒸着重合法による防カビフィルムの作製

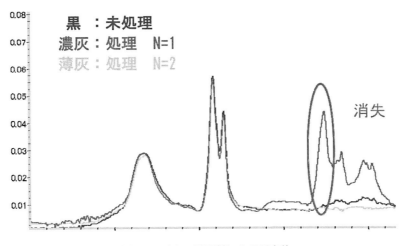

図 7　マイクロ波照射による反応差
横軸：位置による結合種類，縦軸：未反応物残量。

で，産業技術総合研究所と共同でマイクロ波を利用した化学反応法の知見と技術を利用した蒸着重合膜生成に関するプレリミナリーな検証を行った。通常利用されるマイクロ波は，周波数 2.45 GHz の電磁波で，波長が約 12 cm となる。したがって，電場と磁場の強弱が 6 cm ごとに生じるため，成膜反応のような幅の広い物質にマイクロ波を利用展開すると効果付与の強弱の場が生じてしまい，均一に効果を付与することは容易ではない。この点を解決するため，共振空洞型のキャビティーを利用した反応装置を利用して検証を実施した。検証は，防カビ化合物を導入したサンプルを使用した。その結果，当初懸念された温度上昇や防カビ化合物の溶出などといった不具合を生じさせることなく，反応促進させることが可能となった（図 7）。このことから，当初懸念された材料変更による食品安全性担保は，マイクロ波技術の活用によって解消することが可能と考えられる。

6　今後の展開

ここで紹介した蒸着重合技術を活用した徐放膜は，高湿度環境下になるほど徐放性能を発揮しやすいことが確認された。また，マイクロ波の活用によって食品安全性上の課題を解消できる目処がたったと考えている。

今回はある特定の防カビ化合物を使用しての検証となっているため，今後はさまざまな防カビ化合物を用いて実験を行う必要があると考えられる。その際には，防カビ化合物毎に蒸散量が異なるため，防カビ化合物の徐放量と蒸着重合膜との関係性を再確認していく必要がある。それらを網羅的に検証することで，どのカビに対してどの仕様の防カビ資材が効果的なのか把握することができるであろう。そうなると今後，ここで紹介した防カビ資材が食品のみならず，さまざま

な分野のカビ被害に対して活躍できる場が出てくることが期待される。

謝辞

　本研究は農研機構生研支援センター「革新的技術開発・緊急展開事業（うち先導プロジェクト）」の支援を受けて行われた。

　マイクロ波の使用にあたり，産業技術総合研究所　清水弘樹博士に御協力頂いた。

　蒸着重合法使用にあたり，国立大学法人　静岡大学　久保野敦史教授に御協力頂いた。

文　　　献

1)　M. Schmidt *et al.*, *J. Cereal Sci.*, **69**, 95 (2016)

第6章 麹菌由来の抗菌物質（イーストサイジン）

数岡孝幸*

1 はじめに

　麹菌は，Aspergillus 属の糸状菌であり，醸造および食品の製造に汎用されている。特に，和名を黄麹菌と称する Aspergillus oryzae，黄麹菌に分類される A. sojae とその白色変異株，黒麹菌に分類される A. luchuensis（A. luchuensis var. awamori）および黒麹菌の白色変異株である白麹菌 A. luchuensis mut. kawachii（A. kawachii）は，2006年に日本醸造学会によって「国菌」と認定され[1]，日本で古来より生産され消費されている清酒，醤油，味噌などの製造において，原料である穀物中のデンプンやタンパク質の分解を担う酵素の生産や風味の形成で必須の役割を担っている。

　一方で，Aspergillus 属の生産する抗菌性物質としては，ペニシリン[2]，コウジ酸[3,4]，アスペルギリン酸[5,6]，ヘルボール酸（フミガシン）[7〜9]，ゲオダイン[10〜12]などの低分子量の抗菌物質が報告されている。麹菌は，これらとは明らかに異なる性質を示す抗菌物質を生産する。筆者らは，本抗菌物質が未だ精製されていないため，麹菌培養液へのアセトン添加などによって析出した抗菌活性を有する粗物質をイーストサイジンと呼んでいる。本稿では，麹菌が生産する本抗菌物質について現在明らかになっていること，およびその利用例を紹介する。

2 イーストサイジン高生産菌の探索

　イーストサイジンは，麹汁培地で麹菌を培養した後の培養液で酵母を培養しようとしたところ，酵母が増殖しなかったことが発端となり，見出された抗菌物質である。清酒用，味噌用，醤油用種麹菌から単離した85株の A. oryzae を麹汁培地で培養して抗菌活性を測定したところ，50株で抗菌活性が認められ，なかでも No.G 株の培養液に高い活性が認められた。培養液に抗菌物質を産生する A. oryzae とそうでないものの間には，分生子の大きさ，色，形，菌糸の長短などに違いは認められなかった[13]。

3 イーストサイジン活性を有する培養液の調製

　イーストサイジンは，麹汁培地で A. oryzae No.G 株を25℃で25〜30日程度培養することで

＊ Takayuki Kazuoka　東京農業大学　応用生物科学部　醸造科学科　准教授

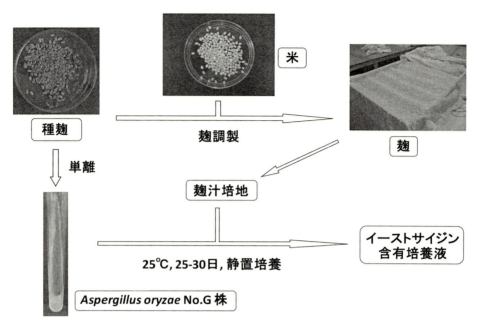

図1 イーストサイジン活性を有する培養液の調製

培地中に生産される（図1）。麹汁培地の調製法は，米麹1 kgに対して水を4 L加えたものを55℃で一晩糖化させ，濾過した濾液のBrix糖度を7〜10°程度に調整したものである。各種培地：YM培地，ブドウ糖ペプトン培地，1/2YPS培地，Potato-carrot培地，CDM培地，Czapek-Dox培地，コーンミール培地，Bennett培地，LCA培地，スキムミルク培地，ポテトデキストロース培地，酸性トマトブロス培地を用い，イーストサイジンの生産を試みたが，これらの培地では抗菌活性は見られなかった。なお，米を酵素剤で糖化した濾液を用いて，A. oryzae No.G株を培養しても抗菌活性は見られず，米麹を調製するために使用した清酒用種麹を培養して取得した麹菌菌体の凍結乾燥粉砕物にも抗菌活性は見られないため，イーストサイジンの生産には，米麹に生育している麹菌の細胞内あるいは菌体構成成分を含む培地でA. oryzae No.G株を生育させる必要があると考えられる。

4 抗菌活性の測定

イーストサイジンの最少生育抑止濃度MIC（µg/mL）は，試験菌株としてビール酵母 S. cerevisiae IFO2011株，対照株（耐性株）として清酒酵母きょうかい7号（K7）を用い，希釈法で，試験菌株の植菌量は1×10^4 cells/mL，培養温度は30℃，培養時間は72 hとして3回の抗菌試験を行い，生育回数1回以下であった最少のイーストサイジン濃度をMIC（µg/mL）として，試験培地に添加したイーストサイジン溶液の容量と，イーストサイジン溶液中の粗物質の

第6章　麹菌由来の抗菌物質（イーストサイジン）

重量から次の式で算出している。

　　MIC（μg/mL）= MIC（mL/mL）×重量（mg/mL）×1000

　なお，麹汁培地を寒天で固めた培地を用いると，イーストサイジンはその抗菌活性を示さなくなる。

5　イーストサイジン粗物質の調製

　A. oryzae No.G 株の培養液をエバポレーターを用いて10〜20倍濃縮後，そこに終濃度約50％となるように冷アセトンを添加すると析出物が出現する。浮遊析出物および沈殿析出物が出現するが，浮遊析出物により高い抗菌活性が認められる。この浮遊析出物を回収し，蒸留水に溶解後，分画分子量約10,000の透析チューブを用いた透析を行う。イーストサイジンの抗菌活性は，透析チューブ内に保持されるため，それを回収することでMIC（μg/mL）が約1/30となった粗精製溶液が取得できる。その溶液を凍結乾燥すると，吸湿性の高い粉状物質（イーストサイジン粗物質）を取得することができる（図2）。

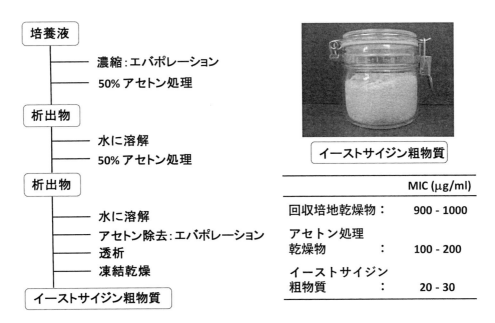

図2　イーストサイジン粗物質の調製

6 イーストサイジンの性質

6.1 安定性

イーストサイジン溶液に対して凍結・融解を繰り返し，残存する抗菌活性を測定したところ，抗菌活性の低下は認められなかった。熱に対する安定性を各温度（30〜100℃は10℃毎，121℃）で30分間処理後に冷却し，残存する活性を測定したところ，抗菌活性の低下は認められなかった。pHに対する安定性を，各pH（2〜12）で30分間処理後に中和し，残存する活性を測定したところ，抗菌活性の低下は認められなかった。これらのことから，イーストサイジンは，安定性の高い物質であると考えられる。

6.2 抗菌試験培地のpHおよび培地中に添加した金属イオンの抗菌活性への影響

イーストサイジンの抗菌活性を測定する際の試験培地のpHを，塩酸あるいは硫酸で酸性に，水酸化ナトリウムでアルカリ性に調整し，抗菌活性を測定すると，酸性条件では抗菌活性が認められるが，アルカリ条件では抗菌活性が認められない。さらに，培地中に各種塩を添加して抗菌活性を測定すると，イーストサイジンの抗菌活性は認められなくなる。これらのことから，イーストサイジンは，金属イオン共存下では，その抗菌活性を発揮することができない抗菌物質であることが予想される（表1）。

なお，イーストサイジンと金属イオンを混合し，30分間処理後に透析で金属イオンを除去，その金属イオン処理イーストサイジンを用いて抗菌活性を測定すると，抗菌活性が認められることから，イーストサイジンが金属イオンで不活性化されるのではなく，イーストサイジンによる試験株へのなんらかの作用を金属イオンが阻害しているのだと考えられる。

6.3 抗菌作用様式

イーストサイジンによる試験菌株への作用が静菌的なのか，あるいは殺菌的なのかを，ナトリウムイオンがイーストサイジンの抗菌作用を阻害することを利用して調査した。詳細には，

表1 試験培地のpHおよび試験培地中のイオンの影響

	MIC (μg/mL)		MIC (μg/mL)
HCl, H_2SO_4 (pH3)	10	0.2 M NH_4Cl	> 200
HCl, H_2SO_4 (pH4)	10	1 M $(NH_4)_2SO_4$	> 200
HCl, H_2SO_4 (pH5)	25	1 M NaCl	> 1000
HCl, H_2SO_4 (pH6)	25	0.1 M KCl	> 200
NaOH (pH7)	200	0.1 M $CaCl_2$	> 200
NaOH (pH8)	> 200	1 mM $FeSO_4$	> 200
NaOH (pH9)	> 200		
NaOH (pH10)	> 200		
NaOH (pH11)	> 200		

第6章　麹菌由来の抗菌物質（イーストサイジン）

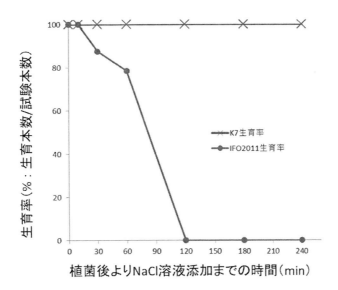

図3　イーストサイジン抗菌作用に対する試験培地へのNaCl溶液の添加タイミングの影響

MICの3.5倍濃度のイーストサイジンを添加した培地に，イーストサイジン耐性がないビール酵母を植菌し培養後，任意の時間にNaCl溶液を添加して，ビール酵母が増殖するかを確認したところ，植菌後60分までにNaClを添加するとビール酵母は増殖するが，120分後以降の添加ではビール酵母は増殖しないことがわかった（図3）。

また，Haraguchiらの手法[14]にならい，試験菌株であるビール酵母IFO2011株を洗菌後，生育阻害濃度のイーストサイジンで処理し（コントロールとしてアンホテリシンBを使用），2時間の振とう後にフェノール硫酸法および紫外領域の吸光度を測定することで細胞内成分の漏出を確認したところ，イーストサイジンはアンホテリシンBと同様に，試験菌株の細胞内成分の漏出が確認された。これらのことからイーストサイジンは試験菌株に対して殺菌的に作用する抗菌物質であることが確認された。

6.4　変異原性試験

*Salmonella typhimurium*を利用した変異原性試験キット「ウムラックAT」を使用し，umu試験を行ったところ，イーストサイジン粗物質に変異原性は認められなかった。

6.5　抗菌スペクトル

イーストサイジンを用い，酵母に対する抗菌スペクトルを調査したところ，ほとんどの試験菌株の増殖を阻害した。特筆すべきは，*Saccharomyces cerevisiae*に対する抗菌活性である。*S. cerevisiae*は，醸造・発酵産業において広く実用酵母として用いられており，その特性によって清酒酵母，焼酎酵母，ビール酵母，ワイン酵母，パン酵母などに用途が分けられている。それら

図4 イーストサイジンの酵母に対する抗菌スペクトル

耐性無し

Alcohol yeast	Beer yeast	Other S. cerevisiae	S. transvaalensis	Saccharomycopsis lipolytica
IFO 2063	IFO 2034	IFO 0216	S. Unisporus	Sporobolomyces roseum
IFO 2080	IFO 2037	IFO 0221		Wickerhamia fluorescens
IFO 2091	Wine yeast	IFO 0224	Hansenula anomala	Rodotorula minuta
IFO 2094	IFO 2215	IFO 0225	H. fabianii	Citromyces matriensis
IFO 2100	IFO 2218	IFO 0243	Candida boidinii	
IFO 2102	IFO 2220	IFO 0248	C. catenilala	
IFO 2110	IFO 2249	IFO 0267	C. guiliermondii	
IFO 2118	IFO 2252	IFO 0268	C. kefyr	
Distillers' yeast	IFO 2300	IFO 0274	C. krusei	
IFO 2106	IFO 2315	IFO 0282	C. mesenterica	
IFO 2112	IFO 2361	IFO 0334	C. parapsolosis	
IFO 2114	IFO 2362	IFO 0337	C. rugosa	
IFO 2115	IFO 2363	IFO 0492	C. sake	
IFO 2116	Bakers' yeast	IFO 10217	C. tropocalis	
IFO 2373	IFO 0555	OUT 7865	C. utilis	
IFO 0233	IFO 0556	OUT 7866	Pichia dispore	
IFO 0234	IFO 2040	OUT 7868	P. pastoris	
IFO 0216	IFO 2042	AKV 4100	Schizosaccharimyces japonicus	
Beer yeast	IFO 2043	S. bayanus	S. malidevorans	
IFO 2000	IFO 2044	S. barnetti	Kloechera africana	
IFO 2001	IFO 2045	S. castellii	K. carticis	
IFO 2003	IFO 2046	S. dairensis	Kluyveromyces drosophilarum	
IFO 2005	IFO 2047	S. exiguus	K. lactis	
IFO 2010	Other S. cerevisiae	S. kluyveri	K. marxianus	
IFO 2011	IFO 0203	S. paradoxus	K. thermotplerance	
IFO 2015	IFO 0204	S. pastorianus	Hanseniaspora osmophila	
IFO 2017	IFO 0205	S. rosinii	H. valobyensis	
IFO 2018	IFO 0209	S. servazzii	Saccharomycopsis capsularis	
IFO 2019	IFO 0213	S. spencerorum	S. fibuligera	

耐性あり

Sake Yeast
Kyokai No.6
Kyokai No.7
Kyokai No.8
Kyokai No.9
Kyokai No.10
Kyokai No.11
Kyokai No.14
Kyokai No.15
Kyokai No.1601
Kyokai No.1701
AS701
Pichia chambardii
P. farinosa

S. cerevisiaeの各種実用酵母の中で清酒酵母のみがイーストサイジンに対して耐性を示し，それ以外の実用酵母は耐性を示さなかった[15]（図4）。

7 イーストサイジンの利用例

　現在，清酒製造に利用されている清酒酵母のほとんどが，日本醸造協会で純粋培養され頒布されているきょうかい酵母である。きょうかい酵母は，高品質の清酒を製造する酒蔵の清酒醪から分離された酵母，あるいはその酵母を基に育種された酵母である。これらきょうかい酵母を使用することで，高品質の清酒を安定して造ることができるようになっているが，きょうかい酵母の歴史をひもとくと，各種きょうかい酵母のベースとなっているのは，たった6種の清酒酵母であることがわかる。そこで筆者らは，近年の消費者の嗜好の多様化への対応を目的に，イーストサイジンの清酒酵母には作用しないが，他の多くの酵母の増殖を阻害するという性質を利用し，新規清酒製造用酵母の分離を試みている。清酒酵母を分離するためには，まずS. cerevisiaeを分離する必要があるが，その分離のための集積培養用培地にイーストサイジンを添加しておくことで，S. cerevisiaeの中でも清酒酵母が集積されやすくなる。実際に，この手法で清酒製造用酵

第 6 章　麹菌由来の抗菌物質（イーストサイジン）

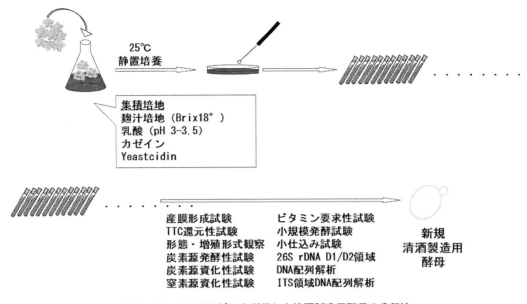

図 5　イーストサイジンを利用した清酒製造用酵母の分離法

母を分離し実用化に成功している[16]（図 5）。

8　おわりに

　麹菌由来の抗菌物質（イーストサイジン）が，竹田正久博士，塚原寅次博士らによって発見されたのは 1969 年のことであり[17]，発見以来 50 年の歳月がたっている。その間，イーストサイジンに関する研究が順調に進んでいるとは言いがたいが，麹菌が生産するイーストサイジンの興味深い性質が損なわれている訳ではない。今後，イーストサイジンに関する研究が進展し，微生物が関わる多岐にわたる分野での新規利用法が期待される。

文　　　献

1) 日本醸造協会ホームページ，http://www.jozo.or.jp/koujikinnituite2.pdf
2) A. Brakhage *et al.*, *Adv. Biochem. Eng. Biotechnol.*, **88**, 45（2004）
3) A. Beelik, *Adv. Carbohydr. Chem.*, **11**, 145（1956）
4) T. Kotani *et al.*, *Agr. Biol. Chem.*, **39**, 1311（1975）
5) E. C. White & J. H. Hill, *J. Bact.*, **45**, 433（1943）

6) J. D. Dutcher, *J. biol. Chem.*, **232**, 785 (1957)
7) S. A. Wacksman *et al.*, *J. Bact.*, **45**, 233 (1943)
8) N. L. Allinger & J. L. Coke, *J. Org. Chem.*, **26**, 4522 (1961)
9) S. Okuda *et al.*, *Chem. Pharm. Bull.*, **12**, 121 (1964)
10) H. Raistrick & G. Smith, *J. Biochem.*, **30**, 1315 (1936)
11) H. Rinderknecht *et al.*, *J. Biochem.*, **41**, 463 (1947)
12) H. Rønnest Mads, *Acta Cryst.*, **67**, o125 (2011)
13) 中田久保, 坂井劭, 醸造研究, 51年版, 18 (1976)
14) H. Haraguchi *et al.*, *Agric. Biol. Chem.*, **51**, 1373 (1987)
15) 穂坂賢ほか, 醗工, **65**, 191 (1987)
16) 数岡孝幸, 醸協, **110**, 298 (2015)
17) M. Takeda & T. Tsukahara, *J. Agric. Sci.*, **14**, 199 (1970)

第7章 乳酸菌バクテリオシンの探索とその利用

和田夏美[*1], 善藤威史[*2], 園元謙二[*3]

1 はじめに

　乳酸菌は糖を発酵して多量の乳酸を生産する細菌の総称であり，乳製品をはじめとするさまざまな発酵食品に利用され，古くから人間の生活に深く関係してきた[1]。長い食経験の中で，乳酸菌には毒素生産や食中毒の心配がなく安全性に優れていることが確認され，その健康増進効果には広く注目が集まっている。一方で，乳酸菌は乳酸やその他の副生物を生産することによって競合する微生物の生育を抑制することが知られており[2]，乳酸菌やその生産物を食品保存料や抗菌剤に応用しようとする気運が著しく高まっている。乳酸菌が生産する抗菌性物質の中でも，日本を含む世界50か国以上で食品保存料として使用されているナイシンをはじめとするバクテリオシンには近年とくに大きな期待が寄せられている。ここでは，乳酸菌バクテリオシンの性質，生合成や作用機構といった基礎的な内容から，バクテリオシンの利用・強化といった応用的な内容までを幅広く紹介する。

2 乳酸菌バクテリオシンとは

2.1 乳酸菌バクテリオシンの特徴

　バクテリオシンとは，細菌がリボソーム上で合成するペプチド性の抗菌物質で，主に産生菌と類縁な菌種に抗菌効果を発揮する。乳酸菌バクテリオシンの多くは，グラム陽性菌に対して抗菌作用を示し，無味無臭，酸や熱に対して安定という優れた性質を有する。また，多くの抗生物質とは異なり，タンパク質性でヒトや動物の腸管内の消化酵素で容易に分解されることから，生体内および環境への残存が少なく，瞬時に殺菌的に作用することと相まって，耐性菌の出現が起こりにくいと考えられている[3,4]。

2.2 乳酸菌バクテリオシンの分類

　乳酸菌を含むグラム陽性菌が生産するバクテリオシンの分類法については諸説あるが，代表的なものはCotterらが修正・提案したものである（表1）[5]。この分類においてバクテリオシンは，

[*1] Natsumi Wada　九州大学　大学院生物資源環境科学府　生命機能科学専攻
[*2] Takeshi Zendo　九州大学　大学院農学研究院　生命機能科学部門　助教
[*3] Kenji Sonomoto　九州大学　大学院農学研究院　生命機能科学部門　教授

表1 乳酸菌バクテリオシンの分類と代表例

クラス(サブクラス)		特徴	例
クラスI		通称ランチビオティック。翻訳後修飾によって生じる異常アミノ酸を含む5 kDa以下のペプチド。耐酸・耐熱性を有する。	ナイシンA, Q, Z ラクティシン481
クラスII		異常アミノ酸を含まない10 kDa以下のペプチド。耐酸・耐熱性を有し,4つのサブクラス(IIa～d)に分類される。	
	IIa	N末端側にYGNGVXCの保存配列を有し,強い抗リステリア活性を示す。	エンテロシンNKR-5-3C ペディオシンPA-1/AcH
	IIb	2つのペプチドにより相乗的な抗菌活性を示す。	ラクトコッシンG ラクトコッシンQ
	IIc	N末端とC末端がペプチド結合した環状構造を有する。	エンテロシンNKR-5-3B ロイコサイクリシンQ
	IId	上記IIa～cに分類されないクラスIIバクテリオシン。	ラクトコッシンA ラクティシンQ

ペプチド内に翻訳後修飾によって生じる異常アミノ酸を含み「ランチビオティック」と呼ばれるクラスIと,異常アミノ酸を含まないクラスIIの大きく2つに分類され,クラスIIバクテリオシンはさらに4つのサブクラスに分けられる。クラスIIaバクテリオシンは構造中にYGNGVXC配列(X:非特定アミノ酸)を含み,強い抗リステリア活性を有する。クラスIIbバクテリオシンは2つのペプチドから構成され,一方のペプチドのみでは微弱な抗菌活性しか示さないが,2つのペプチドが1:1の構成比で複合体を形成することにより相乗的な抗菌活性を示す。クラスIIcバクテリオシンはペプチドのN末端とC末端がペプチド結合を形成した環状構造を有し,環状バクテリオシンとも呼ばれ,一般に直鎖状バクテリオシンに比べて耐酸性・耐熱性に優れている。クラスIIdバクテリオシンは,以上のサブクラスに属さないクラスIIバクテリオシンである。

3 新奇乳酸菌バクテリオシンの探索

各乳酸菌バクテリオシンは,それぞれ特有の抗菌スペクトルを持つ。先述の通り乳酸菌バクテリオシンには耐性菌が出現しにくいと考えられているが,標的細菌に対してより特異的に作用するバクテリオシンを用いることでその可能性はさらに低減できると考えられる。したがって,バクテリオシンのより効果的な利用のためには,各標的細菌に適した抗菌スペクトルを持つ,多様な新奇バクテリオシンの獲得が重要なステップであるといえる。

多様な新奇乳酸菌バクテリオシンを得るためには,迅速かつ簡便な探索方法が求められるが,長年にわたる探索において,著者らは試験管レベルの培養液上清を用いてバクテリオシンの新奇性を判定するシステムを確立した[6]。その概略を図1に示す。まず,十数種類のバクテリオシン

第7章　乳酸菌バクテリオシンの探索とその利用

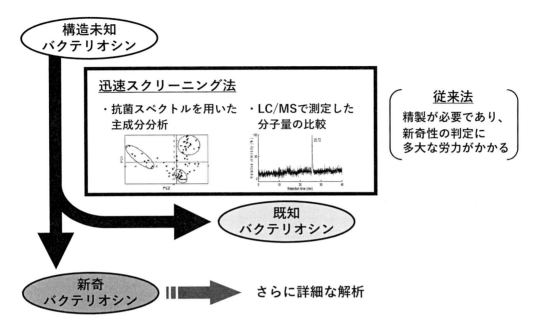

図1　乳酸菌バクテリオシンの新奇性判定法
従来法とは異なり，乳酸菌分離株の培養液上清を用いて抗菌スペクトルと分子量の解析を行うことにより，スクリーニングの初期段階でのバクテリオシンの新奇性評価を可能にした。

感受性株（検定菌）に対する抗菌スペクトルを数値化し，主成分分析を用いた多変量解析を行う。同時に，高速液体クロマトグラフィー質量分析計（LC/MS）による分子量測定を行い，データベース上の既知のバクテリオシンと比較する。こうして新奇性を客観的に評価し，新奇性が高いと判断されたもののみを精製や構造解析を含む後の詳細な解析に進めている。本法の利用により，探索にかかる時間を大幅に短縮することができ，多数の新奇乳酸菌バクテリオシンを得ることができた[7]。

他方，新しい戦略として，バクテリオシンのゲノムからの探索，*in silico* スクリーニングが注目されつつある。今日，遺伝子の機能が未解析のまま，多くのゲノムデータが公共データベース上に登録されている。そのデータベースから，バクテリオシン生産菌株間で高度に保存されている生合成タンパク質の配列をスクリーニングすることで，バクテリオシン生産が未確認の菌種からもその生産を推定することができる。例えば，乳酸菌ではないが同じグラム陽性菌である *Bacillus licheniformis* からは，クラスIバクテリオシンであるリケニジンがこの方法によってデータベースから発見され，その生合成遺伝子群を大腸菌に導入し，異種発現させることでリケニジンの生産と構造が確認された[8, 9]。

89

4 乳酸菌バクテリオシンの生合成と作用機構

乳酸菌バクテリオシンの生合成にはいくつかの遺伝子が関与し,その遺伝子群はプラスミドあるいは染色体上でクラスターを形成している。一般にそのクラスターは,バクテリオシンの前駆体をコードする構造遺伝子,バクテリオシン前駆体のリーダーペプチドの切断とその菌体外分泌を担う ATP-binding cassette トランスポーターをコードする遺伝子,生産したバクテリオシンから自身を守る自己耐性タンパク質をコードする遺伝子から成る。さらに,一部のバクテリオシンでは生産制御に関わる遺伝子や,クラス I バクテリオシンでは異常アミノ酸の形成に関わる遺伝子も含まれる。ナイシンにおいては,11個の遺伝子がその生合成に関与し,クラスターを形成している[10]。

乳酸菌バクテリオシンは一般に,細菌細胞膜上に存在する標的分子に結合して細胞膜に孔を形成し,イオンなどの低分子物質を菌体外に流出させることで殺菌的な抗菌効果を発揮する。多くのクラス I バクテリオシンでは,細胞膜上に存在する細胞壁前駆体であるリピド II が標的分子となっており,代表例としてナイシンの作用機構を図2に示す。他のバクテリオシンについては,クラス II a バクテリオシンのようにマンノースリン酸基転移酵素を標的としているもの[12]や,ラクティシン Q のように標的分子を必要としないもの[13, 14](図3)が報告されている。ところで,細胞膜の外側に外膜を有するグラム陰性菌に対しては,バクテリオシンが細胞膜上の標的分子まで達しないために単独では良好な抗菌効果を発揮することができない。しかし,外膜の透過性を

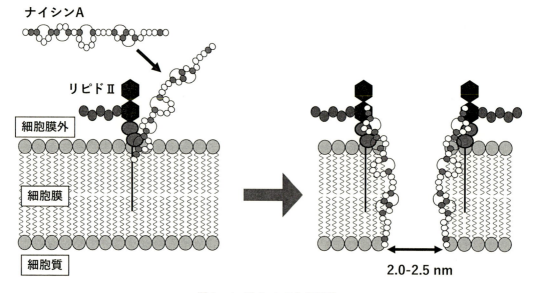

図2 ナイシン A の作用機構

ナイシン A は,細菌細胞表層の細胞壁前駆体リピド II と複合体を形成することにより細胞膜に結合し,細胞壁合成を阻害する。さらに,その後,細胞膜に侵入して孔を形成し,細胞内の ATP やイオンなどを漏出させることにより,細胞死を引き起こす[11]。

第7章　乳酸菌バクテリオシンの探索とその利用

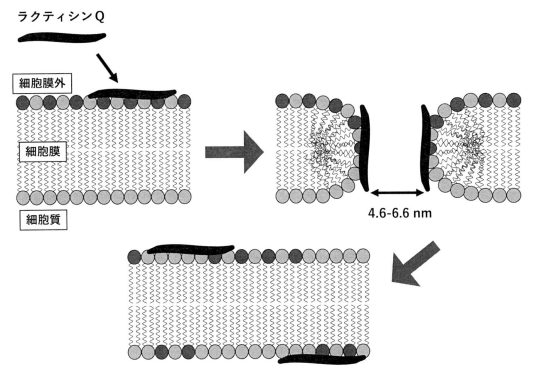

図3　ラクティシンQの作用機構

ラクティシンQは標的分子を必要としないが，細胞膜に巨大な孔を形成し，細胞内のATPやイオンのみならず小さなタンパク質も漏出させることにより，細胞死を引き起こす[13, 14]。また，ナイシンAに比べて低濃度で作用して，速く細胞内物質を漏出させる。最終的にラクティシンQの一部は膜内に取り込まれるとともに，脂質のフリップフロップを生じる。

上げるEDTAやクエン酸などのキレート剤と併用することで，ナイシンAが抗菌活性を示したことが報告されている[15]。

5　乳酸菌バクテリオシンの利用

ここでは，1969年にWHOとFAOによって食品保存料として認可されて以来，世界中で使用されているナイシンAについて，食品保存や非食品用途における応用例を我々の取り組みも含めて紹介する[16, 17]。

5.1　食品保存料（ナイシン製剤「ニサプリン」）

ナイシンは現在，加熱殺菌が難しい食品や，低温条件下で増殖する細菌が問題となる食品への抗菌防腐剤として欧米を中心とした多くの国で商業的に利用されている。日本でも2009年に厚生労働省により保存料として食品添加物リストに登録され，チーズや食肉製品，ソース類，洋菓

子,味噌などへの利用が認められた。ナイシンにはA, Z, Qなどの類縁体があるが,ここでいうナイシンとはナイシンAのことであり,一般的には2.5%(w/w)のナイシンAと75%(w/w)の塩化ナトリウムを含むナイシン製剤(商品名:ニサプリン)が用いられている[18]。

5.2 ナイシン含有洗浄剤組成物

液体の洗浄剤組成物において,ヒトの皮膚表面が弱酸性ということもあり,皮膚刺激性の観点からは,弱酸性が好ましいとされているが,洗浄剤の有効成分として不可欠な界面活性剤は,酸性域での安定性や性能が確保できないものが多い。一方,ナイシンは酸性域で安定な特徴を有している[19]。そこで,これらの組み合わせにより皮膚にやさしく抗菌活性の安定した洗浄組成物の開発が試みられた。その結果,高い殺菌力と安全性を示し,市販品との比較では概ね優位性が認められる開発品の試作に成功した[20]。

5.3 乳房炎予防剤・治療剤

ウシの乳房炎は酪農において重大な疫病である。乳房炎のための処置は,健常なウシに対する予防的処置と,発症したウシに対して行う治療的処置とに大別され,異なる対処がなされている。予防に関しては,主にヨウ素系の消毒剤を用いて搾乳前または後に乳頭を浸漬殺菌する方法がとられる。しかし,用いる殺菌成分が皮膚に対して刺激が強く,乳頭や乳房に対して皮膚障害を起こす可能性,また搾乳時に殺菌成分が乳に混入する可能性が懸念されている。また,治療に関しては,主に原因菌に対して有効な抗生物質を含む治療剤を乳房へ注入する方法がとられるが,抗生物質の乳中への混入や残留の可能性,また耐性菌の出現による環境汚染や慢性乳房炎への移行の可能性が心配されている。さらに,治療に際しては,1週間程度の休薬期間(出荷停止期間)が必要とされ,酪農経営者に大きな経済的損失を与える。そこで,耐性菌出現などの環境負荷が小さく,食品保存料としても認められているナイシンAを用いた乳房炎予防剤・治療剤の開発が行われた。

ナイシンAは主にグラム陽性菌に対して抗菌効果を発揮するが,乳房炎への対処にはグラム陰性菌に対する抗菌活性も不可欠である。そこで,可食性のナイシンAとクエン酸などを主成分とした,乳房炎原因菌に高い殺菌効果を示す乳房炎予防剤・治療剤が開発された[21,22]。優れた抗菌効果だけでなく,非可食性の薬剤の混入や残留による休薬期間に対する懸念を払拭できるこれらの予防剤・治療剤は,今後代替品として大いに期待できるだろう。

5.4 口腔ケア剤

ナイシンAとクエン酸を含む梅エキスを組み合わせた口腔用抗菌剤「ネオナイシン®」が開発され,これを含めて可食成分のみを用いた,飲み込める口腔ケア剤「オーラルピース®」が製品化されている[23]。詳しくは第Ⅲ編第3章を参照されたい。

6 バクテリオシンの強化と生産系の構築

ナイシンをはじめ,優れた抗菌作用を示すバクテリオシンが見出されてきているが,バクテリオシンの抗菌活性をさらに強力に,あるいはさらに菌種特異的に改変することができれば,より効果的な利用が可能となるだろう。そこで,ランダム変異などによるバクテリオシン構造遺伝子への変異導入が試みられている。これまでに,抗菌スペクトルの拡大したナイシン変異体が得られているほか[24],我々もクラスIバクテリオシンであるヌカシン ISK-1 の活性が大きく向上した1アミノ酸置換体の取得に成功している[25]。さらに,環状バクテリオシンをはじめとするクラスIIバクテリオシンについても同様の検討を行っている。バクテリオシンの高次構造と抗菌活性の相関の詳細が明らかになれば,用途や対象に応じた抗菌ペプチドのデザインが実現する可能性もある。

また,2つの抗菌ペプチドを繋ぐことで,双方の利点を持つ抗菌ペプチドを生み出すこともできる。これまでに,グラム陽性菌に対して抗菌活性を示す乳酸菌バクテリオシンであるエンテロシン CRL35 と,グラム陰性菌に対して抗菌活性を示すグラム陰性菌由来のバクテリオシンであるミクロシンVとを組み合わせたハイブリッドペプチド,Ent35-MccV が創出された。このペプチドは *Listeria monocytogenes* などのグラム陽性菌と,*Escherichia coli* O157:H7 などのグラム陰性菌双方の増殖を抑制することができ,さらにその活性はオートクレーブ処理などの加熱条件によっても失活しないほど安定であった[26, 27]。

遺伝子操作技術の発達によって,人工的に抗菌ペプチドを創出することが可能になってきたものの,抗菌活性の強化のために加えた変異によって,その分泌量が低下してしまうことがしばしばある。バクテリオシンの分泌には一般にそれぞれに専用のトランスポーターが必要であり,その基質特異性が高いことが分泌量低下の大きな要因と考えられる。しかし一方では,構造の大きく異なる多成分バクテリオシンの分泌が可能な,つまり基質特異性の低いトランスポーターが見出され,研究が進められている[28]。現在までに,バクテリオシン分泌機構の詳細が明らかとなった例は少ないが,それを解明することで,効率的なバクテリオシン・抗菌ペプチド生産系の構築が期待される。

7 おわりに

以上のように,乳酸菌バクテリオシンの利用は食品分野にとどまらず多岐に渡り,その範囲は今後も拡大すると考えられる。現在,世界で実用されているバクテリオシンはナイシンAのみであるが,他の乳酸菌バクテリオシンについても研究が進展し,実用に適した優れた特性が明らかとなってきている。例えば *Pediococcus* 属の乳酸菌によって生産されるクラスIIa バクテリオシンであるペディオシン PA-1/AcH は,欧米で重篤な食中毒をもたらしている *L. monocytogenes* に対し,ナイシンよりも有効であることが示されている[29, 30]。このような菌種特

異的な抗菌スペクトルを有する乳酸菌バクテリオシンは他にも発見されており，これらを組み合わせて利用することにより，有用菌や無害菌に影響を与えることなく有害菌のみへのピンポイントな阻害が可能となる。菌種特異的なバクテリオシンの利用は，耐性菌出現の可能性を最低限に抑える理想的な微生物制御の実現に繋がるだろう。乳酸菌バクテリオシンのさらなる応用のためには，引き続き乳酸菌バクテリオシンライブラリーの充実を図るとともに，生合成機構・作用機構の解明に向けた取り組みが不可欠である。大きな可能性を秘めた乳酸菌バクテリオシン研究の進展を今後も期待したい。

文　　献

1) 森地敏樹ほか，乳酸菌の科学と技術，p.1，学会出版センター（1996）
2) 森地敏樹ほか，バイオプリザベーション 乳酸菌による食品微生物制御，p.14，幸書房（1999）
3) 澤稔彦ほか，新しい乳酸菌の機能と応用，p.142，シーエムシー出版（2013）
4) 善藤威史ほか，日本乳酸菌学会誌，25, 24 (2014)
5) P. D. Cotter et al., *Nat. Rev. Microbiol.*, 3, 777 (2005)
6) 善藤威史ほか，防菌防黴，34, 277 (2006)
7) T. Zendo, *Biosci. Biotechnol. Biochem.*, 77, 893 (2013)
8) M. Begley et al., *Appl. Environ. Microbiol.*, 75, 5451 (2009)
9) T. Caetano et al., *Chem. Biol.*, 18, 90 (2011)
10) P. G. de Ruyter et al., *J. Bacteriol.*, 178, 3434 (1996)
11) E. Breukink et al., *Nat. Rev. Drug Discov.*, 5, 321 (2006)
12) D. B. Diep et al., *Proc. Natl. Acad. Sci. USA*, 104, 2384 (2007)
13) F. Yoneyama et al., *Appl. Environ. Microbiol.*, 75, 538 (2009)
14) F. Yoneyama et al., *Antimicrob. Agents Chemother.*, 53, 3211 (2009)
15) K. A. Stevens et al., *Appl. Environ. Microbiol.*, 57, 3613 (1991)
16) 益田時光ほか，ミルクサイエンス，59, 59 (2010)
17) 善藤威史ほか，乳業技術，59, 77 (2009)
18) World Health Organization, *World Health Organ. Tech. Rep. Ser.*, 983, 25 (2013)
19) H. S. Rollema et al., *Appl. Environ. Microbiol.*, 61, 2873 (1995)
20) 特許第 4904479 号，ナイシン含有洗浄剤組成物（2007）
21) 特開 2010-270015，乳房炎予防剤（2010）
22) 特許第 5439638 号，乳房炎治療剤（2010）
23) 角田愛美ほか，フレグランスジャーナル，44, 24 (2016)
24) D. Field et al., *PLoS One*, 7, e46884 (2012)
25) M. R. Islam et al., *Mol. Microbiol.*, 72, 1438 (2009)

26) L. Acuna *et al.*, *FEBS Open Bio*, **2**, 12 (2012)
27) L. Acuna *et al.*, *Food Bioproc. Technol.*, **8**, 1063 (2015)
28) H. Sushida *et al.*, *J. Biosci. Bioeng.*, **126**, 23 (2018)
29) L. M. Cintas *et al.*, *Food Microbiol.*, **15**, 289 (1998)
30) S. Ennahar *et al.*, *FEMS Microbiol. Rev.*, **24**, 85 (2000)

第8章 植物由来乳酸菌と麹菌の産生する物質による病原性微生物の制御

野田正文[*1], 杉山政則[*2]

1 緒言

近年,プロバイオティクス（probiotics）という語句をよく耳にする。プロバイオティクスとは,「適量を一定期間摂取したとき,ヒトの健康に有益な効果を与える,生きた微生物」と定義されている[1]。ただし,摂取した乳酸菌が必ず生きていないと健康に有益な効果を与えないというわけではない[2]。

乳酸菌はプロバイオティクスの代表であるが,味噌や清酒の製造に必須な「麹菌」もプロバイオティクスの1つであると言える。本稿では,当研究グループが現在進めている「植物由来乳酸菌」と麹菌がつくる抗菌性物質について述べる。

ヨーグルト,チーズ,漬物の製造に不可欠な細菌であり,日本酒,味噌,醤油などの製造に必須な麹菌のサポート役としても活躍する乳酸菌は,分離源によって大きく2つのグループに分けることができる。例えば,乳酸菌を用いて哺乳類の乳を醗酵させると,ヨーグルトやチーズができる。この醗酵には動物由来の乳酸菌（ここでは動物乳酸菌と呼ぶ）が使われ,キムチや漬物などの製造には植物由来の乳酸菌（植物乳酸菌と呼ぶ）が活躍する。

乳にはタンパク質,脂質および炭水化物のほか,ミネラルやビタミン類が含まれており,乳酸菌にとっては非常に恵まれた環境と言える。他方,植物乳酸菌は植物の滲出液などを栄養源として,ようやく生きているものと推察される。しかも,植物にはアルカロイド,タンニン,カテキンなどの抗菌性物質が含まれている。このように,動物乳酸菌と植物乳酸菌における生育環境の違いを考えると,植物の抽出液で生育できる植物乳酸菌は,動物乳酸菌とは異なる生理学的特徴や保健機能性を持っていても不思議ではない。それに加え,全ゲノム解析により,同種と判定された乳酸菌でも,分離源の違いによってゲノム中の遺伝子群（gene organization）が明らかに異なっているとの報告もなされている[3]。

筆者らは,果物,野菜,穀物,花,薬用植物などに特化して乳酸菌を探索分離し,得られた植物乳酸菌の保健機能性研究を進めている。その成果として,免疫を賦活化する作用[4],肝機能を改善する作用[5],脂肪肝の改善と内臓脂肪の蓄積を抑制する作用[6,7]などを示す菌株に加え,γ-ア

[*1] Masafumi Noda　広島大学　大学院医系科学研究科　未病・予防医学共同研究講座　特任准教授

[*2] Masanori Sugiyama　広島大学　大学院医系科学研究科　未病・予防医学共同研究講座　教授

第 8 章　植物由来乳酸菌と麹菌の産生する物質による病原性微生物の制御

ミノ酪酸（γ-aminobutyric acid：GABA）を高生産する株[8]，細胞外多糖体（exopolysaccharide：EPS）を産生する株[9〜11]など，優れた保健機能分子を産生する菌株を見出している。これら植物乳酸菌を活用するため，現在，当研究グループでは，産学が連携して植物乳酸菌に特異的な醗酵技術の開発と製品の創出を進めている。以下，抗菌物質もしくは病原毒素を阻害する物質をつくる植物乳酸菌と麹菌に的を絞り，研究成果を紹介する。

2　植物乳酸菌の産生する抗菌ポリペプチド ── バクテリオシン

　冷蔵・冷凍技術が未発達だった時代から，人類は「食品をいかに長期保存するか」に挑戦してきた。例として，農水産物を天日乾燥したり，燻製にしたり，塩や砂糖液に漬け込んだりしてきた。これらの手法に加え，「醗酵技術」を用いた食品保存方法も存在する。「醗酵」とは，狭義には，「酸素の無い状態で，微生物が糖を分解してエネルギーを獲得するプロセスのこと」である。食品の醗酵を通じて，食品の保存性を高めるだけでなく，風味の改善も期待できる。

　醗酵食品の製造に使われる乳酸菌の醗酵様式としては，大きく2つのタイプがある。例えば，1分子のグルコースから2分子の乳酸を生成させる醗酵様式を「ホモ乳酸醗酵」と呼んでいる。他方，「ヘテロ乳酸醗酵」と呼ばれる様式では，1分子のグルコースから1分子の乳酸しか生成しないが，副産物としてエタノールもしくは酢酸が生成する[12]。いずれの醗酵様式でも，生成した乳酸が醗酵物中のpHを低下させるので，腐敗菌や有害菌などの増殖が阻害され，その結果として食品の長期保存が可能となる。また，ヘテロ乳酸醗酵で生ずるエタノールや酢酸も有害菌の増殖抑制に役立っている。

　乳酸菌による醗酵食品の長期保存性は，当該食品のpHを低下させる以外に，バクテリオシン（bacteriocin）によって得られることがある。バクテリオシンとは，細菌が産生する「抗菌性ポリペプチド」のことを指し，タンパク質と同様，リボソームで合成される。バクテリオシンを生産する乳酸菌は多く，かつ，バクテリオシンには風味や匂いがない。しかも，食物消化酵素により容易に分解されることから，薬剤耐性菌の出現リスクが低いために安全性の高い食品保存剤として認識され，欧州を中心に使われてきた。2009年3月，*Lactococcus lactis* が産生するバクテリオシンである「ナイシンA（nisin A）」の使用が日本国内において許可された。興味深いことに，ナイシンAは乳牛の乳房炎の治療や予防のためにも使われる[13]。乳房炎の治療のために抗生物質を使用すると，薬剤耐性菌を生じさせるリスクが高くなるという理由からである。さらに，乳房炎にかかった牛から採取した乳は廃棄せざるを得ないのである。薬剤耐性菌は，臨床現場で重篤な問題を起こすことから，抗生物質に代わる安全性の高い予防・治療薬の候補としてのバクテリオシンが注目されている。

　バクテリオシンを産生する乳酸菌はかなり知られている。しかも，バクテリオシンは類縁菌である乳酸菌に対して強い抗菌活性を示すことが特徴である。注目すべきことに，病原性細菌に対して抗菌力を持つバクテリオシンも存在する。特に，クラスIIaに分類されるペディオシン

PA-1（pediocin PA-1）は，表1に示すようにリステリア菌（*Listeria monocytogenes*）に対する抗菌活性を持つ[14]。筆者らの研究グループでは，壬生菜から分離された乳酸菌 *Enterococcus mundtii* 15-1A が，クラスIIa バクテリオシンの1つ「mundticin 15-1A」を産生することを見出した。さらに，15-1A 株における自己生産バクテリオシンに対する耐性に関わる因子として，免疫タンパク質（immunity protein：Mun-im と命名）を見出し，X線結晶構造解析法を用いて免疫タンパク質の三次元構造を決定した[15]。

ところで，バクテリオシンの中には，2種類のポリペプチドの相互作用によって抗菌活性を示すバクテリオシンが知られている。これを二成分性バクテリオシンと呼び，バクテリオシンの分類表（表1）に従えば，クラスIIb に属する[14]。最近，筆者らの研究グループは，伊予柑から分離された *Lactobacillus* (*Lb.*) *brevis* 174A がバクテリオシンを産生していることを見出し，そのバクテリオシンをブレビシン 174A（brevicin 174A）と命名した。brevicin 174A は brevicin 174A-β と 174A-γ と呼ぶ2つのペプチドから成ること，ならびに，各ペプチド単独でも抗菌活性を示すことを見出した。興味深いことに，両ペプチドが共存すると，抗菌活性が飛躍的に高まることが判明した。さらに，brevicin 174A は，リステリア菌，黄色ブドウ球菌（*Staphylococcus aureus*），齲蝕（虫菌）の起因菌 *Streptococcus* (*S.*) *mutans* に対して抗菌活性を示すことを明らかにした[16]。このことは，brevicin 174A が病原細菌感染症の予防や治療に利用できる可能性を示すものである。当研究グループでは，これまでに，表2に示すバクテリオシン産生性植物乳酸菌を取得している。

表1 バクテリオシンの分類表（Cotter らの基準[12]に基づく）

分類	特徴	例
クラスI	ランチオニン構造を有するバクテリオシン	nisin A
クラスII	ランチオニン構造を有しないバクテリオシン	
サブクラスa	抗リステリア菌活性を有するペディオシン類似のバクテリオシン	pediocin PA1
サブクラスb	二成分性バクテリオシン	lactacin F
サブクラスc	環状構造のバクテリオシン	enterocin AS48
サブクラスd	単一ペプチドで活性を示す上記に該当しないバクテリオシン	lactococcin A

表2 当研究グループで分離・固定されたバクテリオシン産生性植物乳酸菌株

種名	株名	分離源	参考文献
Enterococcus mundtii	15-1A	壬生菜（葉）	15)
Enterococcus mundtii	SE17-1	ケイトウ（花）	−
Enterococcus villorum	MG3	籾殻	−
Lactobacillus brevis	174A	伊予柑（果皮）	16, 17)
Lactobacillus brevis	925A	キムチ	18)
Lactobacillus sakei	BM31-2	トチノキ（葉）	−
Lactococcus lactis	BM55-1	モミジガサ（葉）	−

第8章　植物由来乳酸菌と麹菌の産生する物質による病原性微生物の制御

3　抗ピロリ物質を産生する植物乳酸菌

ヒトの胃粘膜中に見つかるグラム陰性桿菌ヘリコバクター・ピロリ（*Helicobacter pylori*）は，慢性胃炎，胃潰瘍，十二指腸潰瘍を引き起こし最悪の場合には胃癌を誘発することもある。ピロリ菌は尿素を分解して，CO_2 とアンモニアを生成させる酵素ウレアーゼ（urease）を保有している。そのアンモニアで胃酸が中和される結果，ピロリ菌は胃粘膜に定着して生き延びることができる。感染巣では，ピロリ菌の産生する分解酵素によって胃粘膜層が破壊されると，粘膜の保護を失った上皮細胞が胃酸で傷害を受けるとともに，ピロリ菌のつくる空胞化毒素（VacA）が細胞死を誘導する結果，癌化のリスクが高まると考えられている[19, 20]。

ピロリ菌感染症の治療には，プロトンポンプ阻害剤と2種類の抗生物質（アモキシシリンおよびクラリスロマイシン）を用いた3剤併用療法が常法である。しかしながら，近年，ピロリ菌の約10％がクラリスロマイシン耐性を示すとの報告がある[21]。それに加え，抗生物質治療で完治しなかった患者が保有するピロリ菌の63％が薬剤耐性を獲得していたとの報告もある。すなわち，上記抗生物質による治療法は必ずしも有効ではないとの指摘である。

興味深いことに，植物乳酸菌は乳中で増殖し難いが，植物抽出液や果汁で良好に増殖する。以前，桃果汁を培地として植物乳酸菌 *Lb. plantarum* SN13T を培養後，寒天拡散法にてその培養液中の抗菌活性を調査したところ，ピロリ菌に対する増殖阻害が観察された。その結果を図1に示す。さらに，SN13T 株を用いて調製した醗酵果汁を被験者ボランティアに摂取してもらう臨床試験により，ピロリ菌保菌者のウレアーゼ活性が有意に低下することを確認している（図

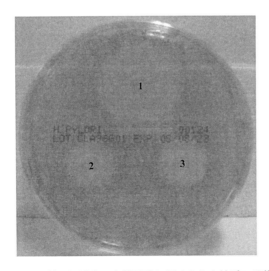

図1　SN13T 株で醗酵させた桃果汁に認められた抗ピロリ菌活性
写真は醗酵果汁より活性成分を酢酸エチルで抽出し，水に再溶解させたサンプルをペーパーディスクにアプライして活性評価を行った際のもの。1：桃醗酵果汁抽出サンプル，2および3：梨醗酵果汁抽出サンプル。

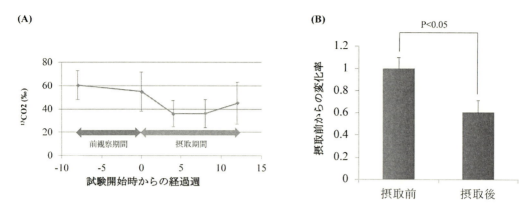

図2　臨床試験による抗ピロリ菌活性の評価
A：尿素呼気試験の経時変化，B：尿素呼気試験の変化率を摂取開始前後で比較した場合のグラフ。
尿素呼気試験でピロリ菌陽性と診断された対象者に，12週間にわたって醗酵果汁を摂取してもらった。その間，4週おきに尿素呼気試験を行った結果を示す。

2)。上述したように，ピロリ菌を除菌するために使われる抗生物質に対して耐性菌が出現している現状からすると，植物乳酸菌由来の抗ピロリ物質が，ピロリ菌感染症の治療に役立つかも知れない。

4　植物乳酸菌による病原因子の発現制御

病原性微生物の増殖を抑えるためのアプローチとしては，その微生物に対して有効な抗菌物質を探索することだけに限るものではない。筆者らがマタタビの花から分離し，$Lb.\ reuteri$ と同定したBM53-1株は，齲蝕（虫歯）の原因となる $S.\ mutans$ のバイオフィルム（biofilm）形成を阻害する物質をつくる。ちなみに，齲蝕とは，食物に由来するスクロース（ショ糖）などからつくられた有機酸により歯質組織が破壊された状態のことを指す。通常，唾液の緩衝作用で有機酸の悪影響は回避されるが，この緩衝作用をバイオフィルムが阻害する。$S.\ mutans$ は，自身の産生する3種類のglucosyltransferase（Gtf：糖転移酵素）によってスクロースを基質として不溶性グルカンを合成し，周囲の細菌を取り込みながら，歯表面に粘性の高い強固な構造体であるバイオフィルムを形成する[22]。いったん歯面に形成されたバイオフィルムは，ブラッシングによる除去が難しく，その歯面は唾液の緩衝作用を受けることができない。すなわち，局所的な有機酸の蓄積が「齲蝕」につながる。歯磨きでは，口腔内に感染したミュータンス菌を完全に除菌することは難しく，薬剤耐性菌の出現や口腔内常在細菌叢の乱れも懸念される。したがって，バイオフィルム形成を阻害することは，齲蝕予防の有効な手段となり得る。

筆者らの研究成果として，$S.\ mutans$ の培養時に，あらかじめ，BM53-1株を共存，もしくはBM53-1株の培養液上清を添加しておくと，不溶性グルカンによる菌体凝集体形成とバイオ

第 8 章　植物由来乳酸菌と麹菌の産生する物質による病原性微生物の制御

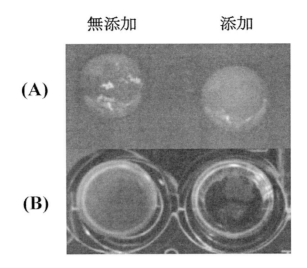

図3　BM53-1 株による S. mutans のバイオフィルム形成阻害
A：振盪培養した場合の違い，B：静置培養によりバイオフィルムを形成させた場合の違い。
AB ともに，左側が BM53-1 株の培養液上清を添加しなかったときの結果で，右側が添加したときの結果を示す。無添加の場合，S. mutans による不溶性グルカンの産生によって，振盪培養時には菌体の凝集塊が，静置培養時にはバイオフィルムの形成が，それぞれ認められる。

フィルムの形成が著しく阻害されることを観察した（図3）。これは，BM53-1 株の産生する物質が S. mutans の glucosyltransferase 遺伝子の発現バランスを崩すことで，不溶性グルカン合成を阻害しているものと考察している（原著論文作成中）。

5　麹菌による病原性微生物の制御

　日本酒の製造は，蒸米に麹菌 Aspergillus (A.) oryzae の分生子（胞子）を接種して米麹をつくることから始まる。筆者らの研究グループは，麹菌のつくる機能性分子の探索を研究テーマとして，まず，病原微生物を制御する物質の開発に取り組んだ。その成果として，A. oryzae を用いた米麹エキス中にジンジバリス菌（Porphyromonas gingivalis）に対する抗菌活性がわずかながら見出された。ちなみに，ジンジバリス菌は強烈な口臭源となっているほか，歯周病の原因菌でもある。本菌は偏性嫌気性細菌であるため，酸素濃度の低い歯と歯茎の間の「歯周ポケット」に侵入して増殖する。ジンジバリス菌は，プロテアーゼの一種である「ジンジパイン（gingipain）」と呼ばれる毒素を産生し，歯周組織を破壊しながら血管に侵入する。それが血流に乗って臓器や細胞組織に到達すると，さまざまな疾病を発症することがわかってきた。例えば，歯周病菌が肺炎や心疾患の原因となったり，歯周病によって誘導される TNF-α などの炎症性サイトカインが糖尿病や早産を誘発したりすることが明らかになった。

　筆者らの研究グループは，その後，A. oryzae S-03 による脱脂大豆麹エキス中に米麹よりも強

い抗菌活性とジンジパインに対する阻害活性を見出し[23]，特許も申請した。ちなみに，ジンジパインはプロテアーゼの一種で，ジンジバリス菌の病原性因子であると同時に，菌自身の生存に不可欠な酵素でもある。

特筆すべきことに，*A. luchuensis* SH-41 の分生子を 70% 精米の米粒を加えて液体培養すると，セレウス菌（*Bacillus cereus*）に対する抗菌活性物質とセレウス菌の芽胞に対する発芽阻害活性物質が生成することを発見した（特許申請済み，原著論文作成中）。なお，両活性は，培養上清を 60～120℃で熱処理することによってのみ発現する。現在，抗菌物質の化学構造解析を進めている。

6 結語

本稿では，植物乳酸菌の産生するバクテリオシンを中心に述べた。さらに，齲蝕の起因菌 *S. mutans* によるバイオフィルムの形成を阻害する物質を植物乳酸菌がつくることを紹介した。1929 年のフレミング（Alexander Fleming）によるペニシリンの発見がきっかけとなって，人類は長い間苦しめられてきた細菌感染症に対する武器をようやく手に入れたと思えた。以後，ストレプトマイシン，テトラサイクリン，クロラムフェニコールといった新規抗生物質が次々と開発され，遂に人類は感染症を克服したかのように錯覚した。ところが，新しい抗生物質が開発され，それが臨床現場に登場すると，瞬く間に薬剤耐性菌が出現した。これは，抗生物質の濫用が原因の 1 つであり，たとえ，感染症の治療に成功しても，常在菌が原因の日和見感染リスクを高め，かつ，抗生物質の過剰投与により腸内細菌叢の変動を起こしてしまう。そこで，既存の抗生物質とは作用機序の異なる薬剤の開発が必要となろう。その候補として，乳酸菌や麹菌などの醗酵物中に生成される抗菌物質や病原毒素阻害剤を感染症治療薬として利用すれば，耐性菌問題と安全性を担保できるかも知れない。それに加えて，腸管出血性大腸菌 O-157 株のように，抗生物質を使用すると大腸菌細胞が破壊されて細胞内毒素の放出が生ずる場合があるため，腸管出血性大腸炎の治療には病原毒素の産生を抑えることが有効的な手段となる[24]。今後，乳酸菌や麹菌を始めとしたプロバイオティクス，もしくはその代謝産物を利用した「微生物制御」法の開発が活発化するであろう。

文　献

1) M. E. Sanders, *Clin. Infect. Dis.*, **46** (Suppl 2), S58 (2008)
2) 光岡知足，「プロバイオティクスとプレバイオティクス—21 世紀の食と健康を考える—」，p.4，学会センター関西（2003）

第 8 章 植物由来乳酸菌と麹菌の産生する物質による病原性微生物の制御

3) R. J. Siezen *et al.*, *Appl. Environ. Microbiol.*, **74**, 424 (2008)
4) H. Jin *et al.*, *Biol. Pharm. Bull.*, **33**, 289 (2010)
5) F. Higashikawa *et al.*, *Nutrition*, **26**, 367 (2010)
6) X. Zhao *et al.*, *PLoS One*, **7**, e30696 (2012)
7) F. Higashikawa *et al.*, *Eur. J. Clin. Nutr.*, **70**, 582 (2016)
8) T. Tamura *et al.*, *Biol. Pharm. Bull.*, **33**, 1673 (2010)
9) W. Panthavee *et al.*, *Biol. Pharm. Bull.*, **40**, 621 (2017)
10) M. Noda *et al.*, *Biol. Pharm. Bull.*, **41**, 536 (2018)
11) M. Noda *et al.*, *J. Biochem.*, **164**, 87 (2018)
12) 乳酸菌とビフィズス菌のサイエンス，日本乳酸菌学会編，京都大学学術出版会 (2010)
13) K. Kitazaki *et al.*, *Foods Food Ingred. J. Jpn.*, **215**, 449 (2010)
14) P. D. Cotter *et al.*, *Nat. Rev. Microbiol.*, **3**, 777 (2005)
15) H. J. Jeon *et al.*, *Biochem. Biophys. Res. Commun.*, **378**, 574 (2009)
16) M. Noda *et al.*, *Biol. Pharm. Bull.*, **38**, 1902 (2015)
17) M. Noda *et al.*, *Appl. Environ. Microbiol.*, **84**, pii: e02707-17 (2018)
18) T. Wada *et al.*, *Microbiology*, **155**, 1726 (2009)
19) M. Clyne & B. Drumm, *Infect. Immun.*, **61**, 4051 (1993)
20) D. Forman *et al.*, *Br. Med. J.*, **302**, 1302 (1991)
21) S. Maeda *et al.*, *J. Clin. Microbiol.*, **38**, 210 (2000)
22) W. H. Bowen & H. Koo, *Caries Res.*, **45**, 69 (2011)
23) N. Danshiitoodol *et al.*, *J. Bacteriol. Virol.*, **44**, 152 (2014)
24) A. R. Pacheco & V. Sperandio, *Front. Cell. Infect. Microbiol.*, **2**, 81 (2012)

第9章　選択的抗菌活性を有する脂肪酸の植物油からの微生物変換

永尾寿浩*

1　ヒトと微生物の関わりおよび選択的抗菌活性の意義

　本章は他章と少し異なった考えに基づいていることを，まず初めに断っておきたい。本章では，全ての微生物の生育を抑制するのではなく，疾病に関与する微生物だけの生育を抑制し，健康に寄与する微生物の生育は抑制しないという考えに基づいた研究について紹介する。

　ヒトは進化の過程で微生物（細菌や真菌など）と共生する道を選択した。なお，分類学上は真菌という用語はあまり使われていないが，医学分野では使用されているので，ここでは本用語を用いた。大腸，口腔，皮膚などのヒトの臓器中や臓器上には多数の微生物が存在し，これらの微生物のうち，細菌（domain *Bacteria*）の集団である細菌叢については詳しく研究されている

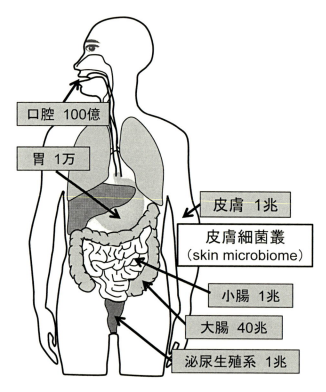

図1　ヒトの臓器に共生する細菌の概数

＊　Toshihiro Nagao　大阪産業技術研究所　生物・生活材料研究部　脂質工学研究室　室長

第 9 章　選択的抗菌活性を有する脂肪酸の植物油からの微生物変換

(図 1)[1]。健康な状態におけるヒトは，細菌叢と良好な共生関係を保っている。これら共生する細菌叢の中で，乳酸菌は消費者に幅広く受け入れられている腸内細菌である。本研究でターゲットとしている皮膚（肌）の表層や毛穴の中にも数多くの細菌（皮膚細菌叢，skin microbiome または microbiota，"細菌フローラ"という用語があるが，ここでは"マイクロバイオーム"という用語を用いた）や真菌が存在し[2,3]，これらの微生物は，①健康に寄与する微生物（俗語で善玉菌），②疾病に関与する微生物（俗語で悪玉菌），③何も作用しない／作用不明の微生物，④中間的な微生物（状況により①②③のいずれかの性質を示す日和見感染菌など）に分類することができる。例えば図 2 に示すように，②に属する黄色ブドウ球菌（*Staphylococcus aureus* subsp. *aureus*）は食中毒の原因菌であるばかりではなく，種々の皮膚疾患を引き起こし，アトピー性皮膚炎の増悪化因子の一つとされている細菌である。一方，①に属する表皮ブドウ球菌（*Staphylococcus epidermidis*）は皮膚を弱酸性に保ち，S. aureus の生育を抑制する作用を保持

＜健康に寄与する微生物＞

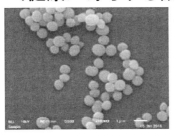

表皮ブドウ球菌
- 皮膚を弱酸性に保つ
- 黄色ブドウ球菌の生育を抑制
- 美肌菌

Staphylococcus epidermidis NBRC100911[T]

＜疾病に関与する微生物＞

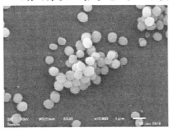

黄色ブドウ球菌
- 食中毒や種々の疾病の原因
- アトピー性皮膚炎の増悪化因子の一つ

Staphylococcus aureus subsp. *aureus* NBRC100910[T]

＜中間的な微生物＞

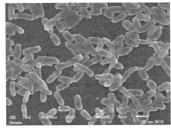

アクネ菌
- 皮膚を弱酸性に保つ
- ニキビの原因菌

Cutibacterium (Propionibacterium) acnes subsp. *acnes* NBRC107605[T]

図 2　ヒトに共生する皮膚細菌叢中の代表的な細菌

する細菌であり，近年，この S. epidermidis は化粧品業界において美肌菌として重宝されるようになってきた[4]。また，④に属するアクネ菌（Cutibacterium acnes, Propionibacterium より属名変更）は，人の顔面の細菌叢の約 85％を占めており[5]，皮脂の分解物であるグリセリンをプロピオン酸に変換することにより皮膚を弱酸性に保ち，S. aureus の生育を抑制する作用があると推定されている[6]。その有用性の反面，C. acnes はニキビの原因菌とされている。また，ヒトマイクロバイオームに関する米国の国家プロジェクトの中で C. acnes の系統解析がなされ[5,7]，特定の菌株だけがニキビ患者群および健常者群に優勢的に見出された。この系統解析に伴い，Cutibacterium acnes の種名に続いて subsp. acnes, subsp. defendens, subsp. elongatum で分類された[8,9]。

これらのことから，状況によっては全ての微生物の生育を抑制する必要はあるものの，場面によっては，ヒトに悪い影響を及ぼす微生物だけを選択的に抑制する方が良い場合もある。そこで本章では，植物油からの微生物変換により希少な脂肪酸と脂肪族アルコールを生産した研究と，その希少脂肪酸のうちの1つが S. aureus の生育を抑制し，S. epidermidis の生育を抑制しない選択的抗菌活性を保持するという研究について概説する。

2 皮膚細菌叢とアトピー性皮膚炎

慢性皮膚疾患であるアトピー性皮膚炎（Atopic dermatitis）は皮膚バリア機能破綻を起点としたTh2細胞性炎症，アレルギー疾患であり，子供の 15～30％，大人の 5％が罹患しているとされ，食物アレルギーと密接に関連している。このアトピー性皮膚炎は，アレルギー物質，フィラグリン変異などの遺伝，ストレス，微生物などの複数因子が関与して発症するとされている。微生物因子としては，以前から S. aureus と S. epidermidis の相関関係が注目されていたが[10]，近年の次世代シーケンサーを用いた細菌叢解析技術の進展により，S. aureus とアトピー性皮膚炎の関係解明が進んだ[11]。健常者では皮膚細菌叢の多様性が高く，S. aureus よりも S. epidermidis の方が優勢に存在するが，アトピー性皮膚炎の炎症部では皮膚細菌叢の多様性が低下し，S. epidermidis よりも S. aureus の方が優勢に存在し，全細菌数に占める S. aureus の比率が平均約 65％であった（健常者；約 1％）。さらに，アトピー性皮膚炎の炎症部で増加する S. aureus が発現する物質のうち，プロテインAやδ-トキシンなどが免疫系を刺激して炎症悪化を引き起こし，プロテアーゼが皮膚バリアを破壊することが報告されている[12,13]。一方，S. epidermidis は S. aureus の生育を阻害し，S. epidermidis の分泌物などが炎症抑制に寄与することが報告されている[14]。つまり，S. epidermidis は手術患者で感染症を引き起こす場合があるものの，一般的には健康に寄与する微生物である。したがって，S. aureus の生育を抑制し S. epidermidis の生育を抑制しない選択的抗菌活性を持つ抗菌剤が有用と考えられる。

皮膚表層の角質層の隙間を埋めている脂質（皮脂）は，セラミド，コレステロール，コレステロールエステル，ワックス，スクワレン，中性脂質（トリアシルグリセロール），遊離脂肪酸な

第 9 章　選択的抗菌活性を有する脂肪酸の植物油からの微生物変換

どで構成され，皮膚バリアの形成に関与し，アレルギー物質などの侵入と皮膚の乾燥を防ぐ作用がある。皮脂中の遊離脂肪酸は，ミリスチン酸，ペンタデカン酸，パルミチン酸，サピエン酸（6-cis-C16:1，脂肪酸は"C"の後の数値で炭素数，":"の後の数値で二重結合数を表す），ステアリン酸，オレイン酸（9-cis-C18:1）などで構成されている。健常者における 6-cis-C16:1 含量は平均約 2.1 μg/cm^2 であり[15]，6-cis-C16:1 は，皮膚表層の弱酸性条件下において，S. aureus に対する抗菌活性が強く，S. epidermidis に対する抗菌活性が弱いという選択的抗菌活性を有する。つまり，6-cis-C16:1 やケラチノサイトが分泌する抗菌ペプチドなどの複数物質の作用により S. aureus がほぼ完全に抑制され，健全な皮膚細菌叢の状態が維持される。しかし，アトピー性皮膚炎の炎症部では皮膚バリアが破壊され，6-cis-C16:1 含量が健常者の約 1/10 に減少し[15]，しかもフィラグリン欠損などにより皮膚表層の pH がアルカリ側に傾くことから，S. aureus の生育抑制のタグが外れる。その結果，皮膚細菌叢のバランスが崩れ，S. aureus が顕著に増加してアトピー性皮膚炎の炎症悪化に繋がると推定される。6-cis-C16:1 を皮膚に供給すれば良いと考えられるが，この脂肪酸は天然油脂からの有効な供給源がない。そこで，微生物変換により生産された希少脂質の利用の検討を行った。

3　微生物変換による希少脂質の製造

大阪城公園などの各地から土壌を採取し，菜種油を基質として新規な脂質を生産する微生物のスクリーニングを行った。その結果，ワックス（脂肪酸と脂肪族アルコールのエステル体）を菌体内に蓄積する 11 株の細菌を得た[16, 17]。これらの細菌を同定したところ，No. 6 と 15 株は Aeromonas hydrophila subsp. hydrophila，No. 144～476-2 株は Acinetobacter sp. であった。各細菌が生産するワックスをケン化分解して遊離脂肪酸と脂肪族アルコールに分画し，それぞれの脂肪酸と脂肪族アルコール組成を調べ，結果を炭素数で分類した（図 3）。菜種油は炭素数 18 個のステアリン酸，オレイン酸，リノール酸，リノレン酸が合計で 92％，炭素数 16 個のパルミチン酸が 4.4％であったのに対して，ワックスを構成する脂肪酸と脂肪族アルコール画分中の炭素数は，基質の構成脂肪酸よりも炭素数が短くなっていた。特に No. 6 株（A. hydrophila N-6）により生産された脂肪酸画分の結果は顕著であり，炭素数 18 個の脂肪酸が 45％に減少し，炭素数 16 個と 14 個の脂肪酸がそれぞれ 43％，12％に増加していた。この A. hydrophila N-6 が生産するワックスの推定生産機構を図 4 に示す。ワックスを構成する脂肪酸は，生体が保持する β-酸化の作用により，基質の構成脂肪酸よりも炭素数が 2 または 4 個少ない脂肪酸に変換されていた。さらに，炭素数が 2 または 4 個減少した段階で β-酸化が停止していると考えられる。つまり，オレイン酸（9-cis-C18:1）を豊富に含む菜種油を基質としたとき，パルミトレイン酸異性体（7-cis-C16:1）とミリストレイン酸異性体（5-cis-C14:1）などの天然油脂中に希少な不飽和脂肪酸に変換された。サフラワー油や亜麻仁油を基質として用いた場合でも，同様に炭素数が 2 または 4 個少ない希少な不飽和脂肪酸に変換されていた。同時に生産される不飽

天然系抗菌・防カビ剤の開発と応用

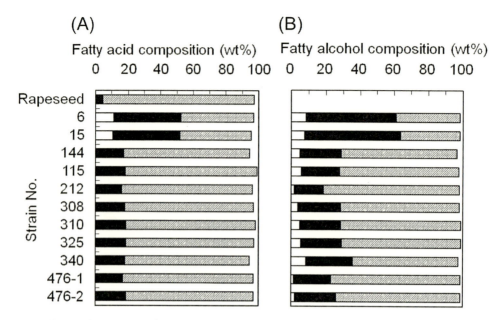

図3 菜種油（Rapeseed oil）から微生物変換されたワックスを構成する脂肪酸（A）と脂肪族アルコール（B）の炭素数の変化

No. 6 と 15 株, *Aeromonas hydrophila* subsp. *hydrophila*；No. 144〜476-2 株, *Acinetobacter* sp.。網掛けボックス，黒ボックス，白ボックスはそれぞれ炭素数18個，16個，14個の脂肪酸または脂肪族アルコールの合計含量。

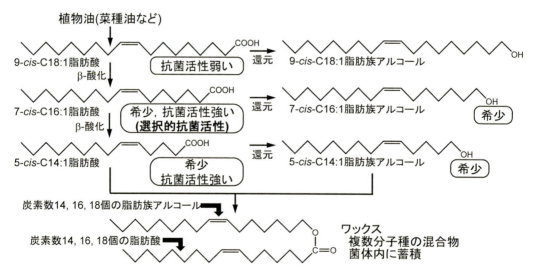

図4 *A. hydrophila* N-6 による植物油からの希少不飽和脂肪酸と希少不飽和脂肪族アルコールの生産

第 9 章　選択的抗菌活性を有する脂肪酸の植物油からの微生物変換

和脂肪族アルコールも希少な脂質であり，生体内の還元酵素群によりカルボン酸が水酸基に還元され，先の脂肪酸とエステル結合し，貯蔵栄養源として菌体内に蓄積されていた。これらの不飽和脂肪酸と不飽和脂肪族アルコールは，希少であるが故にその機能性は不明であるが，筆者の最近の研究では，7-*cis*-C16:1 の選択的抗菌活性を見出した（4節）。

　また，別に単離した *Acinetobacter* sp. も植物油を基質として菌体内にワックスを蓄積するが，この細菌は基質の構成脂肪酸の炭素数をあまり減少させず（炭素数を保つ），*Mortierella alpina* 由来のアラキドン酸含有微生物油を基質としたとき，アラキドン酸をアラキドニルアルコールに効率良く変換する機能があった[18, 19]。生成した物質は，生体内のカンナビノイドレセプターに結合する 2-アラキドニルグリセロールエーテルの合成に利用でき，化学法でアラキドン酸を還元した研究グループにより同エーテル脂質の兎の眼圧低下能が報告され，緑内障の治療薬の可能性が示唆された[20]。

4　微生物変換で得られた 7-*cis*-C16:1 の選択的抗菌活性

　ヒトの皮脂中に存在するサピエン酸（6-*cis*-C16:1）は動・植物油中に存在せず，高価な試薬として以外は入手困難なため，*Rhodococcus* 属によるパルミチン酸（C16:0）からの 6-*cis*-C16:1 への微生物変換の報告があるが[15]，実用化に至っていない。そこで筆者らは，6-*cis*-C16:1 の異性体であり，前節で述べたパルミトレイン酸異性体（7-*cis*-C16:1）に関する研究を行った。なお，マカダミアナッツ油や魚油中にはパルミトレイン酸（9-*cis*-C16:1）が含まれており，9-*cis*-C16:1 がパルミトレイン酸と呼ばれているため，ここでは 7-*cis*-C16:1 をパルミトレイン酸異性体と呼ぶ。

　A. hydrophila N-6 による微生物変換により 7-*cis*-C16:1 を生産するためには，原料となる植物油中のオレイン酸（9-*cis*-C18:1）含量が高い方が良いことから，9-*cis*-C18:1 を 86％含むハイオレイック向日葵油を基質として用いた。ワックスとしての生産量が最も多いのは培養開始から 3 日目であり（図 5A），培養時間とともにワックスを構成する脂肪酸の炭素数が短くなり，9-*cis*-C18:1 から 7-*cis*-C16:1，5-*cis*-C14:1 へと順次推移していた（図 5B）。7-*cis*-C16:1 の生産量が最大に達するのは培養 4 日目であるが（図 5C），含量が最も高くなるのは培養 5 日目であった（図 5B）。そこで，培養 5 日目の菌体からのワックスの溶媒抽出，ケン化分解による脂肪酸と脂肪族アルコール画分の分画，および ODS オープンカラムによる分画により，7-*cis*-C16:1 を 86％にまで精製した。得られた 7-*cis*-C16:1 の最小生育阻止濃度を測定したところ，*S. aureus* subsp. *aureus* NBRC13276 に対して 7.8 μg/mL，*S. epidermidis* NBRC100911 に対して 1,000 μg/mL であり，*S. aureus* に対する抗菌活性が強く，*S. epidermidis* に対する抗菌活性が弱いという選択的抗菌活性を有していた[21]。9-*cis*-C18:1 の抗菌活性は両菌に対していずれも＞1,000 μg/mL であることから，*A. hydrophila* N-6 による微生物変換で 9-*cis*-C18:1 の炭素数を 2 個短くすることにより，*S. aureus* に対する抗菌活性だけが高められた。また，

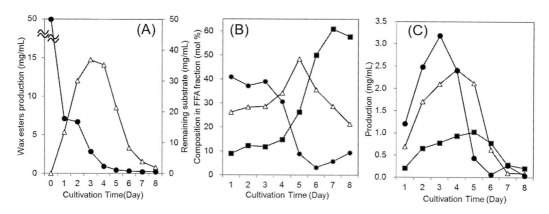

図5 *A. hydrophila* N-6 によるハイオレイック向日葵油からの希少不飽和脂肪酸の生産
（A）ワックス生産量。●，残存基質；△，ワックス。（B,C）ワックスを構成する脂肪酸（FFA）の組成と生産量。●，C18:1；△，C16:1；■，C14:1。

7-*cis*-C16:1 の最小生育阻止濃度は，皮脂中に存在する 6-*cis*-C16:1，およびマカダミアナッツ油や魚油中に存在する 9-*cis*-C16:1 の最小生育阻止濃度と同レベルであった。つまり，選択的抗菌活性は二重結合の位置に依存しなかった。なお，5-*cis*-C14:1 は両菌に対して強い抗菌活性を示した。

6-*cis*-C16:1 は健常者の皮脂中に存在し，*S. aureus* の生育を抑制し，*S. epidermidis* の生育を抑制しないことにより，皮膚菌叢の健全化を通じて健康維持に寄与している。この 6-*cis*-C16:1 の入手は困難であることから，ハイオレイック向日葵油からの微生物変換により生産される 7-*cis*-C16:1 と，一部の植物油中の 9-*cis*-C16:1 は，特に AD において，皮膚菌叢の健全化に貢献する有用な抗菌性脂肪酸として期待できる[22～24]。

5 おわりに

本章は，全ての微生物（細菌や真菌類など）の生育を抑制するのではなく，疾病に関与する微生物のみの生育を抑制し，健康に寄与する微生物の生育は抑制しない選択的抗菌活性を目的としている。しかしながら，「全ての微生物の生育を抑制する抗菌」，「一部の微生物だけの生育を抑制する選択的抗菌」，「抗菌が不必要」のいずれを選択するかは状況次第である。手術患者や，流通段階での腐敗を防がなければならない加工食品は，概ね「全ての微生物の生育を抑制する抗菌」を選択すべきであると考えるが，健常者と共生している微生物に対しては「一部の微生物だけの生育を抑制する選択的抗菌」の方が良いと考えている。畑で育ったキャベツなどの葉物野菜の外側の葉には1gあたり 10^6～10^7 個の微生物が存在しており，生食する場合，その微生物で健康被害はほとんど生じないし，通常の流通過程で腐敗することもない。味や食感の維持の観点から，生食するキャベツについてはほとんどの場合，「抗菌は不必要」である。

第 9 章　選択的抗菌活性を有する脂肪酸の植物油からの微生物変換

　日本人は過度の綺麗好きである。消費者に受け入れられているのは，乳酸菌などの腸内細菌と，酵母，納豆菌，麹菌などの食品の関わる微生物だけであると思われる。その他の微生物は"全て悪者"として「抗菌剤」で全て排除するのがステータスとなってしまっている。しかしながら，ヒトは進化の過程で微生物と共生する道を選択しており，健康に寄与する微生物などと良好な共生関係を構築している。ヒトが住む環境，特に畑や森林では，窒素固定や廃棄物の分解を通じて，微生物は動植物に対して有益な役割を演じている。もし，綺麗好きが行き過ぎて，地球上の全ての微生物を排除したらどうなるだろうか。畑や森林では植物の廃棄物や動物の死骸で埋め尽くされ，海では魚の死骸が堆積し，ヒトがトイレで排出した糞尿に対する排水処理が困難になり，窒素固定が停止し，やがて植物が育たなくなり，動物が滅亡するだろう。したがって，地球上の全ての微生物を排除してはいけないのであり，ヒトは環境中の微生物から逃げることが不可能である。したがって，ヒトは共生微生物と仲良く暮らすべきであり，「全ての微生物の生育を抑制する抗菌」，「一部の微生物だけの生育を抑制する選択的抗菌」，「抗菌が不必要」の状況に応じた選択が肝要であると筆者は考えている。

謝辞

　本研究を遂行するにあたり，多大なご協力を賜った元・近畿大学農学研究院・岸本憲明教授および学生に感謝する。なお本研究は，JSPS 科学研究補助金（基盤研究（C），No. 26450113，H20〜22 年度），（公財）発酵研究所一般助成金（H22〜23 年度），JST A-STEP（探索タイプ，H24 年 11 月〜25 年 10 月），および JSPS 科学研究補助金（基盤研究（C），No. 20580093，H26〜28 年度）の支援を受けて遂行されたものである。

文　　　献

1) 大野博司, 実験医学, **37**(2), 11 (2019)
2) Z. Gao *et al.*, *PNAS*, **104**, 2927 (2007)
3) E. A. Grice *et al.*, *Nat. Rev. Microbiol.*, **9**, 244 (2011)
4) 出来尾格, 化粧水やめたら美肌菌がふえた！—こんなにも素肌美人になれる最新スキンケア—, 河出書房新社 (2018)
5) S. Fitz-Gibbon *et al.*, *J. Invest. Dermatol.*, **133**, 2152 (2013)
6) M. Shu *et al.*, *PLoS One*, 8, e55380 (2013)
7) 冨田秀太ほか, 実験医学, **32**, 739 (2014)
8) I. Dekio *et al.*, *Int. J. Syst. Evol. Microbiol.*, **65**, 4776 (2015)
9) A. McDowel *et al.*, *Int. J. Syst. Evol. Microbiol.*, **66**, 5358 (2016)
10) S. Higaki *et al.*, *Int. J. Dermatol.*, **38**, 265 (1999)
11) H. H. Kong *et al.*, *Genome Res.*, **22**, 8505 (2012)

12) T. Kobayashi *et al.*, *Immunity*, **42**, 756 (2015)
13) M. R. Williams *et al.*, *J. Invest. Dermatol.*, **137**, 377 (2017)
14) Y. Lai *et al.*, *J. Invest. Dermatol.*, **130**, 2211 (2010)
15) H. Takigawa *et al.*, *Dermatology*, **211**, 240 (2005)
16) T. Nagao *et al.*, *J. Am. Oil Chem. Soc.*, **86**, 1189 (2009)
17) T. Nagao *et al.*, *Lipid Technol.*, **22**, 250 (2010)
18) T. Nagao *et al.*, *J. Am. Oil Chem. Soc.*, **89**, 1663 (2012)
19) T. Nagao *et al.*, *Curr. Org. Chem.*, **17**, 776 (2013)
20) J. Juntunen *et al.*, *J. Med. Chem.*, **46**, 5083 (2003)
21) 永尾寿浩ほか,日本農芸化学会 2016 年度大会
22) 永尾寿浩,化学と生物,**54**, 448 (2016)
23) 永尾寿浩,岸本憲明,アレルギーの臨床,**36**, 372 (2016)
24) 永尾寿浩,生産と技術,**70**, 9 (2018)

第10章 きのこ由来揮発性物質の植物病原菌類に対する抗菌作用

大﨑久美子[*1], 尾谷 浩[*2]

1 はじめに

　農作物における病気の被害は大きく，農業技術が進歩した現在においても世界の食糧生産の約15％（10億人分の食糧に相当）は病気によって失われている。植物の病気は，主に菌類，細菌，ウイルス，ウイロイドなどにより引き起こされるが，そのうちの約8割は菌類によるものである[1]。そのため，農作物の病害防除には主に病原菌類を対象とした殺菌剤が使用されており，中でも効力が高くさまざまな作用を有する合成殺菌剤が次々と開発されてきた。しかし，薬剤耐性菌の出現による防除効果の低下や自然界に存在しない化学物質の環境への影響などが懸念され，より安全で安心な殺菌剤の開発が求められている。

　一方，菌類に属する'きのこ'は，現在，世界で約2万種報告されており，そのうち日本では約6千種が知られている[2]。しかし，地球上には約14万種のきのこが存在すると推定されており，多くの種が未知であるため，きのこは新たな生理活性物質を探索するための新薬の宝庫であると言える。きのこ，特に木材腐朽性きのこの発生を自然界で観察すると他種のきのこは混在しないものが多く，しかも，他種とは離れて発生するものがあることから，これらのきのこは菌類に有効な揮発性の抗菌物質を生産しているのではないかと思われる。これまでにさまざまなきのこ種から多数の揮発性物質（香り成分）が発見され，主に香料，芳香や医薬分野でこれら物質の有効性が評価されているが[3,4]，植物病原菌類に抗菌性を示すという報告はほんの僅かしかない[5~7]。Strobelら[5]は，シナモン（*Cinnamomum zeylanicum*）の木から内生菌として分離したきのこ種の *Muscodor albus* は複数の揮発性物質を生産し，これらが相乗的に作用して広く植物病原菌類に抗菌活性を示すことを報告した。一方，小板橋ら[6]はコムギ葉上より拮抗微生物として分離したウスバタケ（*Irpex lacteus*）が各種植物病原菌類の生育を阻害する2種類の揮発性物質，5-pentyl-2-furaldehyde（PTF）と5-(4-pentenyl)-2-furaldehydeを生産することを見出した。さらに，Leeら[7]はトウガラシの内生菌として分離したきのこ種の *Oxyporus latemarginatus* もPTFを生産し，各種植物病原菌類の生育を阻害することを報告している。

　鳥取大学では，2005年に農学部附属菌類きのこ遺伝資源研究センター（FMRC）が開設され，菌類の中でもきのこに注目し，収集・保存したきのこ菌株を核として，系統分類や生態に関

[*1] Kumiko Osaki-Oka　鳥取大学　農学部　講師
[*2] Hiroshi Otani　鳥取大学　農学部　名誉教授

する基礎研究と育種やきのこの生産する有用物質に関する応用研究が実施されている。我々は，FMRC 保存のきのこ菌株を用いて植物病原菌類に有効なきのこ由来の揮発性抗菌物質（Volatile antibiotics：以下 VA）について研究を行っているので，これまでの成果を以下に紹介する。

2 きのこ由来 VA の活性検定

VA の活性を検定する植物病原菌類として，キャベツ黒すす病菌（Alternaria brassicicola），ナス灰色かび病菌（Botrytis cinerea），キュウリ炭疽病菌（Colletotrichum orbiculare），トマト褐色輪紋病菌（Corynespora cassiicola）など計9種の菌株を用いた。病原菌類の菌糸生育に対する検定には，病原菌類を培地上で培養した菌糸を使用した。病原菌類の胞子発芽に対する検定には，培地上に形成させた胞子を採取し，胞子濃度を 5×10^5 個/mL に調整して使用した。病原菌類の宿主植物上での病斑形成に対する検定には，病原菌類としてキャベツ黒すす病菌およびトマト褐色輪紋病菌を，宿主植物としてそれぞれキャベツ（品種：初秋）およびトマト（品種：桃太郎）を使用した。

きのこが生産する VA の活性検定法を図1に示す。きのこ培養菌糸から放出される VA の活性を検定する場合には，シャーレの培地全面にきのこ菌株の菌糸を生育させた後，シャーレの上下を反転した（図1-A）。一方，きのこを液体培地で培養した培養ろ液から放出される VA または単離した VA の活性を検定する場合には，培養ろ液または一定量の VA を含んだ有機溶媒をろ紙

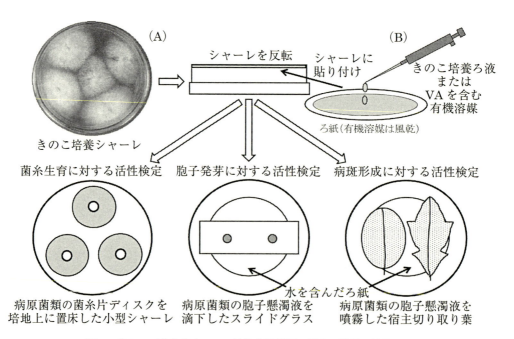

図1　きのこが生産する VA の植物病原菌類に対する抗菌活性検定法

第 10 章　きのこ由来揮発性物質の植物病原菌類に対する抗菌作用

に滴下し，有機溶媒ではろ紙を風乾後，ろ紙をシャーレの底に貼り付け，シャーレの上下を反転した（図 1-B）。病原菌類の菌糸生育に対する活性をみるために，病原菌類の菌糸片ディスクを小型シャーレの培地中央に置床し，小型シャーレの蓋をせずにシャーレの蓋に置き，シャーレをパラフィルムで密封して 1 週間培養後の菌糸コロニーの直径を測定した。病原菌類の胞子発芽および宿主植物上における病斑形成に対する活性をみるために，胞子懸濁液をスライドグラス上に滴下または宿主植物切り取り葉上に噴霧接種し，これらをシャーレの蓋に敷いた水を含んだろ紙上に置いた。シャーレをパラフィルムで密封して，24 時間後にスライドグラス上の胞子発芽率を，48 時間後に切り取り葉上における病斑数を調べた。

3　芳香臭きのこ由来の VA

　きのこが生産する揮発性物質は香り成分として単離されたものが多いので，FMRC 保存の木材腐朽性きのこ種の中から芳香臭の強い 23 種のきのこ菌株を選び植物病原菌類に有効な VA 生産の有無を検定した[8,9]。供試したきのこ菌株の多くは，活性の程度は異なるものの培養菌糸から VA を生産した。それらの中でも，ヤニタケ（*Ischnoderma resinosum*），オリーブウロコタケ（*Lopharia spadicea*）およびブナハリタケ（*Mycoleptodonoides aitchisonii*）は，いずれの検定においても顕著な抗菌活性を示し，すべての病原菌類の菌糸生育を，ヤニタケは 70～80％，オリーブウロコタケは 60～70％，ブナハリタケは 80～90％抑制した。また，これらの菌株は，すべての病原菌類の胞子発芽および宿主葉上における病斑形成をほぼ 100％抑制した。キャベツ黒すす病菌に対するブナハリタケ VA の抗菌活性を図 2 に示す。さらに，これら 3 種のきのこの培養ろ液からも顕著な VA の放出が見られたので，培養ろ液より VA の単離を試みた。その結果，ヤニタケでは 4-methoxybenzaldehyde，オリーブウロコタケでは 3-chloro-4-methoxybenzaldehyde，ブナハリタケでは 1-phenyl-3-pentanone（以下 PP）が主要な VA として単離された（図 3）。これら 3 種のきのこの中では，ブナハリタケの PP が培養菌糸からの生産量が多く，活性も高かった[9]。

　ブナハリタケは主にブナの倒木に群生する特有の甘い香りのあるきのこで（図 4），PP はその主要な香り成分である。昔から多くの人に食用として親しまれ，最近では人工栽培（原木栽培および菌床栽培）も行われている。そこで，PP の植物病原菌類に対する抗菌スペクトラムと有効抗菌活性濃度について検討した[10]。その結果，PP は数 ppm（w/v）で供試したすべての病原菌類の菌糸生育と胞子発芽を顕著に抑制した。また，発芽が抑制された胞子から PP を除去すると胞子は発芽を開始し，PP の抗菌作用は静菌的であった。一方，それぞれキャベツ黒すす病菌およびトマト褐色輪紋病菌の胞子接種したキャベツとトマトの切り取り葉に PP を処理すると数 ppm（w/v）で病斑形成が抑制された。以上の結果から，PP は抗菌スペクトラムの広い効果的な病害防除資材となる可能性が示唆されたが，PP は独特な匂いを有するため，資材化を進める際には処理方法などについての十分な検討が必要である。

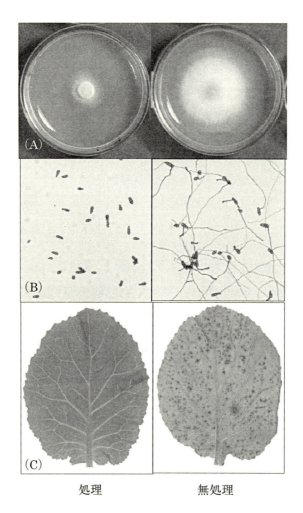

処理　　　　　　　無処理

図2　ブナハリタケが生産する VA のキャベツ黒すす病菌に対する抗菌活性
(A) 菌糸生育, (B) 胞子発芽, (C) 病斑形成

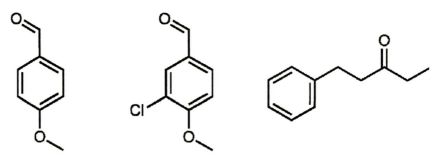

図3　芳香臭きのこが生産する VA の構造

第10章 きのこ由来揮発性物質の植物病原菌類に対する抗菌作用

図4 ブナハリタケ（A）とブナ倒木における群生（B）

4 食用きのこ由来のVA

4.1 ブナシメジのVA

　VA生産が明らかとなったブナハリタケは食用きのこであり，食用きのこのVAは，安全で安心な防除資材となる可能性が高い。そこで，人工栽培が行われている食用きのこの中から芳香臭の少ないきのこ菌株を用いてVA生産の有無を調べた。その結果，ブナシメジ（*Hypsizygus marmoreus*）（図5）の培養菌糸から放出されるVAがキャベツ黒すす病菌の胞子発芽および病斑形成を90％以上抑制することを見出した[11]。さらに，ブナシメジの培養ろ液から放出されるVAはキャベツ黒すす病菌，ナス灰色かび病菌，キュウリ黒星病菌およびキュウリ炭そ病菌の胞子発芽をそれぞれ100％，80％，90％および70％抑制した。特にキャベツ黒すす病菌の胞子発芽に対して顕著な抗菌活性を示したことから，キャベツ黒すす病菌の胞子接種したキャベツ切り取り葉に培養ろ液を処理するとブナハリタケのVAであるPPと同様にキャベツ黒すす病の発病を顕著に抑制した。なお，この抗菌作用もPPと同様に静菌的であった。次に，ブナシメジ培養ろ液からVAの単離を試みた結果，2-methylpropanoic acid 2,2-dimethyl-1-(2-hydroxy-1-methylethyl)propyl esterが主要VAとして単離された（図6）。以上の結果から，ブナシメジが生産するVAは数種の植物病原菌類に対して抗菌作用を示したが，特にキャベツ黒すす病菌に対する活性が顕著であった。本物質はPPと異なり芳香臭も少ないことから，キャベツ黒すす病

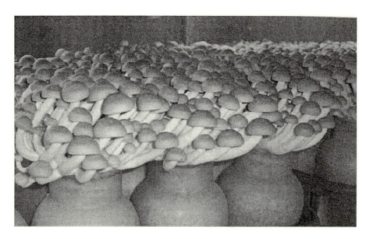

図5　ブナシメジの菌床栽培

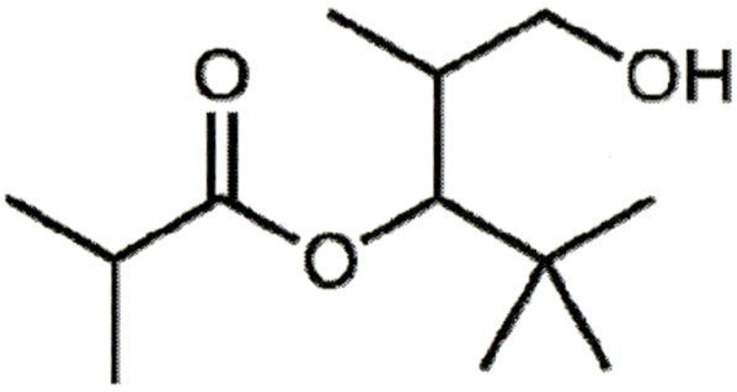

2-methylpropanoic acid 2,2-dimethyl-1-
(2-hydroxy-1-methylethyl)propyl ester

図6　ブナシメジが生産するVAの構造

の防除資材として有効であると考えられる。

4.2　きのこ廃菌床から放出されるVA

　ブナシメジは食用きのことして広く菌床栽培が行われている（図5）。菌床栽培では，可食部である子実体を収穫した後の菌床（廃菌床）はほとんどがゴミとして大量に廃棄されている。平成29年の日本における食用きのこ生産量は45.8万tで（林野庁ホームページより），廃菌床の排出量は最大で年間約180万tと見積もられる（菌床重量の25%をきのこ収量として換算した場合）。このため，廃菌床の活用法の開発が切望されているが，実用化された技術はごく僅かである。廃菌床中にはきのこの菌糸が充満しており，VAが放出されている可能性が高いことから，VA生産のみられたブナシメジおよび廃菌床の排出量が多いシイタケの廃菌床を用いてキャベツ黒すす病の発病抑制効果を検討した[12]。容器内中央に一定量の廃菌床を置き，横に黒すす病菌の胞子懸濁液を噴霧接種したキャベツ苗を置き容器に蓋をして密閉し（図7-A），3日後に病斑形成を調べた。各廃菌床を5，2.5および1 g/Lの割合で処理すると，ブナシメジ廃菌床では

第 10 章　きのこ由来揮発性物質の植物病原菌類に対する抗菌作用

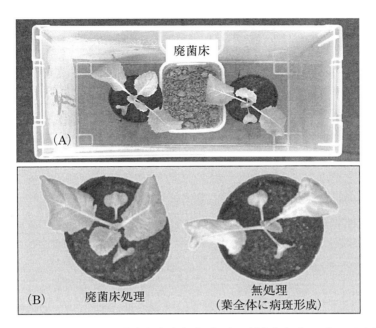

図 7　廃菌床から放出される VA の検定方法（A）とブナシメジ廃菌床（5 g/L）によるキャベツ黒すす病の発病抑制（B）

発病抑制率は 78, 75 および 28％で（図 7-B），シイタケ廃菌床では発病抑制率は 78, 67 および 72％であった。以上の結果から，ブナシメジと同様にシイタケ廃菌床からも VA の放出がみられ，キャベツ黒すす病の発病を抑制することが明らかとなった。さらに，シイタケ廃菌床はブナシメジ廃菌床よりも少量の処理量で発病抑制効果を示したため，シイタケ廃菌床由来 VA によるキャベツ黒すす病菌の胞子に対する抗菌活性を調べた。その結果，シイタケ廃菌床処理（5 g/L）により胞子発芽はほとんど抑制されなかったが，発芽管伸長は無処理区と比較して約 60％ 抑制され抗菌作用を示した。また，廃菌床を除去すると発芽管伸長の抑制が見られなくなり，その作用は静菌的であった。なお，本研究からシイタケ廃菌床由来の VA には，抗菌活性以外に植物の病害抵抗性誘導活性があることも示唆された。現在，シイタケ廃菌床より抗菌活性と抵抗性誘導活性を示す VA の単離および同定を進めている。以上の結果より，ブナシメジおよびシイタケ廃菌床は植物病害防除資材としての利用が期待できるため，今後はキャベツ黒すす病以外の病害に対する抑制効果についても検討を行い，適用病害の範囲を広げることが重要と思われる。

5　おわりに

これまで植物病原菌類に対して活性を示すきのこ由来の VA についてはほとんど報告されていなかったが，今回の研究から，数種のきのこが植物病原菌類に有効な VA を生産することが明らかとなった。きのこ由来の VA については研究を始めたばかりで，ごく僅かなきのこ種しか検討

しておらず，今後，さらに多くのきのこ由来VAの探索を行うことにより，その数も次第に増大するものと思われる。また，これまではVAの活性は植物病原菌類に対してのみ行ってきたが，植物病原細菌に活性を示すVAの存在も示唆されており，今後は植物病原細菌に対しての活性も検討する必要がある。

　VAの大きな特徴は，閉鎖室内では隅々まで行き渡って抗菌活性を示し，通気によって容易に消失する点にある。したがって，病害防除資材としての使用範囲は限定されるが，農作物栽培時の病害防除としてハウスや植物工場などの栽培施設，ポストハーベスト病害の防除として農作物収穫後の貯蔵倉庫や農作物出荷時のコンテナー，種子伝染性病害の防除として種子消毒などにVAは有効であると思われる。一方，VAは農作物の病害防除以外にも，一般家庭，病院，公共施設など閉鎖室内の防菌や除菌などへの利用へと発展する可能性も秘めている。きのこ，特に食用きのこが生産するVAは生態系や人畜の健康への被害が少ないことが予想され，これまでにない安全・安心な新規病害防除資材として活用される可能性が高い。さらに，菌床栽培されているきのこでは大量に廃棄されている廃菌床の有効利用の道も拓けるものと思われる。今後もきのこ由来VAの探索を引き続き行うとともに，VAの農作物病害への適用範囲の特定や病害防除試験など実用化に向けた研究も実施する予定である。

文　　献

1) 白石友紀ほか，新植物病理学概論，p.17，養賢堂（2012）
2) 前川二太郎，かびと生活，**10**, 6（2017）
3) P. K. Ouzouni *et al.*, *Int. J. Food Sci. Technol.*, **44**, 854（2009）
4) P. G. Pinho *et al.*, *J. Agric. Food Chem.*, **56**, 1704（2008）
5) G. A. Strobel *et al.*, *Microbiology*, **147**, 2943（2001）
6) M. Koitabashi *et al.*, *J. Gen. Plant Pathol.*, **70**, 124（2004）
7) S. O. Lee *et al.*, *J. Appl. Microbiol.*, **106**, 1213（2009）
8) 尾谷浩，菌類きのこ遺伝資源―発掘と活用―，GCOE編集委員会編，p.81，丸善プラネット（2013）
9) S. Nishino *et al.*, *J. Phytopathol.*, **161**, 515（2013）
10) K. Oka *et al.*, *Mushroom Sci. Biotechnol.*, **22**, 95（2014）
11) K. Oka *et al.*, *J. Phytopathol.*, **163**, 987（2015）
12) 大﨑久美子ほか，日本きのこ学会誌，**26**, 28（2018）

第11章 乳タンパク質ラクトフェリンの抗ウイルス・抗菌作用と活性増強

永田宏次[*1], 川上 浩[*2]

1 ラクトフェリン分子の特徴

ラクトフェリン（LF）は 80 kDa の塩基性糖タンパク質であり，1940 年に牛乳に含まれる赤色タンパク質として報告された[1]。1960 年にはヒトとウシの乳より LF が精製され，その後，アミノ酸配列（図 1）が決定された[2,3]。

ヒト LF はアミノ酸 692 残基，ウシ LF はアミノ酸 689 残基からなり，両分子とも N ローブおよび C ローブと呼ばれる 2 つの球状ドメインが，ヒンジで連結された立体構造を有する（図 2）。2 つのローブ間には 40％のアミノ酸配列相同性があり，遺伝子重複により全 LF 遺伝子が形成されたものと推定される[4〜6]。

各ローブは，それぞれ 1 個の鉄（Fe^{3+}）イオンとキレート結合する。LF の鉄イオンに対する親和性（解離定数 $K_d = 10^{-24}〜10^{-22}$ M）は，同族の鉄結合タンパク質［トランスフェリン（血漿中の鉄輸送タンパク質）やオボトランスフェリン（＝コンアルブミン。卵白の鉄結合タンパク質）］の親和性（解離定数 $K_d = 10^{-21}〜10^{-20}$ M）より 300 倍以上高い[7,8]。

また，LF は，等電点（pI）が 8.2〜8.9 であるため，DNA[9]，ヘパリン[10]，グリコサミノグリカン[10]，リポ多糖（LPS）[11] など，負に帯電したさまざまな分子に親和性を示す。

LF は，さまざまな外分泌液（乳，涙，唾液，胆汁，膵液，小腸分泌物，頸管粘液など）および好中球の 2 次顆粒に含まれる。乳中の LF 含有量は動物種によって異なり[12]，ヒト初乳（5〜10 mg/mL）が最も多く，次いで常乳に 1〜2 mg/mL が存在する。牛乳では，初乳で 0.5〜2 mg/mL，常乳で 0.05〜0.2 mg/mL が含まれる。乳中 LF の生理作用については，抗菌，抗真菌，抗ウイルス，抗酸化，免疫調節などの生体防御機能を中心とした研究例が多い[13]。ヒト LF の鉄飽和度は 10〜30％であることから，LF は細菌の生育環境から鉄を奪い取ることで，細菌の増殖を抑制する。LF の鉄飽和度が高くなるにしたがって，抗菌活性は低下する[14,15]。この鉄依存の作用機序とは別に，LF やその加水分解物が細菌に直接作用し，その細胞膜構造を脆弱化することによる抗菌活性も知られている[14,15]。

[*1] Koji Nagata　東京大学　大学院農学生命科学研究科　応用生命化学専攻　准教授
[*2] Hiroshi Kawakami　共立女子大学　大学院家政学研究科　人間生活学専攻　教授

```
            1       hLP1-23         hLFcin (hLP1-23を含む)                                                        100
hLF    GRRRSVQWCAVSQPEATKCFQWQRNMRKVRGPPVSCIKRDSPIQCIQA IAENRADAVTLDGGFIYEAGLAPYKLRPVAAEVYGTERQPRTHYYAVAVVKK
bLF    APRKNVRWCTISQPEWFKCRRWQWRMKKLGAPSITCVRRAF ALECIRAIAEKKADAVTLDGGMVFEAGRDPYKLRPVAAEIYGTKESPQTHYYAVAVVKK
                                  bLFcin
                                                                                                                200
hLF    GGSFQLNELQGLKSCHTGLRRTAGWNVPIGTLRPFLNWTGPPEPIEAAVARFFSASCVPGADKGQFPNLCRLCAGTGENKCAFSSQEPYFSYSGAFKCLR
bLF    GSNFQLDQLQGRKSCHTGLGRSAGWIIPMGILRPYLSWTESLEPLQGAVAKFFSASCVPCIDRQAYPNLCQLCKGEGENQCACSSREPYFGYSGAFKCLQ

                                                                                     hLFampin              300
hLF    DGAGDVAFIRESTVFEDLSDEAERDEYELLCPDNTRKPVDKFKDCHLARVPSHAVVARSVNGKEDAI WNLLRQAQEKFGKDKSP KFQLFGSPSGQKDLLF
bLF    DGAGDVAFVKETTVFENLPEKADRDQYELLCLNNSRAPVDAFKECHLAQVPSHAVVARSVDGKE DLIWKLLSKAQEKFGKNKSR SFQLFGSPPGQRDLLF
                                                                                     bLFampin
                                                                                                           400
hLF    KDSAIGFSRVPPRIDSGLYLGSGYFTAIQNLRKSEEEVAARRARVVWCAVGEQELRKCNQWSGLSEGSVTCSSASTTEDCIALVLKGEADAMSLDGGYVY
bLF    KDSALGFLRIPSKVDSALYLGSRYLTTLKNLRETAEEVKARYTRVVWCAVGPEEQKKCQQWSQQSGQNVTCATASTTDDCIVLVLKGEADALNLDGGYIY
                                                                                                           500
hLF    TAGKCGLVPVLAENYKSQQSSDPDPNCVDRPVEGYLAVAVVRRSDTSLTWNSVKGKKSCHTAVDRTAGWNIPMGLLFNQTGSCKFDEYFSQSCAPGSDPR
bLF    TAGKCGLVPVLAENRKSSKHSSLD--CVLRPTEGYLAVAVVKKANEGLTWNSLKDKKSCHTAVDRTAGWNIPMGLIVNQTGSCAFDEFFSQSCAPGADPK
                                                                                                           600
hLF    SNLCALCIGDEQGENKCVPNSNERYYGYTGAFRCLAENAGDVAFVKDVTVLQNTDGNNNEAWAKDLKLADFALLCLDGKRKPVTEARSCHLAMAPNHA VV
bLF    SRLCALCAGDDQGLDKCVPNSKEKYYGYTGAFRCLAEDVGDVAFVKNDTVWENTNGESTADWAKNLNREDFRLLCLDGTRKPVTEAQSCHLAVAPNHA VV
CD81                                                                                                       VV

            C-s3-33                                                                                        691
hLF    -SRMDKVERLKQVLLHQQAKFG---RNGSDCPDK FC----LFQSET---KNL-LFNDNTECLARLHGKTTYEKYLGPQYVAGITNLKKCSTSPLLEACEFLRK
bLF    -SRSDRAAHVKQVLLHQQALFG---KNGKNCPDK FC----LFKSET---KNL-LFNDNTECLAKLGGRPTYEEYLGTEYVTAIANLKKCSTSPLLEACAFLTR
SADA         KVERLKQVLLHQQAKFG---RNGADCPAK
CD81   KTFHETLDCCGSSTLT--ALTTSVLKNNL-CPSG SNIISNLFK-EDCHQKIDDLFSGK
```

図1 ラクトフェリンのアミノ酸配列と抗ウイルス・抗菌活性を有する部分ペプチド

HLP1-23は波線で示した。SADAはhLF 606-632, S626A D630A[33]を示す。C-s3-33とSADAはCD81と配列相同性を有する[29,33]。

第11章 乳タンパク質ラクトフェリンの抗ウイルス・抗菌作用と活性増強

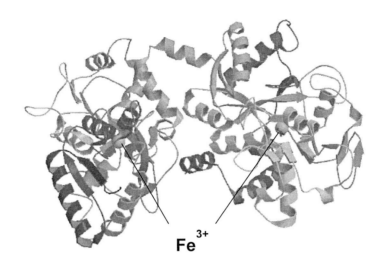

図2 ヒトラクトフェリン（鉄結合型）の結晶構造（Protein Data Bank：1B0L）
Nローブ（図の左半分）・Cローブ（図の右半分）と呼ばれる2つの球状ドメインがヒンジで連結された立体構造を有する。2つのローブ間には40％のアミノ酸配列相同性がある。本構造では，各ローブがそれぞれ1個の鉄イオン（Fe^{3+}）とキレート結合している。

2 ラクトフェリンの抗ウイルス作用

hLFの抗ウイルス活性は，1985年にFriendウイルス複合体の赤血球増加症誘発株（FVC-P）を接種したマウスにおいて最初に検証され，腹腔内注射されたLFがFriendウイルス複合体に感染したマウスの生存率を改善することが見出された[16,17]。これまでに，表1に列記するさまざまなウイルスに対して，LFが抗ウイルス作用を示すことが明らかになっている。

表1 LFの抗ウイルス作用が知られているウイルス

宿主細胞の脂質二重層膜に由来するエンベロープをもつウイルス	サイトメガロウイルス（CMV）[18]，ヒト免疫不全ウイルス（HIV）[19,20]，シンドビスウイルス（SINV）[21]，単純ヘルペスウイルス（HSV-1,2）[22,23]，ネコヘルペスウイルス（FHV-1）[24]，B型肝炎ウイルス（HBV）[25,26]，C型肝炎ウイルス（HCV）[27~34]，デングウイルス（DENV）[35]，インフルエンザウイルス[36~38]，呼吸器合胞体ウイルス（RSウイルス，RSV）[39~41]，パラインフルエンザウイルス（PIV）[42]，ハンタウイルス（HPV）[43]，日本脳炎ウイルス[44]，セムリキ森林ウイルス[21]
宿主細胞の脂質二重層膜に由来するエンベロープをもたないウイルス	ロタウイルス[45~48]，ヒトパピローマウイルス（HPV）[49]，エンテロウイルス71（EV71）[50]，BKウイルス（BKV）[51]，エコーウイルス[52,53]，ポリオウイルス（PV）[54,55]，ネコカリシウイルス（FCV）[56]，アデノウイルス[57,58]，トマト黄化葉巻ウイルス（TYLCV）[59]

3　ラクトフェリンの抗ウイルス作用機序

LFの抗ウイルス作用の機序としては，以下の3つが提唱されている（図3）[60]。

① LFが，ウイルスに結合することによって，ウイルスの標的細胞への付着を阻害する。
　例）アデノウイルス，HCV，HIV

② LFが，標的細胞のウイルス受容体やヘパラン硫酸と結合することによって，ウイルスの標的細胞への付着を阻害する。
　例）HBV，HS適合SINV，セムリキ森林ウイルス，CMV，HSV-1，HSV-2

③ LFが，標的細胞のLF受容体に結合してIFN-α/β産生を誘導し，標的細胞内に侵入したウイルスの増殖を阻害する。

また，これらの機序が複数組み合わさり，抗ウイルス活性を発現する場合も知られている。具体的な例として，肝炎ウイルス（HBV，HCV）およびヒト免疫不全ウイルス（HIV）に対する抗ウイルス作用に関する知見を，4～6項で述べる。

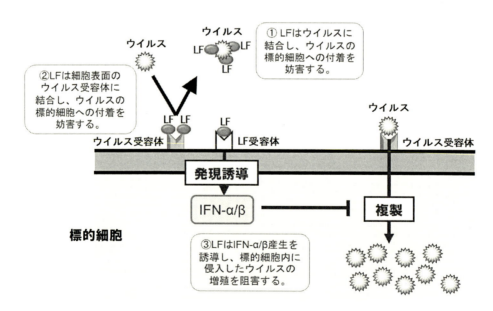

図3　ラクトフェリンの抗ウイルス作用の推定機序
ラクトフェリン（LF）は，標的細胞上のウイルス受容体に結合するか，またはウイルスに結合することによって，標的細胞へのウイルスの付着を妨げる。さらに，ラクトフェリンはIFN-α/β産生を誘導し，標的細胞内に侵入したウイルスの増殖を阻害する。
（文献60）を改変

第 11 章　乳タンパク質ラクトフェリンの抗ウイルス・抗菌作用と活性増強

4　抗 HBV 活性

ヒト LF（hLF）とその N 末端領域（アミノ酸配列 1-47）に対応する 7 種類の合成ペプチド（HLP）について，肝細胞株（HepaRG および HepG2.2.2.15）における HBV の感染および増殖の阻害活性が調べられた[26]。HBV とのプレインキュベーションにより，hLF は HBV 感染を 55％阻害し，4 種のペプチドは 40〜75％，最も活性の高いペプチド HLP1-23 は 80％阻害した。HLP1-23 は，hLF の抗ウイルス活性に関与する二つのグリコサミノグリカン結合部位のうちの一つである GRRRR（残基番号 1-5）正電荷クラスターを含んでいるため，このアミノ酸配列が抗ウイルス活性に重要であると推測された。しかしながら，HLP1-23 は hLF と異なり，標的細胞とプレインキュベートした場合は，HBV の感染を阻害しなかった。これらの結果から，GRRRR 正電荷クラスターは，HLP1-23 が HBV エンベロープ上の負に帯電した部位と安定な相互作用を形成するのに十分ではあるが，標的細胞との安定な相互作用を形成するには GRRRR だけでは不十分で，第二のグリコサミノグリカン結合部位も必要であると推測された。また，hLF および HLP1-23 はいずれも，標的細胞に感染した HBV の増殖を阻害する活性はなかった。したがって，hLF は①と②の機構を介して，HLP1-23 は①の機構により，HBV の感染を阻害することが明らかとなった。

5　抗 HCV 活性

ウシ LF（bLF）および hLF は，HCV エンベロープタンパク質 E2 に結合し，ウイルス粒子とその細胞受容体 CD81 との相互作用を阻害する（IC_{50} = 1.5 μM, 5.0 μM）[30〜33]ことが報告されている。両 LF ともに糖鎖を除去すると，抗 HCV 活性は増強される[29]。

Nozaki ら[29]は，LF の C 末端に存在するアミノ酸 93 残基のペプチド（600-692）が，HCV 受容体の一つである CD81 と部分的に相同であることを示し，この 93 残基のペプチドの抗ウイルス活性領域を 33 残基（hLF 600-632）にまで絞り込んだ。また，点変異解析により Cys628 側鎖が特に重要であることを明らかにした。Beleid ら[33]は，α ヘリックス構造の比率が 71±1％で，アミノ酸 27 残基からなるペプチド（hLF 606-632，ただし 2 アミノ酸残基の点変異 S626A, D630A を含む）が，HCV E2 に K_d = 0.57×10^{-6} M で結合することを示した。

hLF の C ローブの抗ウイルス活性領域を合成したペプチド C-s3-33（600-632）は，HCV エンベロープタンパク質 2（E2）と結合することにより，ヒト不死化肝細胞株 PH5CH8 への HCV の侵入を阻害したが，LF タンパク質（IC_{50} = 1.2 μM）と比較すると活性は低かった（IC_{50} > 12 μM）。しかしながら，この 33 残基を 2 回または 3 回繰り返した構造をもつペプチド（C-s3-33 x2 または x3）は IC_{50} = 7.6 μM, 3.9 μM と，Cs33 ペプチドよりも強い抗 HCV 活性を示した[32]。

6 抗 HIV 活性

bLF および hLF は，in vitro でヒト免疫不全ウイルス（HIV）のヒト白血球系細胞 MT4 への感染を強く阻害する[61]。HIV のエンベロープに含まれる糖タンパク質 gp120 が，標的細胞上の受容体タンパク質（CD4）や共受容体タンパク質（CXCR4 および CCR5）に結合することが，HIV の標的細胞への吸着および侵入において重要な役割を果たす[62]。LF は，HIV の gp120 糖タンパク質の GPGRAF ドメインに結合することが示されている[63]。この gp120 への結合が，LF の抗 HIV 活性の作用機序であると考えられる。さらに，LF は細胞表面のヌクレオリンと結合し，標的細胞への HIV 分子の付着および侵入を阻止する。鉄を保有していない LF（apo 型 LF）と鉄 2 分子をキレート結合している LF（holo 型 LF）は，両方とも抗 HIV 活性を示すが，apo 型 LF の方がより強い活性を示す[64]。

7 ラクトフェリンの抗菌作用

LF は，広範囲の細菌に対して抗菌活性を発揮する[14]。当初，抗菌活性は鉄と高い親和性をもつ LF が鉄と結合し，生育環境から鉄を奪い取ることで増殖を阻害すると考えられていた。しかしながら，holo 型 LF であっても，多種の細菌の増殖を阻害することから，鉄を奪い取るだけでなく，菌体に対して直接作用することによっても，LF は抗菌作用を示すと考えられている[14, 15]。

LF の C ローブは，グラム陰性細菌の外膜リポタンパク質と結合し，細菌の栄養素である鉄の摂取を阻害したり，抗菌カチオン性ペプチドに対する保護作用のある膜結合リポタンパク質を除去する[65]。一方，LF の N ローブは，細菌の増殖に必要な陽イオン（Ca^{2+} や Mg^{2+}）とリポ多糖との相互作用を阻害し，細胞壁からリポ多糖を放出させて膜の透過性を高め，グラム陰性細菌を死滅させる[66]。

また，LF は，グラム陽性細菌の細胞壁に存在する負に帯電した分子（リポタイコ酸など）と結合し，細胞壁の全体的な負電荷を減らすことにより，リゾチームや抗生物質といった抗菌物質の作用を促進する[66]。

さらに，LF は，細菌と宿主細胞の間の相互作用を妨げる作用も有し，細菌表面に付着することによって，宿主細胞への細菌の付着を阻害する[67]。

一方，LF は，乳児の消化管内に存在する *Lactobacillus* 属や *Bifidobacterium* 属などのヒトにとって有益な細菌に対しては，増殖促進作用を有するという報告もある[68]。

8 ラクトフェリン由来ペプチドの抗菌作用

経口摂取した LF が，胃液に含まれるペプシンにより加水分解されて生じたペプチドをラクトフェリシン（LFcin）と呼ぶ[69]。hLF に由来するヒト LFcin は，hLF の N 末端アミノ酸 47 残

基 (1-47) のペプチドであり,分子量は 5.6 kDa である。また,bLF に由来するウシ LFcin は,bLF の N 末端アミノ酸 25 残基 (17-41) のペプチドで,分子量は 3.2 kDa である。*Escherichia coli*, *Klebsiella pneumoniae*, *Listeria monocytogenes* などの細菌に対する LFcin の増殖阻害活性は,全長 LF と比較して 9〜25 倍高い[69,70]。ウシ LFcin は,ヒト LFcin よりも強い抗菌活性を有することが知られている。また,ヒト LFcin (1-47) のうち,N 末端側アミノ酸 17 残基のペプチド (1-17) は抗菌活性を示さないが,残り 30 残基のペプチド (18-47) は,強い静菌活性を有する[69]。

LF の N ローブに由来する抗菌ペプチドとしては,ラクトフェランピン (lactoferampin, LFampin) も知られている[71,72]。ヒト LFampin は,hLF のアミノ酸配列 269-285 に相当し,ウシ LFampin は bLF のアミノ酸配列 265-284 に相当する。LFampin の抗菌活性は,LFcin と比較してわずかに弱い。LFcin と同様に,ウシ LFampin はヒト LFampin よりも強い抗菌活性を有する。LFampin の殺菌作用は,細菌細胞膜の透過性を上昇させる作用および脱分極を引き起こす作用と相関することが示されている[73]。

9 ラクトフェリンおよびそのペプチドの抗ウイルス剤・抗菌剤としての利用

LF および LF 由来ペプチドの静菌作用や抗菌作用は詳細に研究されており,LF を主剤とするワクチン,抗菌薬および口腔ヘルスケア製品の開発につながっている。口腔ケア製品への応用では,歯磨き粉,洗口剤などに使用され,口腔病原体(虫歯菌 *Streptococcus mutans* 歯周病菌 *Porphyromonas gingivalis* など)の増殖を抑制して口臭を抑えるために利用されている[74〜76]。

H1N1 インフルエンザウイルス抗体を産生する上で,bLF のアジュバントとしての利用が,安全かつ効率的な方法であることが示されている[77]。bLF や hLF の投与は,より強いヘルパー T 細胞 1 型の応答を生じさせ,結核菌感染に対するワクチンの有効性を高める[78]。LF のアジュバントとしての利用については,有害な影響は報告されていない[79]。また,LF は医薬としても使用されており,*Helicobacter pylori* 感染による胃炎において,病原体である *H. pylori* の細菌数を減少させる[80]。また,前述のように,HBV[25],HCV[81],CMV[18] および HIV[20] など,ヒトおよび動物の多種のウイルスに対しても抗ウイルス剤として使用されている。

文　献

1) M. Sorensen and S. Sorensen, *Compt. Rend. Trav. Lab. Carlsberg. Ser. Chim.*, **23**, 55 (1940)

2) M. L. Groves, *J. Am. Chem. Soc.*, **82**, 3345 (1960)
3) B. Johanson, *Acta Chem. Scand.*, **14**, 510 (1960)
4) H. M. Baker *et al.*, *J. Biol. Inorg. Chem.*, **5**, 692 (2000)
5) S. A. Moore, *J. Mol. Biol.*, **274**, 222 (1997)
6) M. H. Metz-Boutigue, *Eur. J. Biochem.*, **145**, 659 (1984)
7) H. M. Baker and E. N. Baker, *Biometals*, **17**, 209 (2004)
8) J. Mazurier and G. Spik, *Biochim. Biophys. Acta*, **629**, 399 (1980)
9) J. He and P. Furmanski, *Nature*, **373**, 721 (1995)
10) D. Legrand *et al.*, *Biochem. J.*, **327**, 841 (1997)
11) B. J. Appelmelk *et al.*, *Infect. Immun.*, **62**, 2628 (1994)
12) T. Nagasawa *et al.*, *J. Dairy Sci.*, **55**, 1651 (1972)
13) P. F. Levay and M. Viljoen, *Haematologica*, **80**, 252 (1995)
14) K. Yamauchi *et al.*, *Biochem. Cell Biol.*, **84**, 291 (2006)
15) S. Farnaud and R. W. Evans, *Mol. Immunol.*, **40**, 395 (2003)
16) L. Lu *et al.*, *Blood*, **65**, 91 (1985)
17) L. Lu *et al.*, *Cancer Res.*, **47**, 4184 (1987)
18) L. Beljaars *et al.*, *Antiviral Res.*, **63**, 197 (2004)
19) B. Berkhout *et al.*, *Biometals*, **17**, 291 (2004)
20) W. Y. Wang *et al.*, *Appl. Biochem. Biotechnol.*, **179**, 1202 (2016)
21) B. L. Waarts *et al.*, *Virology*, **333**, 284 (2005)
22) K. Hasegawa *et al.*, *Jpn. J. Med. Sci. Biol.*, **47**, 73 (1994)
23) H. Wakabayashi *et al.*, *Biosci. Biotechnol. Biochem.*, **68**, 537 (2004)
24) S. L. Beaumont *et al.*, *Vet. Ophthalmol.*, **6**, 245 (2003)
25) K. Hara *et al.*, *Hepatol. Res.*, **24**, 228 (2002)
26) P. E. Florian *et al.*, *J. Med. Virol.*, **85**, 780 (2013)
27) M. Ikeda *et al.*, *Biochem. Biophys. Res. Commun.*, **245**, 549 (1998)
28) M. Ikeda *et al.*, *Virus Res.*, **66**, 51 (2000)
29) A. Nozaki *et al.*, *J. Biol. Chem.*, **278**, 10162 (2003)
30) M. Yi *et al.*, *J. Virol.*, **71**, 5997 (1997)
31) A. Nozaki and N. Kato, *Acta Med. Okayama*, **56**, 107 (2002)
32) K. Abe *et al.*, *Microbiol. Immunol.*, **51**, 117 (2007)
33) R. Beleid *et al.*, *Chem. Biol. Drug Des.*, **72**, 436 (2008)
34) H. J. Vogel, *Biochem. Cell Biol.*, **90**, 233 (2012)
35) J. M. Chen, *Int. J. Mol. Sci.*, **18**, E1957 (2017)
36) A. Pietrantoni *et al.*, *Biometals*, **23**, 465 (2010)
37) M.G. Ammendolia *et al.*, *Pathog. Glob. Health*, **106**, 12 (2012)
38) K. Shin *et al.*, *J. Med. Microbiol.*, **54**, 717 (2005)
39) M. Grover *et al.*, *Acta Paediatr.*, **86**, 315 (1997)
40) J. Portelli *et al.*, *J. Med. Microbiol.*, **47**, 1015 (1988)
41) H. Sano *et al.*, *Eur. J. Immunol.*, **33**, 2894 (2003)

42) H. Yamamoto *et al.*, *J. Health Sci.*, **56**, 613 (2010)
43) M. E. Murphy *et al.*, *J. Vet. Med. Sci.*, **63**, 637 (2001)
44) Y. J. Chien *et al.*, *Virology*, **379**, 143 (2008)
45) F. Superti *et al.*, *Med. Microbiol. Immunol.*, **186**, 83 (1997)
46) F. Superti *et al.*, *Biochim. Biophys. Acta*, **1528**, 107 (2001)
47) M. Egashira *et al.*, *Acta Paediatr.*, **96**, 1238 (2007)
48) N. Zavaleta *et al.*, *J. Pediatr. Gastroenterol. Nutr.*, **44**, 258 (2007)
49) N. Mistry *et al.*, *Antiviral Res.*, **75**, 258 (2007)
50) T. Y. Weng *et al.*, *Antiviral Res.*, **67**, 31 (2005)
51) G. Longhi *et al.*, *Antiviral Res.*, **72**, 145 (2006)
52) A. Tinari *et al.*, *Int. J. Antimicrob. Agents*, **25**, 433 (2005)
53) M. G. Ammendolia *et al.*, *Antiviral Res.*, **73**, 151 (2007)
54) M. Marchetti *et al.*, *Med. Microbiol. Immunol.*, **187**, 199 (1999)
55) P. Drobni *et al.*, *Antiviral Res.*, **64**, 63 (2004)
56) K. B. McCann *et al.*, *J. Appl. Microbiol.*, **95**, 1026 (2003)
57) A. Pietrantoni *et al.*, *Antimicrob. Agents Chemother.*, **47**, 2688 (2003)
58) A. M. Di Biase *et al.*, *J. Med. Virol.*, **69**, 495 (2003)
59) A. M. Abdelbacki *et al.*, *Virol. J.*, **7**, 26 (2010)
60) H. Wakabayashi *et al.*, *J. Infect. Chemother.*, **20**, 666 (2014)
61) M. C. Harmsen *et al.*, *J. Infect. Dis.*, **172**, 380 (1995)
62) S. L. Kozak *et al.*, *J. Biol. Chem.*, **274**, 23499 (1999)
63) P. J. Swart *et al.*, *J. Pept. Sci.*, **5**, 563 (1999)
64) D. Legrand *et al.*, *Eur. J. Biochem.*, **271**, 303 (2004)
65) N. K. Ostan *et al.*, *PLoS Pathog.*, **13**, e1006244 (2017)
66) S. A. González-Chávez *et al.*, *Int. J. Antimicrob. Agents*, **33**, 301 (2009)
67) T. Oho *et al.*, *Infect. Immun.*, **70**, 5279 (2002)
68) M. P. Sherman *et al.*, *Biometals*, **17**, 285 (2004)
69) W. Bellamy *et al.*, *Biochim. Biophys. Acta*, **1121**, 130 (1992)
70) A. R. Lizzi, *Appl. Biochem. Microbiol.*, **52**, 435 (2016)
71) M. I. van der Kraan *et al.*, *Peptides*, **25**, 177 (2004)
72) E. F. Haney *et al.*, *Biochimie*, **91**, 141 (2009)
73) T. Sijbrandij *et al.*, *World J. Microbiol. Biotechnol.*, **33**, 3 (2017)
74) B. Francesca *et al.*, *Biometals*, **17**, 271 (2004)
75) S. G. Dashper *et al.*, *Antimicrob. Agents Chemother.*, **56**, 1548 (2012)
76) K. Shin *et al.*, *Clin. Oral Investig.*, **15**, 485 (2011)
77) M. P. Sherman *et al.*, *Biochem. Biophys. Res. Commun.*, **467**, 766 (2015)
78) S. A. Hwang *et al.*, *Int. J. Immunopathol. Pharmacol.*, **28**, 452 (2015)
79) C. D. Nevison, *Environ. Health*, **13**, 73 (2014)
80) T. Wada *et al.*, *Scand. J. Gastroenterol.*, **34**, 238 (1999)
81) M. Kaito *et al.*, *J. Gastroenterol. Hepatol.*, **22**, 1894 (2007)

第Ⅲ編
応用・利用

第1章　天然系抗菌成分の食品添加物としての利用

小磯博昭*

1　はじめに

　食品スーパーやコンビニエンスストアーで販売されるような弁当，おにぎりなどの日配惣菜の場合，時間の経過とともに残存あるいは付着していた微生物が増殖する危険性がある。そのため，微生物の増殖を制御するさまざまな方法が講じられている。

　食品添加物による微生物制御も手段の一つであるが，平成27年に内閣府食品安全委員会が行った「食品に係るリスク認識アンケート調査」において，健康への影響に気をつける必要性についての順位付けの結果，食品安全の専門家は食品添加物の順位は11位以下であったが，一般消費者は「病原微生物」，「農薬の残留」の次に「食品添加物」となっており[1]，食品添加物の安全性についての思い込みがあることが示されている。また，平成22年に内閣府広報室が行った「化学物質の安全性に関する意識調査」では，「化学物質」という言葉について「危ないもの」を挙げた者の割合が69.7％と高い数値になっている[2]。

　化学物質は天然に含まれるものでも，合成して作られるものでも，食べる量次第で毒になり得ることを500年前の科学者パラケルススが発表し，化学物質の安全性を考える上での原則となっている。食品添加物による微生物制御には，上述のように「科学的安全」だけではなく，「消費者の信頼・安心への影響」を考慮する必要がある。

　消費者が受け入れやすい物質としては，長年食経験がある天然成分がある。この天然成分由来の抗菌物質を食品の微生物制御に利用することは，消費者に不要な不安を与えず食品を安全に流通させる手段のひとつと考えられる。

　天然の抗菌成分としては，「カラシ抽出物」のような植物成分，卵白に含まれる「リゾチーム」，サケやニシンの白子に含まれる「プロタミン」，微生物が産生する「ナイシン」，「ポリリジン」，などがある。これらの物質は，食品成分への吸着や，加工工程の影響により効力が低下する場合があり，それぞれの抗菌メカニズムや特徴を理解した上で使用する必要がある。

　本稿では，天然の抗菌成分の食品の微生物制御への応用とその注意点について概説する。

2　カラシ抽出物

　カラシ抽出物は，既存添加物に分類される添加物であり，アブラナ科カラシナの種子の脂肪油

＊　Hiroaki Koiso　三栄源エフ・エフ・アイ㈱　第一事業部　食品保存技術研究室

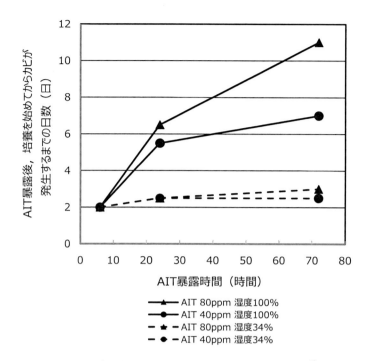

図1 カビを添加した大豆に及ぼすAITと湿度の影響[5]

を除いた圧搾粕より,水蒸気蒸留により得られたものであり,主成分はイソチオシアン酸アリル（AIT）である。しかし,指定添加物のAITは,香料成分として認められたものであり,香料以外の目的では使用できない。

カラシ抽出物の主成分であるAITの抗菌作用には,イソチオシアン酸部分が重要であり,アリル基は二重結合を持つことよりその効果を増大させると考えられている[3]。またその抗菌メカニズムは微生物の呼吸系の阻害と推定されている。

AITは,抗菌力が強く,溶液状態よりも,ガス状態のほうが微生物に対して強い殺菌,抗菌効果を示すことや[4],高湿度環境で使用するとさらに効果的であることが報告されており（図1）[5],食品表面で微生物が増殖する場合,AITをガス状にして使用すると効果的であり,カラシ抽出物を練り込んだシートを食品の上に置くことで微生物の増殖を抑制させる商品も流通している。

AITには特有の刺激臭があり,その閾値は3〜10 ppm[4,6]である。そのため,食品の種類によってはAITの臭いが異臭と感じられる場合があり,用途が限定されてしまう。

3 リゾチーム

食品添加物のリゾチームは,「本品は,卵白より,アルカリ性水溶液及び食塩水で処理し,樹

第 1 章　天然系抗菌成分の食品添加物としての利用

脂精製して得られたもの，又は樹脂処理若しくは加塩処理した後，カラム精製若しくは再結晶により得られたもので，細菌の細胞壁物質を溶解する酵素である」と定義されている。

　リゾチームは，白色の粉末で匂いはなく，水には良く溶け，アルコールなどの有機溶媒にはほとんど溶けない。やや甘みを伴うたん白独特の苦みがあるが，食品で実際に使用される 0.1％以下の濃度であれば，無味に近く，食品の風味に影響を与えない。また，有機酸のように pH を下げなくても中性域で抗菌効果を示すなど，日持向上剤として理想的な条件を有しているといえる。

3. 1　リゾチームの抗菌効果

　リゾチームの抗菌効果は，細菌の細胞壁（ペプチドグリカン層）を構成する N-アセチルグルコサミンと N-アセチルムラミン酸との β1-4 グルコシド結合を加水分解することにより，細菌の細胞壁を溶かし，細菌の生育を抑制する[7]。そのため，細胞壁に直接作用しやすいグラム陽性菌に対する抗菌効果が強いとされ，加熱を伴う加工食品で問題となる *Bacillus* 属，*Clostridium* 属などの耐熱性芽胞菌対策としてよく使用される。ただし，グラム陽性菌でも，*B. subtilis* や *Micrococcus* 属などには高い抗菌効果を示すが，*B. cereus* や乳酸菌に対する効果は弱く，菌種によりその抗菌効果にバラツキが見られる。

　一方，*Escherichia coli* や *Pseudomonas aeruginosa* などのグラム陰性菌は細胞壁の外側が外膜で覆われているため，リゾチームが作用しにくい。同様に膜構造にペプチドグリカン層を持たないカビ，酵母にも作用しにくく，抗菌効果を示さない。

　リゾチームの溶菌活性は，pH や温度によっても変化し，pH 6.0～8.0 の中性付近は溶菌活性が高く，酸性やアルカリ性では溶菌活性は低下する[8]。しかしながら，酸性側では溶菌活性は低下するものの，リゾチームによりダメージを受けた細菌は，pH の影響を受けやすくなるため，総合的な抗菌効果としては，pH 6.0～8.0 よりも pH 5.0 の方が高くなる（社内試験結果データ本稿未記載）。また，温度依存性試験においては 60℃で最も強い溶菌活性が認められている[8]。

3. 2　リゾチームの安定性

　リゾチームは 129 個のアミノ酸からなる分子量約 14,400 の加水分解酵素であり，比較的多くの塩基性アミノ酸を含み，等電点は 10.7 を示す。また，1 分子中に 4 個のジスルフィド結合があり，加熱時のリゾチームの安定性に寄与しているとされる[7]。

　リゾチームの耐熱性と食品成分の影響について表 1 に記載する。また，共存する食塩の量が多いと溶菌活性が妨げられるという報告もある[9]が，1％程度の食塩濃度であれば，リゾチームが安定化され，耐熱性が高くなる。また，卵黄，魚すり身，豚ひき肉など，特定のたん白との共存下で加熱することで活性の低下が確認されている[10]（表 1）。また，卵白リゾチームは塩基性のたん白のため，ペクチンなどの酸性多糖類やタンニン酸などの酸性成分と結合して活性が低下することも報告されている[10]。

表1 リゾチームの耐熱性と食品成分の影響（未加熱の場合の溶菌活性を100とした）[9]

食品成分	加熱温度				
	60℃	70℃	80℃	90℃	100℃
無添加	96	91	68	32	5
食塩	–	–	76	66	45
ショ糖	–	–	73	34	–
グルタミン酸	–	–	72	39	–
卵黄	79	0	0	–	–
カゼインNa	95	73	40	–	–
大豆たん白	76	35	31	–	–
魚すり身	23	7	8	–	–
豚ひき肉	54	12	5	–	–

pH 7.0, 油浴中で30分間加熱。
リゾチーム濃度は0.005%，各食品成分は1%。

3.3 リゾチームの効果的な使い方

前項で示したとおり，リゾチームは，食品の風味に影響を与えずに，一部のグラム陽性菌に高い抗菌効果を示す一方，抗菌スペクトルはそれほど広くない。さらに，食品成分や，加熱処理によりその効果が失われてしまうという問題がある。

三栄源エフ・エフ・アイ㈱では，リゾチームと高HLBのショ糖脂肪酸エステルに高い相乗効果があることを見出し[11]，リゾチームとショ糖脂肪酸エステルを組み合わせた製剤アートフレッシュ®50/50（組成：リゾチーム50%，ショ糖脂肪酸エステル50%）を開発し，このアートフレッシュ®50/50を配合したリゾチーム製剤「アートフレッシュ®シリーズ」を展開している。

アートフレッシュ®50/50は，それぞれ単独では効果のない *Staphylococcus aureus*, *B. cereus* などの食中毒菌に対しても強い抗菌効果を示す。リゾチーム単独で使用する場合と異なり，幅広い微生物に対して抗菌効果を示すことから，アートフレッシュ®50/50は，幅広い食品でその抗菌効果が期待できる。

また，アートフレッシュ®50/50は，リゾチームと比べ熱に対する安定性も優れている。表2に熱安定性の試験を示す。リゾチームは加熱温度が高くなるにつれて *B. subtilis* に対する抗菌効果が減少しているのに対し，アートフレッシュ®50/50は90℃，30分の加熱でも，抗菌効果の減少は僅かである。また，別の試験では120℃，15分のレトルト条件においても，その抗菌効果が残存することも確認されている（社内試験結果データ　本稿未記載）。

ショ糖脂肪酸エステルとの併用だけではなく，特定の食品成分と併用することでその効力を高めることができることが明らかとなってきた。

図2はリゾチームと特定のでん粉分解物を水に溶かし，加熱後の抗菌活性を調べたものである。リゾチーム単独区は加熱時間の経過とともに抗菌活性が低下するのに対し，でん粉分解物（特定の種類に限定される）を併用した試験区は，抗菌活性が高まることが示されている[12]。抗菌活性と酵素活性の関係を調べたところ，リゾチーム単独を加熱した時の酵素活性，抗菌活性を

第1章　天然系抗菌成分の食品添加物としての利用

表2　リゾチームとアートフレッシュ®50/50の耐熱性（社内試験結果）

加熱温度	日持向上剤	添加量（ppm）				
		0	125	250	500	1,000
70℃	リゾチーム	++	++	−	−	−
	アートフレッシュ®50/50	++	+	−	−	−
80℃	リゾチーム	++	++	++	+	−
	アートフレッシュ®50/50	++	+	−	−	−
90℃	リゾチーム	++	++	++	++	+
	アートフレッシュ®50/50	++	++	++	−	−

各試験サンプルの5％溶液をpH 7.0に調整，30分加熱したものを抗菌試験（*Bacillus subtilis* NBRC 13719）に使用。標準寒天培地（pH 6.8）にて35℃，2日間培養。＋：多いほど抑制効果低い，−：菌の増殖を完全に抑制。

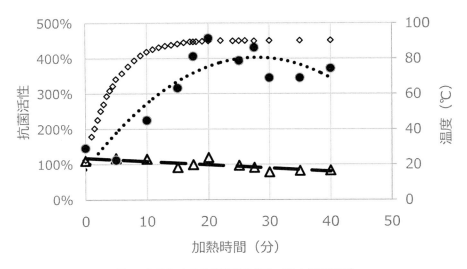

図2　加熱による抗菌活性の変化（社内試験結果）

リゾチームおよびリゾチーム＋でん粉分解物の水溶液（pH 6.0）をウォーターバス中で加熱し，抗菌活性を測定した。抗菌活性は，*Micococcus luteus* に対する阻止円の大きさから算出した。◇：温度，●：リゾチーム＋でん粉分解物の抗菌活性，△：リゾチーム単独の抗菌活性。リゾチーム＋でん粉分解物の抗菌活性およびリゾチーム単独の抗菌活性の近似曲線をそれぞれ点線および破線で示した。

100とすると，リゾチームとでん粉分解物を併用した場合，酵素活性に大きな変化はないが，抗菌活性だけが約3倍まで高まり，有効な使用方法であることが明らかとなった。

また，近年，リゾチームに関する研究において，リゾチームの持つ酵素活性に関わらず，抗菌ペプチドとしての抗菌効果に関する報告が発表されている。例えば，疎水性の塩基性アミノ酸がリゾチーム構造の表面に露出し細菌の細胞に吸着することで，膜機能を阻害しグラム陰性菌にも効果を示すようになること[13]，リゾチームのヘリックスループ構造自体が抗菌力を示すこと[14]，リゾチームをペプシン処理すると効力が強まること[15]などが報告されている。また最近では，細

菌類に対する効果だけでなく，変性リゾチームが強い抗ノロウィルス活性を持つことが報告され[16]，殺菌剤の分野へ応用も進んでいる。このようにリゾチームの抗菌効果は，その酵素活性のみではないことがわかってきた。

4 ナイシン

食品添加物のナイシンは「*Lactococcus lactis* subsp. *lactis* の培養液から得られた抗菌性ポリペプチドの塩化ナトリウムとの混合物である。無脂肪乳培地又は糖培地由来の成分を含む。主たる抗菌性ポリペプチドはナイシンA（$C_{143}H_{230}N_{42}O_{37}S_7$）である。」と定義されている。

加工食品において問題となる耐熱性菌や乳酸菌などのグラム陽性菌に対し，少量で高い抗菌効果を示すため，最終食品中の添加量はごくわずかで済み，味への影響はほとんどない。さらに，酸性から中性にわたる広いpH領域で抗菌活性を示し，食品成分による影響を受けにくいことから，保存料としての評価は高く，その利用が広がっている。

ナイシンには使用基準（表3）があり，使用できる食品が定められ，ナイシンAを含む抗菌性ポリペプチドとして使用量が設定されている。この抗菌性ポリペプチドにはアミノ酸配列が異なる変異体（ナイシンZ，Qなど）も存在するが，日本で食品添加物として使用できるのはナイシンAのみである。

使用基準に示されているようにナイシンの食品への添加量はごく微量であり，実際の製造ラインでは計量しにくいなどの問題があるため，三栄源エフ・エフ・アイ㈱では，ハンドリングしやすいナイシン製剤「ナチュラルキーパー®」（ナイシン10％配合）を販売している。

表3 日本におけるナイシンの使用基準

対象食品	使用量の最大限度	
	ナイシンAを含む 抗菌性ポリペプチド （mg/kg）	【食品添加物ナイシン】 （mg/kg）
ホイップクリーム類*1	12.5	500
チーズ（プロセスチーズを除く）	12.5	500
プロセスチーズ	6.25	250
穀類およびでん粉を主原料とする洋生菓子*2	3	120
洋菓子	6.25	250
食肉製品	12.5	500
ソース類*3，マヨネーズ，ドレッシング	10	400
卵加工品	5	200
味噌	5	200

*1 乳脂肪分を主成分とする食品を主要原料として泡立てたものをいう。
*2 ライスプディングやタピオカプディングなどをいい，団子のような和生菓子は含まない。
*3 果実ソースやチーズソースなどのほか，ケチャップも含む。ただし，ピューレ，菓子などに用いるいわゆるフルーツソースのようなものは含まない。

第 1 章　天然系抗菌成分の食品添加物としての利用

4.1　ナイシンの抗菌効果

　ナイシンペプチドは，微生物の細胞壁構成成分であるペプチドグリカンの前駆体 lipid II と複合体を形成し細胞膜に孔を形成することで，細胞壁の合成を阻害し，微生物に対して殺菌作用や増殖抑制作用を示す。最初に lipid II の外側の糖鎖にナイシンペプチドが結合し，ナイシンペプチドの C 末端が膜を横切るように移動し，膜を貫通することで孔を形成すると言われている[17]。ペプチドグリカン構造を持っていない真菌類には効果なく，グラム陰性菌ではリゾチームと同様に，ペプチドグリカン層の外側に外膜が存在することで，ナイシンペプチドの侵入が阻害され効果を示さない。しかし，何らかの理由でグラム陰性菌の外膜が損傷を受けてナイシンペプチドの透過性が増加すると，グラム陰性菌もナイシン感受性となることがある。例えば，特定のキレート剤や陽イオン界面活性剤との併用や，超高圧，エレクトロポレーションなどの物理的な処理を加えることによって，ナイシンが，グラム陰性菌にも有効になることが報告されている[18〜20]。また，ナイシン存在下で細菌に温度ストレスを加えると，一時的な膜の障害が生じることでナイシンの効果が現れ，グラム陰性菌の殺菌効率が高まることで食品の微生物学的安全性が高まると報告されている[21]。

4.2　ナイシンの安定性

　ナイシンペプチドは 34 個のアミノ酸で構成され，3 個のリジン残基と 2 個のヒスチジン残基を含むカチオン性の分子である。酸性で溶解度が高く，中性に近づくにつれて溶解度は低下するが，食品に使用される量はごくわずかなため，pH による溶解度の変化は実用上大きな問題とはならない。

　ナイシンは低 pH において安定性が高く，pH 3.0 が最も安定であることが知られている[22]。しかしナイシンを食品に使用した場合，食品成分により保護されることにより，単純系よりも安定性が増加する場合が多い。三栄源エフ・エフ・アイ㈱で行った試験では，市販の牛乳にナイシンを添加し，130℃，7 秒間の UHT 殺菌を行った場合でも殺菌前の 96％の抗菌活性が残る結果が得られた。

　表 4 では，種々の食品に添加し，加熱前後のナイシンの抗菌活性を示す。また 20％エタノールに溶解したナイシンは，95℃，1 時間加熱しても抗菌活性の低下は認められなかったこと，100 mM リン酸ナトリウム緩衝液（pH 6.8）に溶かしたときよりも約 4 倍の抗菌活性が認められたことなどが報告されている[23]。

　ナイシンは食肉加工品に使用可能であるが，生肉とナイシンを混合し未加熱の状態で長時間放置するとナイシンペプチドとグルタチオンが結合し，活性が低下する。しかし加熱された肉ではグルタチオンとたん白質が反応し，遊離スルフヒドリル基が減少することでナイシンとの結合が抑えられ，活性が維持されることが報告されている[24]。そのため，生肉にナイシンを混合した後は速やかに加熱調理する必要がある。また，食品に添加後の長期安定性にも注意が必要である。プロセスチーズ（水分 54〜58％，pH 5.6〜6.0）では，20℃，25℃，30℃で 30 週間保存すると

表4 食品中でのナイシン活性残存率（社内試験結果）

食品名	加熱条件	残存率（%）
卵焼き	80℃-30分	71
茶碗蒸し	蒸し器で10分	92
卵豆腐	85℃-50分	45
スフレ	170℃（オーブン）-40分	93
液卵	60℃-45分	94
ホワイトソース	90℃-20分	75

ナイシン活性は，微生物学定量法（食品中のナイシン分析方法：3月2日付け厚生労働省医薬食品局食品安全部基準審査課長通知参照）に基づいて測定した。卵焼きは，フライパンで焼成直後を100とし，二次殺菌後の残存率を算出した。液卵は，指標菌に乳酸菌を使用して測定した。

ナイシンの抗菌活性は保存開始時の9割，6割，4割と，保存温度が高くなるに従い低下することが報告されており[25]，常温で長期間保存するような商品（食品に限らない）にナイシンを使う場合には，エタノールを併用するなど抗菌活性を安定に保つ手段を講じる必要がある。

4.3 ナイシンの効果的な使い方

　ナイシンの効果は用量依存的に作用することが知られている。Porrettaらは，*B. stearothermophilus*の芽胞141個と810個を接種したエンドウ豆缶詰の保存試験において，両者に同じ保存性を付与するためには，810個の缶詰には，141個の缶詰の2倍量のナイシンが必要であると報告している[26]。またプロセスチーズで25℃，6か月のシェルフライフを達成するには*Clostridium*属の芽胞が10倍増えるとナイシンは2～2.5倍必要になるとの報告もあり[27]，ナイシンは標的となる微生物が多いほど，多くの添加量が必要となる。そのため，ナイシンを効果的に使用するには，食品の初発菌数を少しでも減らすことが重要である。

　ナイシンを使用した食品を調べると，国内外ともにナイシンと他の静菌剤を併用するケースが多い。これはナイシン単独よりも，他の静菌剤と併用することで，相乗効果が期待できるためである。三栄源エフ・エフ・アイ㈱でも，ナイシンを，リゾチーム，フェルラ酸，アスコルビン酸塩などと併用することで高い相乗効果を示すことを確認している。

　また，ナイシン単独では細菌の増殖までの時間（誘導期）を延ばすが，増殖速度への影響は少ないことが多い。これは保存中に一旦細菌が増え始めると静菌剤を添加していない時と同じように腐敗が進むことであり，途中までは少ない菌数であってもある日突然腐敗してしまう危険性があり注意が必要である。そのため，低温保存のように増殖速度を低下させる条件と併用することが好ましい。

5　ε-ポリリジン，プロタミン

　ε-ポリリジンは，放線菌（*Streptomyces albulus*）の培養液より，イオン交換樹脂を用いて吸

第1章 天然系抗菌成分の食品添加物としての利用

着,分離して得られたものであり,L-リジンが25〜30個鎖状につながった構造をしている。

プロタミンは,分子量が数千〜1万2千程度の魚類の精巣中に存在する単純たん白であり,単一物質ではない。主にサケやニシンのしらこを原料とし,塩基性たん白を溶出させ精製乾燥したものであり,魚の収穫時期の精巣の成熟度によりプロタミンの歩留まりが変化し,使用する魚の種類によっても変化する[9]。

5.1 ε-ポリリジン,プロタミンの抗菌効果

両者ともにカチオン系の界面活性剤として作用し,プラスに帯電したアミノ基が微生物の細胞壁に吸着することによって増殖を阻害すると考えられている[28]。

各種微生物に対するε-ポリリジンとしらこたん白の最小発育阻止濃度を表5に示した。この両者の発育阻止濃度は,培地組成によって大きく変化し,例えば寒天培地では液体培地の数十倍の濃度が必要となる。

ε-ポリリジン,プロタミンは酸性側に移るほどプラスの荷電が強くなるが,同時に菌体細胞膜のマイナス電荷が低下すると静電気的相互作用が弱まり,抗菌効果が低下することがある。

5.2 ε-ポリリジン,プロタミンの安定性

ε-ポリリジンは電気的な性質でその効果を示すため,電気的性質を打ち消すような環境ではその効力が低下する。食品に使用する出汁エキス(三栄源エフ・エフ・アイ㈱製 サンライク® 和風だしL:食塩17.8%,たん白質0.9%,糖質19%,脂質0%)を標準寒天培地に添加し,ε-ポリリジン製剤の抗菌試験を行った結果を表6に示す。培地への出汁エキスの添加量が増加するに従い,効果が低下する。これは培地中の食塩濃度が増加し,イオン強度が高くなることでε-ポリリジンの微生物細胞壁への吸着力が低下したためと推測される。

表5 ε-ポリリジンとしらこたん白の最小発育阻止濃度(社内試験結果)

微生物	保存料	最小発育阻止濃度(ppm) 寒天培地	液体培地
Bacillus subtilis NBRC3134	しらこたん白	200	<10
	ε-ポリリジン	100	<10
食品から単離した *B. cereus*	しらこたん白	>400	10
	ε-ポリリジン	>400	<10
Micrococcus luteus NBRC13867	しらこたん白	100	<10
	ε-ポリリジン	100	<10
Escherichia coli NBRC3972	しらこたん白	600	<10
	ε-ポリリジン	200	<10
Pseudomonas aeruginosa NBRC3899	しらこたん白	600	<10
	ε-ポリリジン	100	<10

培地の種類:寒天培地は標準寒天培地,液体培地はNutrient brothを使用した。

5.3 ε-ポリリジン，プロタミンの効果的な使い方

ε-ポリリジンについては，微生物を不活化または殺菌することが報告され[29]，生食用食肉の殺菌に用いる研究が進められている[30]。これは，2011年のユッケによる集団食中毒事件を経て施行された，生食用食肉の新規格基準における，加熱殺菌作業の煩雑さと可食部の減少という課題の解決を目指すものである。この研究では腸管出血性大腸菌（O-157:H7型含む）とSalmonella属菌を対象に，生肉のε-ポリリジン溶液への浸漬が，それぞれの菌種に対して殺菌的に作用し，特に腸管出血性大腸菌に対しては強い殺菌効果があることが示されている。

表7は蒸しパンにAspergillus nigerを接種後，25℃で保存しカビの発生個数を示したものである。無添加区は保存6日目で12検体中1検体にカビの発生が認められたが，ε-ポリリジン添加区は，保存8日目までカビの発生は認められなかった。

蒸しパンのpHは9.3とアルカリ性であったが，ε-ポリリジンは有機酸とは異なり，アルカリpH条件にも係わらず，有効であった。

表6 出汁を添加した培地でのε-ポリリジン製剤のEscherichia coli NBRC3972に対する抗菌試験（社内試験結果）

出汁エキス添加量（%） （ ）内は食塩濃度（%）	製剤の添加量（%） （ ）内はε-ポリリジン濃度（ppm）				
	0 0	0.05 (114)	0.1 (228)	0.15 (342)	0.2 (456)
0 (0.00)	+	+	0	0	0
2 (0.36)	+	+	0	0	0
4 (0.71)	+	+	+	17	0

表7 ε-ポリリジンを添加した蒸しパンの保存試験（社内試験結果）

試験区	保存期間（25℃）		
	6日目	8日目	11日目
無添加区	1/12	4/12	12/12
ε-ポリリジン 500 ppm添加	0/12	0/12	6/12

蒸しパンは，薄力粉100部，上白糖70部，食塩0.2部，膨脹剤4部，水80部を混合し，蒸し器で蒸成し調製した。ε-ポリリジンは粉体原料（薄力粉，上白糖，食塩，膨脹剤）に対する添加量を示した。

第 1 章　天然系抗菌成分の食品添加物としての利用

6　おわりに

　消費者に不要な不安を与えないために，天然由来の抗菌成分を活用することは有効であるが，臭いの問題，加工工程中での抗菌成分の劣化，食品成分への吸着により効力が低下したりする。そのため抗菌成分とどのような物質を併用すると期待した効果が得られるのか，あるいは効果を阻害されるのかについての知見を広げることは重要である。

　さらに食品の腐敗防止は添加物の使用だけでなく，衛生管理や温度，水分活性，pH などさまざまな条件を組み合わせることが重要である。

　記載のデータおよび処方例はあくまで三栄源エフ・エフ・アイ㈱で試験・試作した結果であり，製品および最終製品における安定性を保証するものではありません。

　アートフレッシュ，ナチュラルキーパー，サンライクは三栄源エフ・エフ・アイ㈱の登録商標です。

文　　献

1) 内閣府食品安全委員会事務局，食品に係るリスク認識アンケート調査の結果について (2015)
2) 内閣府政府広報室，身近にある化学物質に関する世論調査 (2010)
3) 金丸芳，宮本悌次郎，日食工誌, **38**, 926 (1991)
4) 徳岡敬子，一色賢司，日食工誌, **41**, 595 (1994)
5) 古谷香菜子，一色賢司，日食工誌, **48**, 738 (2001)
6) 徳岡敬子ほか，日本食品工業学会誌, **39**, 68 (1992)
7) 第八版食品添加物公定書解説書, D1694-1698 (2007)
8) 平松肇，渡部耕平，防菌防黴誌, **37**, 829 (2009)
9) W. M. Neville & H. Eyring, *Proc. Natl. Acad. Sci. USA*, **69**, 2417 (1972)
10) 松田敏生，食品微生物制御の化学, pp.255-285, 幸書房 (1998)
11) 三栄源エフ・エフ・アイ㈱, 特許公報, 特許第 4226242 号 (2008)
12) 三栄源エフ・エフ・アイ㈱, 特許公報, 特許第 6211352 号 (2017)
13) H. R. Ibrahim *et al.*, *J. Biol. Chem.*, **276**, 43767 (2001)
14) Y. Mine *et al.*, *J. Agric. Food Chem.*, **52**, 1088 (2004)
15) H. R. Ibrahim *et al.*, *Biochim. Biophys. Acta*, **1726**, 102 (2005)
16) 仲沢萌美，高橋肇ほか，第 35 回日本食品微生物学会　一般講演 (2014)
17) I. Wiedemann *et al.*, *J. Biol. Chem.*, **276**, 1772 (2001)
18) K. A. Stevens *et al.*, *Appl. Environ. Microbiol.*, **57**, 3613 (1991)

19) R. Pattanayaiying *et al.*, *Int. J. Food Mirobiol.*, **188**, 135 (2014)
20) N. Kalchayanand *et al.*, *Appl. Environ. Microbiol.*, **60**, 4174 (1994)
21) I. S. Boziaris & M. R. Adams, *J. Appl. Microbiol.*, **91**, 715 (2001)
22) W. Liu & J. N. Hansen, *Appl. Environ. Microbiol.*, **56**, 2551 (1990)
23) 川井泰, *Foods Food Ingred. J. Jpn.*, **218**, 142 (2013)
24) V. A. Stergiou *et al.*, *J. Food Prot.*, **69**, 95 (2006)
25) J. Delves-Broughton, *Dairy Federation*, **239**, 13 (1998)
26) L. V. Thomas *et al.*, Natural Food Antimicrobial Systems, pp.463-524, CRC Press (2000)
27) E. A. Davies *et al.*, *J. Food Prot.*, **62**, 1004 (1999)
28) 平木純, 防菌防黴誌, **23**, 349 (1995)
29) 武藤正道, ジャパンフードサイエンス, **11**, 65 (2003)
30) M. Satoko *et al.*, *Food Control*, **62**, 37 (2014)

第2章 ヒドロキシ脂肪酸多価アルコールエステルによる体臭抑制素材への応用

金谷秀治*

1 はじめに

ヒト皮膚上では,さまざまな皮膚常在菌による生態系が半恒久的に形成されており,これらの細菌,真菌と皮膚との間には,数々の相互作用が展開されている。皮膚上に常在している細菌は,正常な肌においては顔面,頸部,腋部,陰部に多く認められており,これは水分が多いことや湿度の高いことによるものと考えられている[1]。健康な人から採取された皮膚常在細菌についての報告は多数なされているが,その主な細菌としては,嫌気性細菌であり毛包管内で増殖する *Propionibacterium acnes* などが存在し,球菌では *Staphylococcus epidermidis*, *Staphylococcus capitis* が多く検出される。それらの菌がアトピー性皮膚炎などの皮膚に対して悪影響を及ぼす *Staphylococcus aureus*(黄色ブドウ球菌)などの病原菌の侵入を防ぐ役割を果たしている[2,3]。皮膚表面には微生物同士の相互作用が形成されており,*S. aureus* に対して *S. epidermidis* の優位性を高めることが健康な皮膚をつくるための重要な因子の一つと考えられる。

一方,においを発生させる微生物も人の皮膚上では一般的に見られる皮膚常在菌である。ヒトの皮膚における体臭の原因については,アポクリン汗腺やエクリン汗腺からの発汗物や,油腺より分泌される中性脂質などが,これらを栄養源としている皮膚常在細菌により分解され,その結果として生じる低級脂肪酸などが,さらに汗などに含まれるアンモニアと混ざり合うなどして発生するとされている[4]。現在,市場で販売されているデオドラント製品の数々は,イソプロピルメチルフェノール,塩化ベンザルコニウム,サリチル酸などの殺菌剤を単独または複合で配合している。これら殺菌成分は,塗布直後には高い殺菌効果を示すものの,経時で殺菌効果が低下するため,殺菌効果の持続性に関する課題があった[5]。そこで本稿は,親水性,疎水性の両方を併せ持ち,皮膚と親和性が高いと考えられるヒドロキシ脂肪酸多価アルコールエステルについての抗菌性および残存性について報告する。

2 皮膚常在細菌による体臭の発生経路

体臭が発生する主な原因として,汗に含まれる皮脂や老廃角質が皮膚常在細菌などに分解されることにより,空気中で拡散しやすいより低分子の化合物となることが主要因と考えられている[6](図1)。発汗した後のエクリン腺やアポクリン腺から出てきた汗や皮脂などは,ほとんど二

---

* Shuji Kanatani 大洋香料㈱ 研究所 香粧品研究室

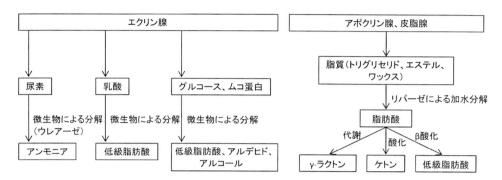

図1 体臭発生経路

オイが出ていないが，時間が経過すると皮膚常在細菌などの微生物によって，ニオイの閾値が低いアンモニア，アミン類，低級脂肪酸，アルデヒド，ケトン類などに分解される。汗を排出する汗腺は，エクリン腺とアポクリン腺に分けられるが，エクリン腺は全身に分布しており，体温の調整に関係している。アポクリン腺は皮脂腺の排出管に連結しており，主に腋などに存在している。両汗腺から排出される汗の成分も両者で異なっており，エクリン腺から排出さる汗はほとんどが水であり，その他に塩化ナトリウムやカリウムといった電解質，タンパク質，アンモニア，低級脂肪酸，乳酸などをわずかに含む。

それに対してアポクリン腺から排出される汗は，水分の他に脂質，脂肪酸，コレステロール類を多く含む。皮脂腺から排出されるものはトリグリセリドやワックス類を多く含んでいるがニオイが強いものではない。

これら汗などから排出された脂質や，表皮角質からのアミノ酸などを皮膚常在細菌が分解することによりニオイが発生すると考えられている。腋下では汗に含まれる水分，皮脂やタンパク質が多く存在することが皮膚常在細菌の繁殖に適しており，*Staphylococcus* 属，*Propionibacterium* 属，*Corynebacterium* 属などのグラム陽性菌を中心とする皮膚常在細菌が多く存在する。

3 多価アルコール型抗菌剤の抗菌性

皮膚常在菌によって分解，発生を抑制する抗菌剤として塩化ベンザルコニウムやイソプロピルメチルフェノールなどが多くの製品に使用されているが残存性，滞留性が低いことから殺菌効果が低下していくことが課題となっている。そこで，表面が疎水性である皮膚となじみやすく，親水性の処方に配合しやすい素材として，ヒマシ油（castor oil）原料由来の多価アルコール型抗菌剤であるヒドロキシ脂肪酸グリセリンエステル（リシノレイン酸グリセリル）に着目し，抗菌・殺菌効果の検証を行った。

現在，化粧品用抗菌剤として販売されている多価アルコール型抗菌剤は，グリセリンエステル

第2章　ヒドロキシ脂肪酸多価アルコールエステルによる体臭抑制素材への応用

型，グリセリンエーテル型，アルカンジオール型の3種類がある。ヒドロキシ基の数は2つまたは3つであり，それらのヒドロキシ基が片側の末端に集中した構造式の特長を持っている。これら3種類の抗菌性の評価をソイビーン・カゼイン培地を用いて段階希釈法により，最小発育阻止濃度と最小殺菌濃度を評価した（表1）。試験菌種は，グラム陽性菌である表皮ブドウ球菌（Staphylococcus epidermidis）で行った。

ヒドロキシ脂肪酸グリセリンエステル型のリシノレイン酸グリセリルは，他の一般的なグリセリン脂肪酸エステルであるカプリル酸グリセリルや構造が近いオレイン酸グリセリルに比べてS. epidermidis に対して強い発育阻止濃度を示した。オレイン酸グリセリルとリシノレイン酸グリセリルの構造の違いは，ヒドロキシ基が脂肪酸構造に付加しているだけであるが，ヒドロキシ基などの極性が高い官能基が1つ入るだけで抗菌活性に大きく影響を及ぼした。一方，グリセリンエーテル型のエチルヘキシルグリセリンやアルカンジオール型の1,2-オクタンジオール，1,2-ヘキサンジオールに関してもリシノレイン酸グリセリルに比べて抗菌活性が弱いことがわかった。

次に，各種皮膚常在菌に対する最小発育阻止濃度を医薬部外品や化粧品で頻繁に使用されているイソプロピルメチルフェノール，サリチル酸と比較した（表2）。対象菌としてグラム陽性菌を中心とする皮膚常在細菌を選択した。フェノール型抗菌剤であるイソプロピルメチルフェノールや芳香族型抗菌剤であるサリチル酸に比べて抗菌活性が高く，ニオイの原因となる皮膚常在細

表1　多価アルコール型抗菌剤の種類と抗菌活性

種類	構造式と化合物名	最小発育阻止濃度 試験菌　S. epidermidis	最小殺菌濃度
グリセリンエステル型	カプリル酸グリセリル	625	1,250
	オレイン酸グリセリル	625	1,250
	リシノレイン酸グリセリル	25	200
グリセリンエーテル型	エチルヘキシルグリセリン	1,250	2,500
アルカンジオール型	1,2-オクタンジオール	2,500	>5,000
	1,2-ヘキサンジオール	>5,000	>5,000

（単位：ppm）

表2 皮膚常在菌に対する最小発育阻止濃度

試験菌株	リシノレイン酸グリセリル	イソプロピルメチルフェノール	サリチル酸
Corynebacterium xerosis（ワキ臭関連菌）	25	200	1,600
Staphylococcus aureus（黄色ブドウ球菌）	25	200	1,600
Propionibacterium acnes（アクネ菌：ニキビ関連菌）	50	200	1,600
Staphylococcus epidermidis（表皮ブドウ球菌：体臭関連菌）	25	200	1,600

（単位：ppm）

菌の繁殖を防ぐ抗菌剤として適していると考えられた。また，サリチル酸などの酸型の抗菌剤はpHが酸側でのみ効果を発揮することから，サリチル酸に比べてノニオン型のリシノレイン酸グリセリルは製品処方のpHやイオン性の界面活性剤の配合を制限することなく，さまざまな処方に適応できるという利点がある。

4 ヒト腋における皮膚常在菌の抑制効果試験

ヒドロキシ脂肪酸グリセリンエステル型抗菌剤であるリシノレイン酸グリセリルとフェノール型抗菌剤であるイソプロピルメチルフェノールの抗菌性の比較を行うため，両抗菌剤を配合した水溶液にてヒト腋における皮膚常在菌の抑制効果の検証を行った（図2）。リシノレイン酸グリセリル，またはイソプロピルメチルフェノールを0.4％の濃度で配合した溶液をスプレー容器に入れ，20代から40代の男性被験者5名の腋中央部に2秒間噴き付けた。塗布前，塗布1時間，4時間後にガラスチューブを塗布箇所中央に当て，ガラスチューブ内にリン酸緩衝液を添加，撹拌することにより腋に付着していた菌を抽出した（図2）。抽出したリン酸緩衝液中の菌数は，段階希釈法により寒天培地を用いて菌数を測定した（図3）。

イソプロピルメチルフェノールを配合したスプレーを腋中央に噴き付けた場合は，いったんは減少傾向となるが，4時間後には菌数が増加し，コントロールと同じになった。イソプロピルメチルフェノールとリシノレイン酸グリセリルを含まないスプレーは，菌数の減少がなかった。リシノレイン酸グリセリルを噴き付けた場合は，1時間後，4時間後と菌数割合がコントロールと比べて減少傾向となった。イソプロピルメチルフェノールの噴き付けは，時間が経過すると腋の菌に対する抑制効果が弱くなることが確認されたことから，イソプロピルメチルフェノールが汗により流出したか，揮発したことによる効力の減少などが考えられる。そこで次に，リシノレイン酸グリセリル，およびイソプロピルメチルフェノール溶液の残存性の評価を行った。

第2章　ヒドロキシ脂肪酸多価アルコールエステルによる体臭抑制素材への応用

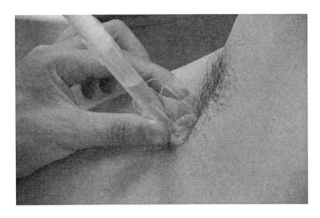

図2　腋菌採取の様子

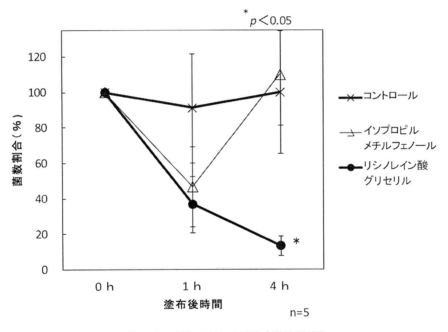

図3　ヒト腋における皮膚常在菌抑制試験

5　リシノレイン酸グリセリルの残留性の評価

　殺菌成分であるイソプロピルメチルフェノールがヒト腋における皮膚常在菌の抑制効果試験において抑制効果の持続性がなかったことから，次にヒト皮膚上での残存性の評価試験を行った。評価試料には，リシノレイン酸グリセリルを0.4％含む水溶液とイソプロピルメチルフェノールを0.4％含む水溶液を用いた。評価試料の塗布箇所は，上腕内側に設定し，リシノレイン酸グリ

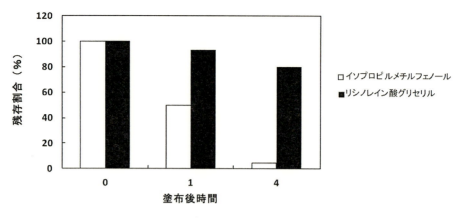

図4 ヒト皮膚上での残存性評価試験

セリル,イソプロピルメチルフェノール水溶液2試料を別々に一定量塗布した。1時間,4時間塗布経過後,ガラス管を皮膚上の試料塗布箇所に当て,酢酸エチル／ヘキサン溶剤を流し込み,残存した試料を抽出した。抽出した試料からガスクロマトグラフィーにて残存割合を求めた。その結果を図4に示す。

イソプロピルメチルフェノールを塗布すると,1時間,4時間後と経時的に残存割合が減少傾向であった。4時間経過後のイソプロピルメチルフェノールの残存割合は,試験開始直後と比べて10％以下となった。リシノレイン酸グリセリルを塗布した場合,徐々に残存割合が減少したが,4時間経過後も80％程度を維持した。腋中央部にイソプロピルメチルフェノール溶液を噴き付けた場合では,4時間後の皮膚常在菌の抑制効果は低下していたが,リシノレイン酸グリセリルを噴き付けた場合において抑制効果が持続していたことから,本残存性評価試験のデータと関連が取れていると考えられた。試料の残存性評価試験は,ヒト上腕内側で行った試験であり,腋中央に比べて汗の量が少ないところであることから,イソプロピルメチルフェノールの抑制効果の低下の原因は,汗による流出よりも体温による空気中への揮発の可能性が高いと考えられた。

6 リシノレイン酸グリセリルの殺菌作用機構の確認

ここまではリシノレイン酸グリセリルの抗菌性,殺菌性の評価について述べてきた。最後に,多価アルコール型エステルの殺菌作用機構に関する報告はほとんどないことから,走査型電子顕微鏡により皮膚常在菌である *Propionibacterium acnes*（アクネ菌）に対する殺菌作用機構をリシノレイン酸グリセリルの水溶液中で確認,推測を行った（図5）。

リシノレイン酸グリセリルの水分散液に *P. acnes* を分散させ,走査型電子顕微鏡により,細胞膜表面を観察した結果,細胞膜表面に異常が起こっている菌が確認された。このことより,細

第2章　ヒドロキシ脂肪酸多価アルコールエステルによる体臭抑制素材への応用

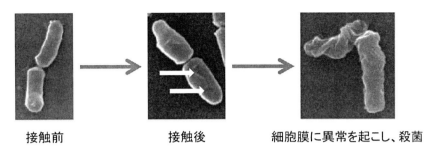

接触前　　　　　　接触後　　　　　細胞膜に異常を起こし、殺菌

図5　リシノレイン酸グリセリルのPropionibacterium acnesに対する殺菌機構の推測

胞膜中の脂質二重層を乱すことにより細胞膜に異常が起こると推測した。

7　おわりに

　以上，皮膚常在菌による体臭の発生経路，および抗菌剤による皮膚常在菌の抑制効果に関して述べてきた。本研究では，ヒドロキシ脂肪酸グリセリンエステルであるリシノレイン酸グリセリルに着目し，ニオイの発生源となる皮膚常在菌に対して抗菌試験を行った結果，抑制効果が高いことがわかった。ヒト腋中における皮膚常在菌の抑制試験では，リシノレイン酸グリセリルを配合したスプレーを噴きつけると，皮膚常在菌の菌数が経時的に減少傾向となることがわかった。イソプロピルメチルフェノール配合のスプレーを噴きつけると，経時的な菌数の減少が確認できなかった。残存性の評価では，ヒト皮膚上にてリシノレイン酸グリセリルの水溶液を塗布すると，時間が経過してもリシノレイン酸グリセリルが高い残存性を示すことを確認した。イソプロピルメチルフェノールの水溶液の場合，残存性が低いことが確認された。イソプロピルメチルフェノールを塗布した場合，揮発して残存性が低くなると考えた。

　健常な皮膚表面には通常，非病原菌であるStaphylococcus epidermidis（表皮ブドウ球菌）やPropionibacterium acnes（アクネ菌）などの皮膚常在菌が大半を占めており，それらの菌がアトピー性皮膚炎などの皮膚に対して悪影響を及ぼすStaphylococcus aureus（黄色ブドウ球菌）などの病原菌の侵入を防ぐ役割を果たしていることがわかっている。一方で，ヒトの体部，足部から生じる不快な臭いはこれら皮膚常在菌が大きく関与しており，ヒトにとって必要な機能と不快な体臭が同時に発生する。今回，検証を行ったリシノレイン酸グリセリルの活用の目的としては，不快な体臭を発生している皮膚常在菌を持続的に抑制することとしていた。今後，より強く，より長く効果があるデオドラント機能を得るためには，持続性が高い素材を応用し，抗菌・消臭の2つの方法を併用して考案しなければならない。必要以上に皮膚常在菌を殺菌するのではなく，皮膚常在菌の皮膚における機能を正常に保つことを妨げない素材開発が求められると考える。

文　　献

1) 西田勇一, *Fragrance Journal*, **28** (1), 82 (2000)
2) 品川洋一ほか, 日本小児アレルギー学会誌, **9** (1), 6 (1995)
3) K. Ishisaka *et al.*, *J. Soc. Cosmet. Chem. Jpn.*, **35** (1), 34 (2001)
4) F. Kanda *et al.*, *J. Soc. Cosmet. Chem. Jpn.*, **23** (3), 217 (1989)
5) 友松公樹, *Fragrance Journal*, **43** (8), 37 (2015)
6) 大貫毅, *Fragrance. Journal*, **34** (5), 15 (2006)

第3章　乳酸菌由来抗菌ペプチドを用いた口腔ケア用製剤「ネオナイシン®」

永利浩平[*1]，手島大輔[*2]

1　はじめに

　乳酸菌は，古来，人の生活に深く関与してきた細菌の一つで，糖を発酵し，多量の乳酸をつくる細菌の総称である。乳酸菌は，自然界に広く分布し，ヨーグルト，チーズ，漬物，みそ，しょう油などの伝統的発酵・醸造食品の風味や嗜好性の向上，その保存性の向上に大きく寄与している。とくに，乳酸菌による食品保存性の向上には，乳酸やさまざまな抗菌性物質が関与し，その中の一つに，バクテリオシンと呼ばれる抗菌ペプチドが存在する。本抗菌ペプチドは，グラム陽性菌に対して強い抗菌活性を示し，体内で消化・分解される安全性の高いものであるため，天然の抗菌素材として注目されている。

　一方，日本人のうち虫歯を患っている人は全人口の90％，歯周病は70％と言われており，近年，歯周病と生活習慣病（糖尿病，心臓病，脳梗塞など）との関連性や，歯の本数とアルツハイマー病の相関が明らかにされている。従来の化学合成殺菌剤などを含有する口腔ケア剤は，誤飲すれば体内の常在菌までも殺菌し，人体への悪影響が危惧されている。吐き出しやうがいが難しく，誤嚥の恐れのある高齢者や障がい者などの口腔ケアは水のみで行われ，十分な効果が得られていない場合が多く，その対策が急務である。

　このような背景の中，我々は乳酸菌由来の抗菌ペプチド（バクテリオシン）を利用した，誤って飲み込んでも安全な口腔ケア剤に関する技術開発を行った。本稿では，乳酸菌由来抗菌ペプチドの特性，および本抗菌ペプチドを利用した口腔用天然抗菌剤についての取り組みを紹介する。

2　乳酸菌由来抗菌ペプチド

2.1　ナイシン

　乳酸菌由来抗菌ペプチドであるバクテリオシンの中で最も代表的なものは，34個のアミノ酸からなるナイシンAである（図1）。1928年にイギリスの酪農家により発見され，国際機関WHO/FAO，米国FDAにより，その安全性が認められ，日本を含む世界50か国以上で食品保存料として利用されている[1]。ナイシンAは，細菌細胞膜表面に存在するペプチドグリカンの前

---

*1　Kohei Nagatoshi　㈱優しい研究所　代表取締役
*2　Daisuke Teshima　㈱トライフ　代表取締役

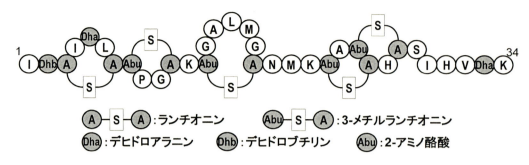

図1 ナイシンAの構造

駆体 lipid II に結合して細胞壁合成を阻害すると同時に，lipid II と複合体を形成して細胞膜に孔を形成して細胞質内から ATP やイオンを漏出させる。このような作用機構により，ナイシンAは一般の抗菌剤と比較してきわめて低い nM レベルで瞬時の殺菌効果を示し，いまだに耐性菌の報告はない。また，ナイシンAは MRSA や VRE など多剤耐性菌をはじめとした産業界に多大な被害を及ぼす種々の有害微生物に有効であることから，天然の安全な抗菌剤として注目されている。ナイシンAをはじめとする乳酸菌バクテリオシンについての詳細は，第II編第7章も参照されたい。

しかし，市販のナイシンAは生産に塩析法を用いるため，純度が 2.5% と低く，応用範囲が食品保存などに限られている。このような背景の中，我々はナイシンAの応用範囲を医療分野まで拡大するための高精製技術の開発を行った。

2. 2 高精製ナイシン

ナイシンAの従来の生産方法は，発酵培地に未利用の基質が残存し，精製に塩析法を用いるために，ナイシンAの純度が低いという問題点があった。そこで，1回の仕込みで連続2回の発酵・精製を行う「新規二段階乳酸菌発酵・精製法」を構築した[2]。本発酵・精製法により，従来の塩析法と比較して，ナイシンAの生産効率の改善および高純度化を実現することができた。得られた高精製ナイシンAは，食塩フリーかつ純度 90%（w/w）以上を達成し，保存安定性も大きく改善され（図2），医療分野への可能性が拓かれた。

3 口腔用天然抗菌剤「ネオナイシン®」

高精製ナイシンAは，グラム陽性菌に対して強い抗菌活性を示す一方で，グラム陰性菌に対しては単独では活性が低いという弱点がある。そこで，さまざまな天然由来の植物エキスの中から，相性の良い成分をスクリーニングしたところ，梅エキスに相乗効果があることを見出した（図3）。以前より，梅エキスは一定の濃度で抗菌活性を示すことが明らかとなっていたが，強い酸味を伴うため，口腔用途としては不適で用途が限定されていた。そこで，我々は梅エキスの酸

第3章　乳酸菌由来抗菌ペプチドを用いた口腔ケア用製剤「ネオナイシン®」

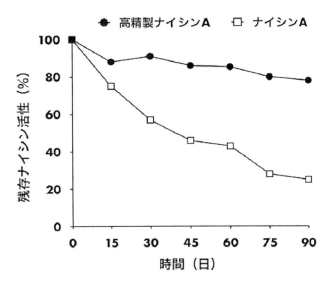

図2　高精製ナイシンAと従来のナイシンAの保存安定性試験
40℃における同ナイシン濃度（20,000 U/mL = 500 μg/mL）での残存活性を比較した。

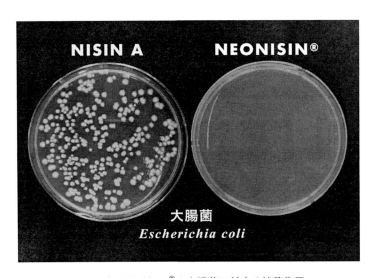

図3　ネオナイシン®の大腸菌に対する抗菌作用

味を伴わない濃度（単独では，抗菌活性を示さないレベルの低い濃度）において，抗菌活性試験を重ねた。その結果，グラム陰性菌に対して強力な相乗的抗菌活性を示し，かつ酸味を伴わないナイシンAとの最適な配合比を見出し，口腔用途に適した梅エキス含有天然抗菌剤「ネオナイシン®」を開発することができた[3]。

つぎに，口腔内で問題を引き起こすさまざまな原因菌に対するネオナイシン®の抗菌活性を調べた。検定菌として，歯科領域の二大疾患である虫歯原因菌（*Streptococcus mutans*，グラム陽

性菌),歯周病原因菌(*Aggregatibacter actinomycetemcomitans*,グラム陰性菌)を用い,それぞれネオナイシン®と1〜10分間接触させた後,寒天培地にて培養を行い,生菌数を測定し,殺菌率を算出した。その結果,1分間で優れた殺菌効果が認められた(図4)。また,別の検定菌として歯周病原因菌(*Porphyromonas gingivalis*,グラム陰性菌)を用い,マイクロプレート上でネオナイシン®に接種し48時間培養した後,培地濁度(600 nm)を測定し,菌の増殖抑制効果を算出した。その結果,ナイシン換算1 μg/mLのレベルで優れた効果が見られた(図5)。

これらの結果より,高精製ナイシンAと梅エキスを組み合せた天然抗菌剤「ネオナイシン®」

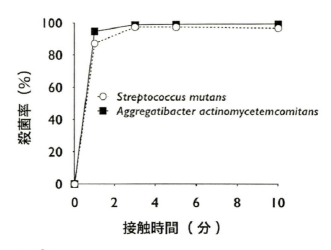

図4 ネオナイシン®の *Streptococcus mutans*, *Aggregatibacter actinomycetemcomitans* に対する抗菌作用
ネオナイシン®に10分間接触後の生菌数を計測し,殺菌率を算出した。

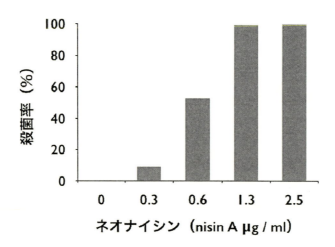

図5 ネオナイシン®の *Porphyromonas gingivalis* に対する増殖抑制作用
ネオナイシン®を添加して48時間培養後の濁度を計測し,増殖抑制効果を算出した。

第 3 章　乳酸菌由来抗菌ペプチドを用いた口腔ケア用製剤「ネオナイシン®」

は，歯科領域の二大疾患である虫歯と歯周病の原因菌に対して有効であり，従来のナイシン A に比べてグラム陽性菌からグラム陰性菌にまで抗菌スペクトルを拡大したことが確認された。この天然抗菌剤は，抗菌活性の増強が図られる一方で，消化管および環境中では速やかに分解されるなどの優れた特徴を持っている。

4　乳酸菌由来抗菌ペプチド製剤「ネオナイシン®」の応用

　天然抗菌剤「ネオナイシン®」の良さを最大限に活かすには，合成殺菌剤や防腐剤を全く使わない自然化粧品への利用が最適ではないかと考え，その中でも商品化へのハードルの最も高い口腔ケア剤を商品化の対象として選択した。一般の口腔ケア剤には，石油由来成分，合成殺菌剤，合成界面活性剤，合成保存料，合成香料，合成着色料，研磨剤，アルコールなどが含まれている。これらの化学成分は健常者にとっては，直接悪影響を及ぼすことが少ないため，とくに気にすることもなく普通に使用している。しかしながら，吐き出しやうがいが難しく，誤嚥の恐れのある高齢者や障がい者，誤飲の恐れのある乳幼児，体調に不安を抱えている妊婦，アレルギー発症の恐れのある化学物質過敏症の方などには，健康に悪影響を及ぼすことがあるため，これらの化学成分についてはとくに注意を払う必要がある。そこで，これらの化学成分を含まない商品を探してみると，さまざまな課題に気付かされる。これらの化学成分を使用していない商品として，天然由来や無添加の商品などが販売されているが，こうした商品では虫歯・歯周病などの原因菌を瞬時に殺菌するような強い効果はほとんど期待できない。殺菌効果を期待するためには，従来の合成殺菌剤などの強力な化学成分を含む商品を選ばなければならないというのが現状である。それゆえ，誤嚥・誤飲の恐れがある場合には，口腔ケア剤を使用できずに水のみで行い，十分な効果が得られていないことも多く，虫歯・歯周病菌に十分な効果を示し，かつ飲み込んでも安全な口腔ケア剤の開発が強く望まれている。

　このような背景の中，我々は，天然抗菌剤「ネオナイシン®」を利用した「抗菌」と「安全」を天然成分で両立した，飲み込んでも安全な口腔ケア剤の開発を行った。従来の天然由来の商品の弱点であった虫歯・歯周病の原因菌への効果については，天然抗菌剤「ネオナイシン®」を採用することで解決し，その他成分も全て天然由来成分のみで構成し，化学合成成分を一切使用しないこととした。その結果，口腔ケア剤「オーラルピース®」[4]を開発，商品化（ジェル，スプレー）し，2013 年に発売した（2017 年度グッドデザイン賞受賞：図 6）。オーラルピース®と従来の口腔ケア剤との最大の違いは，製品中の成分である。上述のように従来品では化学合成殺菌剤などの非可食成分が多く使用されているが，本製品は天然抗菌剤「ネオナイシン®」をはじめとして全て可食成分から作られている。「オーラルピース®」は，とくに高齢者，障がい者，乳幼児，妊婦，化学物質過敏症の方などに安心して選択し使用してもらえる貴重な口腔ケア剤として，重要な役割も期待されている。

図6　オーラルピース®　クリーン＆モイスチャー
ジェルタイプ（左）とスプレータイプ（右）

5　乳酸菌由来抗菌ペプチド製剤「ネオナイシン-e®」への進化

　超高齢化社会を迎えた日本では，高齢者による口腔カンジダ症という真菌感染症が問題となっている。その原因菌であるカンジダ（*Candida*）は，人の皮膚・粘膜に生息する真菌（酵母）で常在菌として生息している。しかし，抵抗力の弱い高齢者，乳幼児などでは，感染症を引き起こすことがある。とくに，高齢者の口腔カンジダ症（*Candida albicans*, 原因菌）は近年増えており，治療法として長期にわたり抗真菌剤が多用されている。その結果，副作用や耐性菌出現の問題が指摘されており，副作用の少ない安全な抗真菌剤の開発が望まれている。

　天然抗菌剤「ネオナイシン®」は，虫歯・歯周病などの細菌に対する抗菌効果については認められているが，カビやカンジダのような真菌・酵母に対する抗菌活性は弱く，さらなる改良が必要であった。「ネオナイシン®」の改良を行うにあたり，現行の梅エキスに加え，相乗効果の高い植物成分の再選定を行うことから始めた。さまざまな天然由来の植物成分を用いて，高精製ナイシンAとの相乗効果を確認するスクリーニング試験を繰り返し行った結果，いくつかの植物成分で真菌（酵母）に対して相乗的抗菌活性が確認された。その中で，バラの花から抽出した精油（ローズ油）が最も高い相乗効果が認められた。以前より，ローズ油は一定の濃度で抗菌活性を示すことが明らかとなっていたが，一方では天然精油の中でもきわめて高価な原料としても知られており，単独で抗菌活性を示す一定の濃度で製品に配合することは実際のところ困難であった。そこで，我々は製品に配合可能なローズ油の濃度，すなわち単独では抗菌活性を示さないレベルの低濃度での相乗効果についてさまざまに抗菌活性試験を行った結果，真菌に対して強力な相乗的抗菌活性を示す最適な配合比を見出した。これらにより，従来の「ネオナイシン®」では

第3章　乳酸菌由来抗菌ペプチドを用いた口腔ケア用製剤「ネオナイシン®」

効果が弱かった真菌類に対しても抗菌活性を示すローズ油含有天然抗菌剤「ネオナイシン-e®」[5]を開発することができた。

次に，実際に口腔内で問題を引き起こすカンジダを含む，さまざまな口腔内原因菌に対する「ネオナイシン-e®」の抗菌活性試験を行った。検定菌として，口腔疾患細菌である虫歯原因菌（Streptococcus mutans, Streptococcus sobrinus, グラム陽性菌），歯周病原因菌（Aggregatibacter actinomycetemcomitans, グラム陰性菌），カンジダ症原因菌（Candida albicans, Candida globrata, Candida tropicalis, 真菌・酵母）を用い，それぞれ「ネオナイシン-e®」に1分間接触させた後，寒天培地にて培養を行い，生菌数を測定し，殺菌率を算出した。その結果，1分間で優れた殺菌効果が認められた（表1）。

以上より，高精製ナイシンAとローズ油を組み合せた天然抗菌剤「ネオナイシン-e®」は，従来の「ネオナイシン®」の進化型で，虫歯・歯周病から口腔カンジダ症の原因菌にまで有効であることが認められ，2018年には「オーラルピース®」シリーズの全製品（6種類）に「ネオナイシン-e®」を採用し，リニューアルを行った。現在，オーラルピース®は，ペット用にまで拡充している。

表1　ネオナイシン-e®の口腔疾患細菌に対する抗菌作用

ネオナイシン-e®［ナイシンA濃度換算（30 μg/mL）］に1分間接触後の生菌数を計測し，殺菌率を算出した。

抗細菌活性試験（1分間の殺菌率%）		ナイシンA	ネオナイシン-e
Aggregatibacter actinomycetemcomitans IDH 781	グラム陰性 歯周病	57	100
Aggregatibacter actinomycetemcomitans Y 4	グラム陰性 歯周病	10	100
Streptococcus sobrinus	グラム陽性 虫歯	55	99
Streptococcus mutans UA 159	グラム陽性 虫歯	56	100
Candida albicans	カンジダ酵母	9	85
Candida glabrata	カンジダ酵母	17	100
Candida tropicalis	カンジダ酵母	45	100

鹿児島大学大学院医歯学総合研究科　小松澤研究室より

6　今後の展望

　我々の開発した，乳酸菌由来抗菌ペプチドを用いた口腔ケア用製剤「ネオナイシン®」は，誤って飲み込んでも安全な天然抗菌剤として，また口腔ケア剤「オーラルピース®」として応用することができた。最近では全国の高齢者，認知症，障がい者の家族，施設職員，医師から「歯みがきの負担が減った」という喜びの声も増え，反響の大きさを感じている。また，口腔内手術後や創傷治癒期間の患者，特定集中治療室の新生児への抗生物質の代替としての臨床応用についても検討を始めており[6]，「ネオナイシン-e®」をはじめとする乳酸菌由来抗菌ペプチドの医療分野への発展的な利用可能性は高い。また，中国など4か国で販売も開始し国際展開も進めている。この「ネオナイシン-e®」の新しい取り組みは，まだ始まったばかりであるが，「平成31年（2019年）3月　日本農芸化学会　2019年度農芸化学技術賞（乳酸菌バクテリオシン，ナイシンを利用した安全な口腔ケア剤に関する技術開発）」をいただくことができ，その期待と社会的責任を強く感じている。

　今後，「ネオナイシン-e®」は天然抗菌素材として，ますます"抗菌性"に注目されると思われる。しかし，従来の合成殺菌剤や抗生物質にはないもう一つの優れた特徴である"生分解性"にも大いに注目していただきたい。"生分解性"に優れるという特徴は，今後の応用に大きく関わっていくと思われる。例えば，「ネオナイシン-e®」の分解物はアミノ酸や小さなペプチド（アミノ酸が結合したもの）という自然界に存在する物質であるため，自然界の生態系で速やかに代謝・再利用され，環境への影響や汚染のリスクもきわめて低い。まさに環境調和型の天然抗菌剤と言える。一方，合成殺菌剤や抗生物質などの多くは分解しにくい"難分解性"という特徴を持っていたり，分解したとしてもその分解物が"毒性"を示したりすることもある。その"毒性"作用は強く長く続くため，自然界の生態系，とくに微生物生態系に対して悪影響を及ぼすことが懸念されている。昨今，"難分解性"のプラスチックごみが海洋生態系に悪影響を及ぼしているといった問題が話題になっている。生分解性の良いプラスチックへの切り替えや環境汚染リスクの少ない容器への代替など，環境に調和した"生分解性"に優れた原料への関心が世界的に大いに高まっている。このような背景の中，まさに「ネオナイシン-e®」は，環境調和型の新しい天然抗菌剤として，さまざまな分野での応用が期待される。今後は，口腔ケアから分野を広げ，フェイスケア，ボディケア，ヘアケア，デオドラントケア，ベビーケアなど，新しい分野での展開を目指していきたい。

謝辞

　本稿作成にあたり，ご助言，ご指導を賜りました九州大学大学院農学研究院・園元謙二教授，善藤威史助教，鹿児島大学大学院医歯学総合研究科・小松澤均教授，松尾美樹講師，阪本歯科医院・角田愛美先生に深く感謝申し上げます。ナイシンAの量産化技術・高度精製技術の研究でご協力いただきましたオーム乳業株式会社，熊本製粉株式会社の技術者の皆様に深く感謝申し上げます。また，本事業の推進につきまして，株

第 3 章　乳酸菌由来抗菌ペプチドを用いた口腔ケア用製剤「ネオナイシン®」

式会社トライフの加古良二氏，植田グナセカラ貴子氏ほか，関係の皆様に深く感謝申し上げます．

文　　　献

1) 善藤威史ほか，日本乳酸菌学会誌，**25**, 24（2014）
2) 新規二段階乳酸菌発酵・精製法の開発，九州経済産業局 戦略的基盤技術高度化支援事業研究開発成果等報告書（2009）
3) 永利浩平，特許第 5750552 号，抗菌用組成物（2015）
4) オーラルピース，http://oralpeace.com/（2019/1/15）
5) 永利浩平，特開 2015-209065，バクテリオシンを含むヘルスケア組成物（2015）
6) 角田愛美ほか，フレグランスジャーナル，**44**, 24（2016）

第4章 カニ殻由来の新素材「キチンナノファイバー」を用いた抗菌剤の開発

伊福伸介*

はじめに

　一般にナノファイバーとは，幅が100ナノメートル以下で長さが幅の100倍以上の繊維状の物質とされる。生物の生産する生体高分子はナノスケールの繊維状のものが多いが，ナノファイバーが自己集合してよりマクロな組織体を形成する。したがって，そのような組織体を粉砕することによって，本来のナノファイバーに解体できる。そのような考えのもと，木材の主成分であるセルロースを粉砕によりナノファイバーに変換する製造法が考案されている[1]。セルロースは木材の細胞壁の主成分であり，自重の半分を占めるが，天然にはナノファイバーとして存在し，リグニンと呼ばれるポリフェノールやヘミセルロースと呼ばれる非晶性の多糖類と複合体を形成している。リグニンとヘミセルロースを除去した後，粉砕するとセルロースのナノファイバーが得られる。

　鳥取県はズワイガニとベニズワイガニが特産品として知られ，全国のおよそ半分が県内で水揚げされる。とりわけ西部に位置する境港は国内有数のカニの水揚げ基地として知られる。ベニズワイガニの脚は主にローラーで身を剝いた冷凍食品が棒肉として出荷される。境港周辺ではそのような水産加工場が集積している。また，ベニズワイガニの漁期はズワイガニと比較して長い。それゆえ，現場では大量のカニ殻が発生する。筆者はカニ殻を地域資源として有効活用することを目的に，その主成分であるキチンをナノファイバーとして製造し，その用途開発を行っている。カニ殻からのキチンナノファイバーの製造および，その抗菌材料としての利用について紹介する。

1 カニ殻由来の新素材「キチンナノファイバー」[2]

　キチンは N-アセチルグルコサミンが繰り返し直鎖状に繋がった半屈曲性の分子構造を持つ多糖類である（図1）。セルロースはグルコースが繰り返し構造であるから，化学構造は良く似ているが，アセトアミド結合の有無は化学的，物性的，生理学的に大きな違いをもたらす。キチンはカニやエビなどの甲殻類や昆虫の外骨格に含まれ，骨格を支える構造材料としてキチンが利用されている。また，キノコやカビ，酵母などの真菌類にも含まれるため食経験のある物質であ

---

* Shinsuke Ifuku 鳥取大学 大学院工学研究科 教授

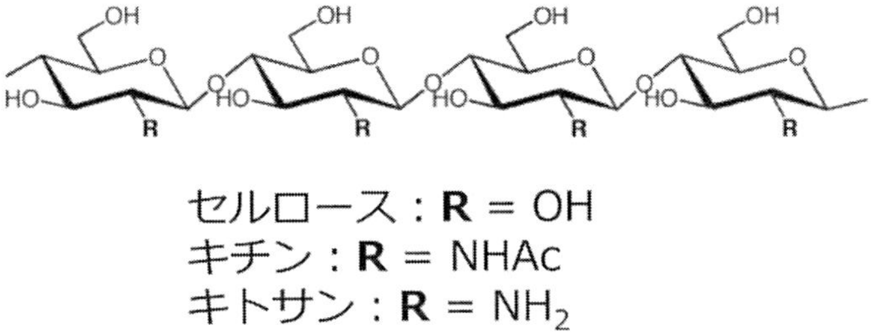

第4章 カニ殻由来の新素材「キチンナノファイバー」を用いた抗菌剤の開発

セルロース：**R** = OH
キチン：**R** = NHAc
キトサン：**R** = NH$_2$

図1 豊富な多糖類，キチン，キトサン，セルロースの化学構造

る。イカの中骨や貝殻にも含まれる。このように自然界では多くの生物がキチンを生産しているが，産業的に利用されるキチン原料のほとんどは水産加工から残渣として発生するカニやエビの殻である。カニ殻に含まれるキチンの含有量はおよそ30％である。それ以外の成分として主に炭酸カルシウムとタンパク質が挙げられる。殻に含まれる炭酸カルシウムとタンパク質はそれぞれ，酸およびアルカリ処理により可溶化して除去できる。なお，カニやエビ由来のトロポミオシンと呼ばれるタンパク質は甲殻アレルギーの原因物質であるが，これはカニの筋繊維由来のタンパク質であり，カニ殻由来のタンパク質はアレルゲンではない。またカニを茹でると赤くなるのはカロテノイドの一種であるアスタキサンチンと呼ばれる色素成分がタンパク質から遊離することにより伴う現象であるが，例えばアルコールなどの溶剤で除去できる。これらの一連の操作によってカニ殻の形状のまま，白色の高純度キチンが得られる（図2）。精製したキチンを水中で粉砕機に通すことによりナノファイバーに微細化できる。その粉砕物は幅がわずか10 nmと極めて細く，均一な繊維状物質である（図3）。キチンナノファイバーの製造は粉砕時に大量の水を添加する湿式粉砕が必須である。乾式で粉砕を行った場合は微細化と並行して再凝集が起こるため，繰り返し粉砕を行っても一定以上は細かくならず，結晶の破壊を招くばかりである。粉砕によりキチンナノファイバーが得られるのは，天然のキチンはいずれもナノファイバーとして存在するためである（図4）。カニ殻は合成酵素より生産された無数のキチン分子が自己集合して結晶性の高いキチンナノファイバーとなる。キチンナノファイバーの周囲をタンパク質層が覆い，複合体を形成する。キチン／タンパク質複合繊維は螺旋状に堆積して組織化される。その間隙において炭酸カルシウムが石灰化される。すなわち，カニ殻の炭酸カルシウムはキチンナノファイバーを支持し，固さを付与する充填剤，タンパク質はカルシウム微結晶の生成を促す核剤の役割を果たしている。それゆえ，炭酸カルシウムとタンパク質を除去すると支持体を失ったキチンナノファイバーは，粉砕により容易にほぐれる。なお，微細化には市販されるさまざまな粉砕装置を使用できる。石臼式摩砕機や湿式高圧粉砕機，高速回転の可能なブレンダーなどでナノファイバーが得られる。粉砕装置により生産量や消費電力が異なる。また，粉砕機構が異なるため，得られるナノファイバーの形状や物性も異なる。用途に応じて粉砕装置を適切に選択する必要があるだろう。キチンナノファイバーの特徴として水に対する高い分散性が挙げられる。高粘

天然系抗菌・防カビ剤の開発と応用

図2 カニ殻（左）と精製して得たキチン（右）

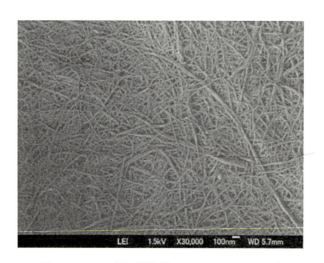

図3 10 nm の極細繊維「キチンナノファイバー」

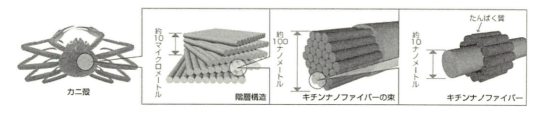

図4 キチンナノファイバーから成るカニ殻の構造

第4章　カニ殻由来の新素材「キチンナノファイバー」を用いた抗菌剤の開発

度で乳白色～半透明な外観は可視光線よりも微細な長繊維が水中で均一に系内に拡散していることを示唆している。よって，機能性原料として既存の製品に配合したり，用途に応じてゲルやシート，スポンジなどに加工することができる。また，植物への散布や，動物への塗布・服用などにより，生理機能の探索試験ができる。キチンはセルロースに継ぐ豊富なバイオマスでありながら，直接的な利用がほとんどされておらず，キチンの脱アセチル誘導体であるキトサンや分解物であるグルコサミンの中間体としての利用が大半を占めている要因は，特殊な溶媒にのみしか溶解せず，加工が困難で製品化が難しいためである。ナノファイバー化によってキチンの加工性や操作性が格段に向上したことは，キチンの実用化を進める上で重要である。

　キチンナノファイバーの製造技術は，他の由来の原料に対して応用可能である。例えば，エビの殻やキノコからも同様の形状のナノファイバーが得られる[3,4]。エビは東南アジア一帯で養殖されているため，その廃殻はキチンナノファイバーの原料になり得る。また，キノコも菌床栽培で大量に生産されている。キノコ由来のキチンナノファイバーは，その表面でグルカンと複合体を形成しているのが特徴である。キノコは食経験もあることから，食品への機能性原料に向いているかも知れない。昆虫の外皮からも，同様の処理によってキチンナノファイバーが得られる。例えば，養蚕業で発生する蚕の蛹の外皮やセミの抜け殻からキチンナノファイバーを製造している。家畜由来のタンパク質と比較して効率的で環境に優しいタンパク質源として昆虫食が推奨されている。すでにアジアでは昆虫食が食文化として根付いているが，今後，人口の増加や気候の変動に伴い昆虫食が世界的に広まっていく可能性がある。固い外皮は食用に適さないため，食品加工の過程で大量の外皮が確保できるかも知れない。その外皮は近い将来，ナノファイバーの原料として使われるかも知れない。

2　キチンナノファイバーに対する抗菌性の付与

　基本的にキチンは湿潤状態では微生物に分解されやすい。カビや酵母などの菌類はその細胞にキチンを蓄えているため，キチナーゼを産生してキチンを分解し，資化するのである。キチンナノファイバーは表面積が大きいため，より酵素分解を受けやすい。キチンナノファイバーは創傷治癒の促進や皮膚炎の緩和，育毛効果など肌に対する効果を中心に多様な生理機能を持つことから，抗菌性を付与できればその用途が広がるだろう。「表面脱アセチル化」，「ハラミン化」，「銀ナノ粒子の担持」よる抗菌性の付与を紹介する。

2.1　表面脱アセチル化キチンナノファイバーフィルム[5]

　キチンを脱アセチル化した誘導体はキトサンとして知られる。キトサンはアミノ基を有し，希薄な有機酸の水溶液中でアンモニウム塩を形成して溶解する。また，キトサンは抗菌性を備える。それはカチオン性の高分子であるため，菌類を静電的に吸着するためと言われている。一般に，体内に入ると化膿や食中毒を引き起こす黄色ブドウ球菌や大腸菌，肺炎桿菌や院内感染の原

因菌といわれるメチシリン耐性黄色ブドウ球菌（MRSA）などの細菌類に抗菌性を示す。また，植物病害菌としては軟腐病菌，潰瘍病菌，黒腐病菌，根頭癌腫病菌などの細菌類や，灰色カビ病菌，つる割れ病菌，斑点病菌，雪腐病菌などのカビ類に抗菌性を示す。キトサンの製造において，キチンを脱アセチル化度がおよそ80%のキトサンに変換する場合，約50%の高濃度の水酸化ナトリウム中で固形キチンを還流する必要がある。キチンは結晶性が高いため，高濃度のアルカリでキチンの結晶を膨潤しなければ，脱アセチル化が結晶内部まで進行しにくいためである。一方，例えば20%程度の比較的中程度の濃度の水酸化ナトリウムで反応を行うと，キチンの結晶は膨潤しないため表面や非晶部において部分的に脱アセチル化が起こる。そのようなキチンを粉砕機で処理すると部分的に脱アセチル化されたキチンナノファイバーが得られる[6]。このナノファイバーの脱アセチル化は表面に限定され，内部の結晶構造は維持されている。このナノファイバーは従来のキチンナノファイバーと比較して，表層にアミノ基が存在するため，酸性溶液中では正の荷電を帯びており，静電的な反発あるいは塩濃度を希釈するため浸透圧が発生する。そのためより効率的に粉砕できる。

キチンナノファイバーは伸びきり鎖の微結晶であるため，構造的な欠陥がほとんどないため，優れた物性（高強度，高弾性，低熱膨張）を備える。キチンナノファイバーの物性を活かす用途として，素材を強化する補強繊維が挙げられる。甲殻類は本来，外敵から身を守るためにキチンナノファイバーを殻に蓄えて強固な外骨格を獲得しているから，この用途は理にかなっている。そこで，表面を部分的に脱アセチル化したキチンナノファイバーを補強繊維として用い，キトサンフィルムを強化した。キトサンは酸性水溶液に溶解するため，キャスト法によりフィルム状に成形できるが，脆いため，その強化はキトサンの利用において重要である。ナノファイバーを配合したキトサン複合フィルムは，キトサン水溶液と表面脱アセチル化キチンナノファイバー水分散液を任意の割合（表面脱アセチル化キチンナノファイバー：キトサン＝10：0〜0：10）で混合し，シャーレに注ぎ，40℃のオーブン内で3日間かけてゆっくり乾燥させて得た。この複合フィルムはナノファイバーを含んでいるにも関わらず，いずれも透明であった（図5）。600 nm

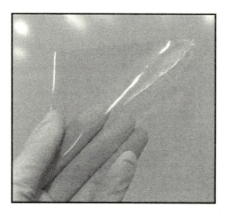

図5 透明で物性に優れる表面キトサン化キチンナノファイバー配合キトサン抗菌フィルム[5]

第4章 カニ殻由来の新素材「キチンナノファイバー」を用いた抗菌剤の開発

表1 表面脱アセチル化キチンナノファイバー／キトサン複合フィルムの胞子発芽抑制率（%）[7]

植物病原菌	キチンナノファイバー	表面脱アセチル化キチンナノファイバー：キトサン				
		0：10	2：8	5：5	8：2	10：0
ニホンナシ黒斑病菌	3.8 ± 1.4	99.0 ± 0.6	99.7 ± 0.3	100	99.5 ± 0.5	37.7 ± 8.5
アブラナ科黒斑病菌	9.0 ± 1.5	98.0 ± 0.5	99.5 ± 0.4	100	91.7 ± 2.0	71.0 ± 2.0
アブラナ科黒すす病菌	10.8 ± 1.1	99.7 ± 0.3	100	100	97.2 ± 1.2	99.7 ± 0.3
イネごま葉枯病菌	2.5 ± 1.6	77.7 ± 1.0	97.7 ± 0.4	97.3 ± 0.8	90.7 ± 1.1	61.0 ± 1.4
オオムギ斑点病菌	1.0 ± 0.6	96.7 ± 0.6	96.2 ± 0.6	95.5 ± 1.8	98.7 ± 0.6	83.5 ± 2.3
灰色かび病菌	0	97.2 ± 0.8	99.0 ± 0.6	92.0 ± 1.5	77.0 ± 2.0	9.5 ± 1.5
ニンジン黒すす病菌	42.8 ± 4.0	100	100	100	99.5 ± 0.5	100
ウリ類炭疽病菌	18.3 ± 1.0	99.2 ± 0.8	99.7 ± 0.3	97.2 ± 2.1	90.3 ± 3.5	67.2 ± 6.5
トマト褐色輪紋病菌	7.3 ± 2.1	96.5 ± 1.2	93.2 ± 2.8	97.0 ± 0.6	98.2 ± 0.9	68.7 ± 6.2
トマト萎凋病菌	2.5 ± 1.6	100	100	100	100	100
カンキツ緑かび病菌	1.3 ± 0.5	99.0 ± 0.4	99.7 ± 0.25	100	100	98.2 ± 1.2
イネいもち病菌	1.5 ± 0.6	98.0 ± 1.5	2.5 ± 0.9	0.7 ± 0.5	5.5 ± 1.9	5.2 ± 1.0

における直線透過率は80%以上であった。これはキチンナノファイバーが可視光線の波長（およそ400〜800 nm）よりも十分に細いため，ナノファイバーとキトサンの界面において可視光線の散乱が生じにくいためである。このキトサン複合フィルムはナノファイバーの補強効果によって大幅に強度と弾性率が向上し，熱膨張が低下した。例えば，10%の配合により破断強度と弾性率がそれぞれ94%と65%増加し，線熱膨張係数が26%減少した。この補強効果はナノファイバーの配合比率と良好な相関を示す。

製造した表面脱アセチル化キチンナノファイバー／キトサン複合フィルムは植物病原菌に対して抗菌性を示した（表1）。11種類の植物病原菌を複合フィルムに播種し，胞子の発芽率より抗菌性を評価した[7]。これらの病原菌はいずれも糸状菌に分類され，作物の栽培から収穫に至るまで，農産物に悪影響を及ぼすことが知られている。キチンナノファイバーは抗菌性がなかったが，表面脱アセチル化キチンナノファイバー／キトサン複合フィルムについては「胞子の発芽」と「菌糸の身長」に抑制効果が見られ，優れた抗菌性が確認できた。この抗菌性はキトサンフィルム単体と同程度であった。このように表面脱アセチル化キチンナノファイバーはキトサンフィルムの透明性や抗菌性を損なうことなく，諸物性を向上することができる。このようなフィルムは農業用資材として利用できると期待している。

2.2 N-ハラミン化キチンナノファイバーの抗菌性[8]

窒素-ハロゲンの共有結合を含む物質をハラミンと呼ぶ。ハラミンはアミドやイミド，アミンのハロゲン化により誘導できる。ハラミンは微生物に対する高い抗菌性が知られ，一方で人体に対しては無害とされる。そこでハラミン化によりキチンナノファイバーに抗菌性を付与した。キャスト法により得たキチンナノファイバーフィルムを所定の濃度の次亜塩素酸ナトリウムに所定時間，室温下，浸漬した。この処理によって容易にキチンアセトアミド基のN-HをN-Clに

表2 N-ハラミン化キチンナノファイバーの大腸菌および黄色ブドウ球菌に対する抗菌活性[8]

設置時間 (分)	大腸菌（％）		黄色ブドウ球菌（％）	
	キチンナノファイバー	ハラミン化ナノファイバー	キチンナノファイバー	ハラミン化ナノファイバー
5	0	86.4	0	46.7
10	0	99.9	0	87.8
30	0	100	0	100
60	0	100	0	100

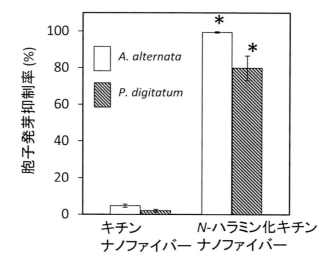

図6 N-ハラミン化キチンナノファイバーの抗菌活性[8]

変換することができた。導入される塩素量は次亜塩素酸ナトリウムの濃度および浸漬時間に依存した。N-ハラミンによってキチンナノファイバーに対して高い抗菌活性（表2）および抗真菌活性（図6）を与えることができた。N-Cl結合は結合エネルギーが小さいため，経時に伴い塩素が遊離して次第に抗菌活性は弱まるが，再度，次亜塩素酸ナトリウムで処理することによって再生できる。

2.3 銀ナノ粒子を担持したキチンナノファイバーの抗菌性[9]

銀ナノ粒子は優れた殺菌効果が知られている。一般に銀ナノ粒子の殺菌効果は微生物の細胞内のタンパク質と結合して細胞死を引き起こすためと言われている。しかしながら，銀ナノ粒子は表面積が大きいため凝集しやすい。そこで，銀ナノ粒子をキチンナノファイバー表面に固定し，凝集の抑制とナノファイバーの抗菌性の付与を行った。キチンナノファイバーの分散液に硝酸銀を溶解し紫外線を照射する。紫外線によって溶解している銀イオンが還元され，ナノファイバーの表面で析出し，それが核剤として振る舞い，ナノ粒子に成長する。紫外線の照射によりキチン

第4章 カニ殻由来の新素材「キチンナノファイバー」を用いた抗菌剤の開発

ナノファイバーの分散液は赤褐色に変化した。これは銀ナノ粒子の表面プラズモン吸収による特徴的な色調である。銀ナノ粒子を析出した後もナノファイバーは沈殿せず安定に分散していた。また，顕微鏡によってナノファイバーの表面に固定化した銀ナノ粒子を観察できた（図7）。ナノ粒子の直径はおよそ 10 nm であった。ナノ粒子を固定化したキチンナノファイバーを吸引濾過によってシート状に成形し，その抗菌性を評価した（表3）。さまざまな植物病原菌の胞子をシート上に播種してその成長を観察した。キチンナノファイバーについては，24 時間後にほぼ全ての病原菌の胞子が発芽と菌糸の伸長を確認したが，銀ナノ粒子を担持したナノファイバーシートは，多くの病原菌の胞子の発芽が大幅に抑制されていた。この効果は7日間の期培養においても持続していた。

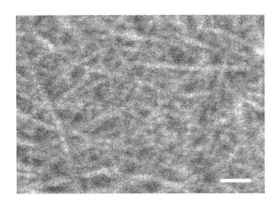

図7 銀ナノ粒子を固定した抗菌性キチンナノファイバー[9)]

表3 銀ナノ粒子を固定したキチンナノファイバーの抗菌活性[9)]

植物病原菌	胞子発芽抑制率（％）		
	キチンナノファイバー	銀ナノ粒子／キチンナノファイバー (1:9)	銀ナノ粒子／キチンナノフィバー (5:9)
A. alternata	93.3 ± 0.5	15.3 ± 5.4	4.8 ± 3.8
A. brassicae	94.8 ± 1.3	0.5 ± 0.3	0
A. brassicicola	91.3 ± 0.5	1.0 ± 0.4	0.3 ± 0.3
B. cinerea	99.3 ± 0.3	71.8 ± 14.0	89.9 ± 1.3
B. oryzae	87.3 ± 2.6	0.8 ± 0.5	0.3 ± 0.3
C. higginsianum	97.8 ± 1.1	0	0
C. orbiculare	97.3 ± 1.3	0	0
F. oxysporum f. sp. *lycopersici*	99.5 ± 0.3	2.0 ± 0.7	0.8 ± 0.5
P. digitatum	97.8 ± 0.6	29.8 ± 13.2	22.5 ± 7.3
P. oryzae	98.8 ± 0.3	1.3 ± 0.6	0.5 ± 0.5

おわりに[10]

　鳥取県の特産品であるカニの廃殻の有効利用を目的に本研究を開始した。キチンナノファイバーを活用した新産業を創出して鳥取県を活性化したい。カニ殻はキチンナノファイバーから成る組織体であるから，粉砕によって容易にキチンをナノファイバーに変換することが可能であり，量産化は比較的容易である。一方で，社会的なニーズを踏まえて，キチンナノファイバーの機能を探索し，有効な用途を見極めていくことははるかに難しい。キチンナノファイバーの実用化においては先行するセルロースナノファイバーとの差別化は必須の課題である。これまでに筆者らはキチンナノファイバーに特徴的な多様な機能を共同研究により明らかにしている[11]。例えば，肌に対しては，創傷治癒の促進，皮膚炎の緩和，育毛効果，保湿効果が挙げられる。服用に対しては，ダイエット効果，血中コレステロールと脂質の低下，腸管の炎症の緩和，腸内細菌叢の改善が挙げられる。植物への塗布に対しては，病害抵抗性の誘導，成長の促進が挙げられる。そのような新しい機能が明らかになったのは，キチンナノファイバーが均一に分散するため，機能性の評価がしやすくなったためである。今後も異分野融合研究によりキチンナノファイバーの潜在的な機能が明らかになると期待している。機能を踏まえた用途開発が進み，キチンナノファイバーの普及を期待している。抗菌性の付与はキチンナノファイバーの社会実装を加速するために重要な知見となるだろう。

文　　献

1) K. Abe, S. Iwamoto, and H. Yano, *Biomacromolecules*, **8**, 3276 (2007)
2) S. Ifuku *et al.*, *Biomacromolecules*, **10**, 1584 (2009)
3) S. Ifuku *et al.*, *Carbohydr. Polym.*, **84**, 762 (2011)
4) S. Ifuku *et al.*, 繊維学会誌, **67**, 86 (2011)
5) S. Ifuku *et al.*, *Carbohydr. Polym.*, **98**, 1198 (2013)
6) Y. Fan *et al.*, *Carbohydr. Polym.*, **79**, 1046 (2010)
7) 江草真由美, 上中弘典, 伊福伸介, *Material Stage*, **4**, 49 (2014)
8) A. K. Dutta, S. Ifuku *et al.*, *Carbohyd. Polym.*, **115**, 342 (2015)
9) S. Ifuku *et al.*, *Carbohyd. Polym.*, **117**, 813 (2015)
10) Ifuku *et al.*, *Nanoscale*, **4**, 3308 (2012)
11) K. Azuma, S. Ifuku *et al.*, *J. Biomed. Nanotechnol.*, **10**, 2891 (2014)

第Ⅳ編
生産・技術

第1章　超臨界流体・亜臨界水・マイクロ波を用いた高効率精油抽出技術

佐々木　満*

1　はじめに

　柑橘類はビタミンCやヘスペリジン，β-クリプトキサンチンといったファイトケミカルズ（phytochemicals）を豊富に含んでおり，日頃から生食，ジュース，製菓用などとして世界中で愛されているフルーツである。日本の柑橘類（和柑橘）は，ウンシュウミカンをはじめとしてさまざまな品種が生産されている。九州・沖縄エリアに限定しても，ミカン，ユズ，ポンカン，ヒュウガナツ，パール柑，ブンタン，バンペイユ，アマナツ，ダイダイ，デコポン，タンカン，シークヮーサーなどの名前を挙げることができるほど，多種多様な和柑橘が生産されている。このことからも，柑橘が日本人にとってなくてはならないものであることが窺い知れる。

　ここで，柑橘類の内部構造はどのようになっているだろうか。図1に示すように，果実の大半（約65％）を果肉部分が占め，果肉を包むじょうのう膜（約10％），乳白色で綿状の内果皮（アルベド）と油胞を多数含む外果皮（フラベド）（合わせて約25％）から構成されるのが一般的な柑橘であろう。ウンシュウミカンの外果皮にはフラバノン配糖体やポリメトキシフラボノイド類が多く含まれている。フラバノン配糖体としては，血中コレステロール値の改善効果や血流

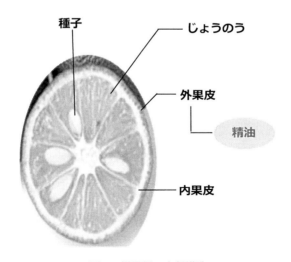

図1　柑橘類の内部構造

＊　Mitsuru Sasaki　熊本大学　パルスパワー科学研究所／大学院先端科学研究部　准教授

改善効果，抗酸化性といった諸機能を有するヘスペリジン，ポリメトキシフラボノイドとしては，アポトーシス誘導，血中糖度の増加抑制効果といった機能を有するノビレチンやタンゲレチンがある。アマナツやダイダイといった他の柑橘類にも，種類によって果皮の厚みは変化するものの，既述の機能性成分が多く含まれている。この機能性成分を効率的かつ環境負荷を軽減できる技術により抽出することが実現できれば，高品質な精油を安価に提供することができ，化粧品やアロマテラピー，医療現場などさまざまな場面への展開が推進できると大いに期待できる。

一方，現在，市場に流通している和柑橘類を利用した商品の多くは果実の中の果肉部を加工したものであり，搾汁工程や検品の段階で不合格となった果皮や種子などの大部分は産業廃棄物として処分されている。しかし，特徴的な香気を有する成分や機能性を有するフラバノン類やポリメトキシフラボノイド類，さらには，ナノファイバー化により材料としての利用拡大が見込まれるセルロースや，ゲル化剤やゼリー原料として利用されているペクチンといった多糖類など，回収することができれば有効活用できる成分が多数含まれており，効率的な分離・回収技術があれば，それらは「残渣≠産業廃棄物」ではなく「残渣＝収益を生み出す資源」として事業の主軸になり得る。それと同時に，焼却処分や埋立処理が許されず，海洋投棄も禁止となっている固体廃棄物の減容化が可能となることで，有力な環境対策にもなり得る。

このような背景から，著者らは環境溶媒としての水と二酸化炭素の特徴を最大限に活用し，過剰な有害薬剤，添加剤，高価な金属系触媒などを極力利用しない有機系廃棄物（残渣バイオマス群や使用済みプラスチック類など）の効率的な再資源化システムの構築を実現したいと考えている。本報では，その実現のための有力な技術として知られる「超臨界二酸化炭素抽出技術」および「亜臨界水マイクロ波蒸留技術」の特徴を，それらの利用事例を紹介しつつ概説する。

2 柑橘果皮からの精油抽出技術

柑橘果皮のような天然物からの精油の抽出法としては，従来，水蒸気蒸留抽出法や圧搾法，溶剤抽出法などが一般に利用されてきた。しかしながら，直接原料に水蒸気を送り込み精油を遊離・気化させ，冷却して分離・回収する水蒸気蒸留抽出法では，抽出工程に長時間を必要とすることや揮発性の高い成分の回収が困難であることが課題である。この揮発性の高い成分を損なうことなく新鮮な芳香成分を得ることが可能な圧搾法でも，不純物が混入する可能性が高く，また精油の品質劣化が早いことが課題として挙げられる。さらに，有機溶剤（例　ヘキサン）を用いた溶剤抽出法では，抽出後の洗浄工程における有機溶媒が精油中に微量に残存し，人体に影響を及ぼす事例が少なからず発生している問題があるのが現状である。

これらを解決するための技術として注目されている技術の一つに，超臨界二酸化炭素抽出技術がある。この技術自体は20世紀後半より世界中で利用されている比較的歴史のある抽出技術であり，これまでにコーヒー豆から脱カフェインホップエキスの抽出をはじめとする，多種多様な成分抽出に利用されてきた[1]。20世紀後半に当該技術のブームが下火となったものの，21世紀

第 1 章 超臨界流体・亜臨界水・マイクロ波を用いた高効率精油抽出技術

になると，水と二酸化炭素が環境溶媒として注目されるようになり，超臨界二酸化炭素の用途開発に関する研究が増大するようになった。バイオマス資源の有効利用促進，農業の六次産業化が盛んに推進され始めた時期と重なり，農林水産関連における超臨界二酸化炭素の利活用事例が再び増加傾向にある。

2.1 超臨界二酸化炭素を利用した柑橘果皮精油の抽出

国産柑橘に限らず世界中の研究者や技術者が，超臨界二酸化炭素を利用した柑橘果皮精油の抽出や種子油の抽出に関する研究成果を報告している。代表的なものだけ列挙しても，レモン果皮[2~8]，オレンジ果皮[9~13]，カボス果皮[14]，ユズ果皮[14,15]，シークヮーサー果皮[16]などがある。これらの論文の多くは，柑橘果皮からの香気成分や生理活性機能を有する成分の効率的な抽出条件の策定を目指している。柑橘果皮に含まれている香気成分としては，図2に示すようなモノテルペン類，セスキテルペン類，アルコール類などさまざまな有用成分が多く含有している。高田らは，香酸柑橘果汁およびウンシュウミカン果汁に含まれる香気成分を精密分析により定量しており，どのような香気成分を有するかを把握することができる[17]。

著者らは，残渣系バイオマスを無駄なく有効に利活用し，固体廃棄物を極力ゼロに近づける変換プロセスの開発を目指している。特に，高品質の柑橘を生産するために生産過程で間引きされる未成熟柑橘（摘果ミカン）の有効利用が重要であると考え，種々の抽出方法による精油および機能性成分の抽出データの習得を進めている。超臨界二酸化炭素抽出で一般的に利用されている半回分式抽出装置の概略を図3に示す。抽出器内に原料（例 未成熟ウンシュウミカン果皮：

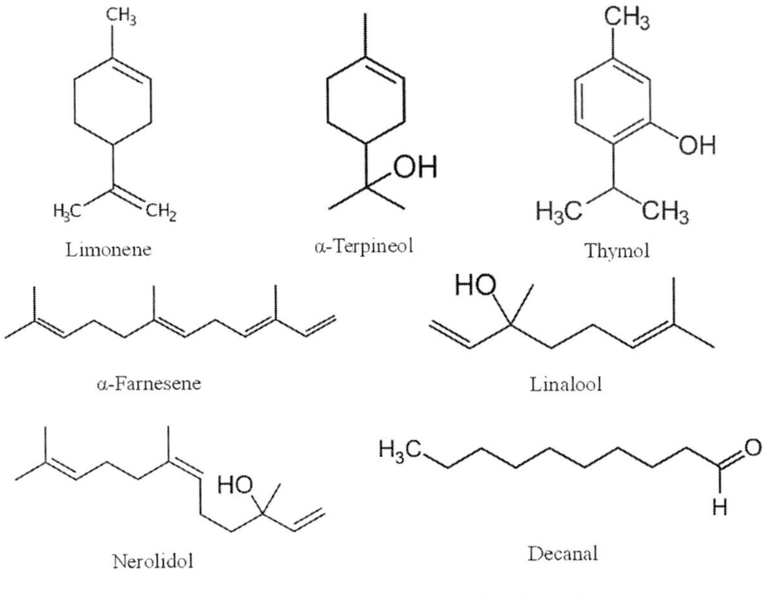

図2 柑橘果皮精油に含まれる香気成分の例

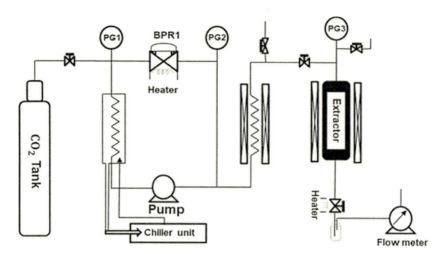

図3　超臨界二酸化炭素抽出装置の概略

約 150 g，含水率：約 70 wt%）を仕込み，二酸化炭素を流量 1 L/min で連続的に供給しながら，背圧調整弁により所定圧力（10 または 20 MPa）まで昇圧後，温度 40～80℃ まで昇温し，6 時間抽出試験を行った。また，比較のために溶剤抽出法（ソックスレー抽出技術，溶剤：ヘキサン，温度：約 70℃，処理時間：8 時間）での精油抽出試験も行った。その結果を表 1 および表 2 に示す。超臨界二酸化炭素抽出では，圧力 20 MPa，温度 60℃ において最も高い精油収率を得た（0.14 wt%）ものの，溶媒抽出法での精油収率（0.68 wt%）の約 1/5 であった。しかしながら，精油の組成に注目すると，溶媒抽出法ではモノテルペン類のみが抽出されるのに対し，超臨界二酸化炭素抽出技術では，モノテルペン類は約 56.9 wt% と半減し，セスキテルペン類 41.5 wt%，アルコール類 1.6 wt% となった。また，精油組成は温度や圧力を操作することで変化した。これは，超臨界二酸化炭素の密度や拡散係数が温度，圧力により変動するため，抽出対象成分の超臨界二酸化炭素への溶解度も変化するためである。このように，抽出率では溶媒抽出技術に及ばないものの，精油組成を操作条件により制御可能である点は，本手法の最大の特長である[18]。

2.2　水熱マイクロ波蒸留技術を利用した柑橘果皮精油の抽出

精油抽出技術として標準的に利用されている水蒸気蒸留技術では，蒸発釜に原料と水を仕込み，水の沸点を若干超えた温度域で加熱還流させながら精油を回収する。容器外部からの加熱であるため，細胞壁に囲まれた油胞を破砕し，壁外に精油を放出させるためには，長時間（数時間程度）を必要する。マイクロ波加熱技術では，極性の高い化合物（例　水やアルコール）を速やかに加熱，活性化させることが可能であり，近年，さまざまな企業や研究者が，マイクロ波加熱を利用した精油抽出技術の開発を進めている[19～21]。著者らも，ビターオレンジに似た香気を含

第1章　超臨界流体・亜臨界水・マイクロ波を用いた高効率精油抽出技術

表1　未成熟ウンシュウミカン果皮の超臨界二酸化炭素抽出結果（圧力20 MPa）[18]

No	Compounds	40℃（%）	60℃（%）	80℃（%）
	Monoterpenes	81.54	56.89	17.76
1	Limonene	74.61	51.68	16.33
2	γ-Terpinene	6.92	5.21	1.43
	Sesquiterpenes	18.46	41.54	44.33
3	δ-Elemene	1.69	2.65	2.38
4	β-Elemene	6.61	10.80	12.38
5	Caryophyllene	tr.	1.00	tr.
6	α-Caryophyllene	tr.	1.81	1.55
7	α-Cubebene	tr.	0.91	tr.
8	β-Cubebene	2.33	4.90	4.63
9	α-Farnesene	7.83	16.70	18.14
10	δ-Cadinene	tr.	2.77	3.73
11	α-Gurjunene	n.i.	n.i.	1.52
	Alcohols	0.00	1.57	35.88
12	α-Terpineol	tr.	0.78	1.53
13	Linalool	tr.	0.79	tr.
14	Thymol	n.i.	n.i.	34.36
	Carboxylic acid			2.02
15	Benzoic acid	n.i.	n.i.	2.02

tr., trace; n.i., non-identified.

表2　従来法とsc-CO_2抽出の収率と組成比較[18]

Extraction Methods		Soxhlet	sc-CO_2
Yield %（g-oil/g-fresh peels×100）		0.68	0.14
Composition（%）	Monoterpenes	100	56.89
	Sesquiterpenes	−	41.54
	Alcohols	−	1.57

有する熊本県の特産物である甘夏ミカンの果皮や花を原料として，それに含有する香気成分を含む精油とその香気成分の一部が水相に溶解したフローラル・ウォーターを同時抽出するために，大気圧またはそれ以下の圧力条件の下で温度100～140℃の領域で，マイクロ波照射する「亜臨界水マイクロ波蒸留」を検討した。その試験装置の概略を図4に示す。ここでは，溶媒として水を加える方式のほか，原料中の水分を利用して蒸留する溶媒フリー蒸留も試みた。また比較のために，水蒸気蒸留技術での精油抽出も実施し，精油収率（＝採油率）および抽出物組成を比較した。その結果，従来の水蒸気蒸留では処理時間3時間で採油率0.04 wt%であったのに対し，本手法では抽出時間0.5時間，マイクロ波出力200 Wで採油率0.063 wt%を実現できた。つま

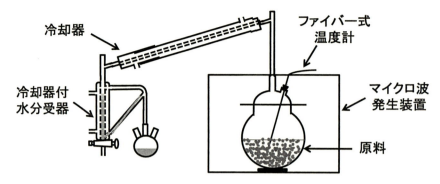

図4 亜臨界水マイクロ波蒸留装置の概略

表3 溶媒フリーマイクロ波蒸留により得られたアマナツ花精油の組成（GC/MS）[22]

Compounds	① 常圧，MW 出力　500 W (30 min)	② 常圧，MW 出力　200 W (90 min)
Monoterpenes	71.86	73.90
α-thujene	0.92	0.90
Sabinene	2.80	2.34
D-Limonene	14.17	13.13
β-Ocymene	8.52	–
α-Pinene	2.64	2.66
β-Pinene	13.10	12.97
β-Myrcene	1.27	1.10
p-Cymene	–	8.55
δ-Terpinene	24.04	21.51
α-Terpinolene	1.15	1.03
α-Terpinene	–	–
3-Carene	11.75	9.70
Carene	–	–
Sesquiterpenes	9.75	8.22
Elemene	1.62	1.44
Caryophyllene	1.74	0.18
α-Farnesene	3.70	3.91
α-Selinene	2.68	2.69
β-Bisabolene	–	–
Alcohols	18.15	16.49
Linalool	4.39	2.82
trans-Nerolidol	7.02	7.80
Terpinen-4-ol	–	–
α-Terpineol	–	–
Farnesol	6.75	5.87
Esters	0.24	1.37
Neroli oil	–	1.26
Linalyl Propanoate	0.24	0.11

第1章　超臨界流体・亜臨界水・マイクロ波を用いた高効率精油抽出技術

り，処理時間の短縮とともに，採油率も従来技術と同程度かそれ以上を実現し得ることを確認できた。それに加え，蒸発により得られる水蒸気相には精油成分の一部（例　リナロール）やポリフェノール類が溶解しており，化粧水などとしてそのまま利用することが可能なフローラル・ウォーターも同時に回収できた。特に，溶媒フリーでの精油回収については，原料中の水分へマイクロ波エネルギーを吸収させることができるため，高エネルギー効率かつ高収率での精油回収が期待できる。高付加価値の精油を連続的に生産し得るプロセスの開発を進め，柑橘果皮や花だけでなく，他の多くの残渣バイオマスからの有用成分抽出にも展開したい[22]。

3　おわりに

本報では，著者らの大目標である「残渣バイオマスや使用済プラスチックの総体的有効利用と固体廃棄物ゼロ化」の実現のために有効な抽出技術として，「超臨界二酸化炭素抽出技術」および「亜臨界水マイクロ波蒸留技術」について，実際の試験データを紹介しながら概説した。現状では，従来技術（水蒸気蒸留技術や溶媒抽出技術）の精油収率と同程度かそれ以下である点は改善しなければならない段階にあるものの，抽出効率の向上や精油組成の簡便な調整力のように，従来では溶媒の変更や添加剤や触媒の導入がなければ実現不可能な事象を，水や二酸化炭素の温度，圧力の操作のみで制御可能である点はユニークな特長である。これらの強みを最大限に活用しつつ，精油に限らず，タンパク質，脂質，多糖類，リグニンの機能化や再資源化も可能とする技術を創することを目指している。

文　献

1) 福里隆一，後藤元信 著，実用超臨界流体技術，分離技術会（2016）
2) S. J. Coppella & P. Barton, *Prep. ACS Div. Fuel Chem.*, **30** (3), 195 (1985)
3) K. Sugiyama & M. Saito, *J. Chromatogr. A*, **442** (C), 121 (1988)
4) G. Di Giacomo *et al.*, *Fluid Phase Equilib.*, **52** (C), 405 (1989)
5) F. Benvenuti *et al.*, *J. Supercrit. Fluids*, **20** (1), 29 (2001)
6) M. Goto, *Jpn. J. Food Eng.*, **6** (1), 21 (2005)
7) M. Maschietti, *J. Supercrit. Fluids*, **59** (11), 8 (2011)
8) F. Gironi & M. Maschietti, *J. Supercrit. Fluids*, **70** (10), 8 (2012)
9) F. Temelli *et al.*, *Indust. Eng. Chem. Res.*, **29** (4), 618 (1990)
10) M. Sato *et al.*, *Indust. Eng. Chem. Res.*, **34** (11), 3941 (1995)
11) M. Budich *et al.*, *J. Supercrit. Fluids*, **14** (2), 105 (1999)
12) E. A. Silva *et al.*, *Braz. J. Chem. Eng.*, **17** (3), 283 (2000)

13) Z. Shen *et al.*, *J. Agric. Food Chem.*, **50**（1），154（2002）
14) B. C. Roy *et al.*, *J. Essent. Oil Res.*, **19**（1），78（2007）
15) J. Ndayishimiye & B. S. Chun, *Biomass and Bioenergy*, **106**, 1（2017）
16) Y.-H. Lee *et al.*, *Ind. Crops Products*, **31**（1），59（2010）
17) 髙田優紀ほか，中村学園大学・中村学園大学短期大学部研究紀要，第50号，295（2018）
18) 佐々木満，南克哉，ヒラス・マナル，大和一治，スーパーフード栽培を志向した未利用バイオマスからの高機能性液体肥料作製技術の開発，熊本大学平成29年度文部科学省地域イノベーション・エコシステム形成プログラム UpRod 創薬技術検討会要旨集，熊本，2018年8月
19) 特開2011-16061「抽出装置及び抽出方法」
20) 特開2007-313442「マイクロ波抽出法及び抽出装置」
21) 特開2004-89786「植物抽出物の抽出方法」
22) 佐々木満，水俣・芦北産「無農薬甘夏」の高品質精油および芳香水の環境軽負荷かつ高効率での回収技術開発とその産業および医療への応用，平成27年度文部科学省「地（知）の拠点整備事業（大学COC事業）」研究活動報告会，熊本，2016年3月

第2章　ポリフェノール模倣高分子の精密重合

江島広貴[*]

1　はじめに

　持続型社会への転換要請から，バイオマス由来の素材を用いた機能性材料の開発が求められている。ポリフェノールは植物の葉，茎，樹皮，果皮，種子などに多く含まれているバイオマス由来の化合物である。抗酸化作用，抗炎症性，抗菌作用といった優れた生理活性を持つものが多く，人類はその長い歴史の上で，伝統的にポリフェノールを活用してきた[1]。例えば，薬や食品添加物としての例は数多く，革なめし工程におけるタンニン，ワインにおけるタンパク質系澱下げ剤，漆塗りやお歯黒における利用など，枚挙にいとまがない。ポリフェノールの抗菌作用は抗生物質と比べると弱いものの，環境と生体に優しい抗菌物質として近年再び注目を集めている。また，没食子酸プロピルは化粧品に抗酸化物質としてすでに配合されている。ところで，有機化学で用いられる'ポリ'は2コ以上をさすため，フェノール性水酸基を2コ以上分子内に持てば'ポリ'フェノールである。一方，高分子科学で用いられる'ポリ'は通常10コ以上をさし，'ポリ'フェノールはいわゆる'ポリ'マーではない。

　近年，ポリフェノールをビルディングブロックとして用いる材料開発が注目を集めている[2]。きっかけとなったのは2007年のイガイ接着タンパク質にヒントを得た万能コーティング手法の報告[3]である。イガイは接着の難しい海水中であっても岩に強固に付着し，波にさらわれることはない。一方で，人工接着剤の代表格であるエポキシ系接着剤でシリカ表面を接着させることは空気中でならば簡単だが，水中では難しい。これはシリカ表面が水に覆われている方が，接着剤と接するよりも界面自由エネルギー的に安定だからである。イガイはこの難しい水中接着を，タンパク質性接着剤を用いて巧妙にやってのけている。さらにシリカのような鉱物だけでなく，テフロンなどの表面自由エネルギーが小さい被着体にさえ接着することもできる。これらの事実は海洋生物学者の興味を惹き，その接着原因物質の探索が行われた[4,5]。ヨーロッパイガイの接着タンパク質のアミノ酸配列を分析すると，チロシンが翻訳後に水酸化されてできるDOPAを多量に含んでいることがわかった（図1）。これまでにDOPAを多量に含む6種類のタンパク質（mfp 1～6）が同定されており，mfp 2～6は接着部位である足糸のみで発現している。そのためDOPAの側鎖のカテコール基が岩石表面と水素結合することで強固に接着していると考えられるようになった。

　イガイの動物性ポリフェノールタンパク質から，植物性ポリフェノールに目を移してみると，

---

[*]　Hirotaka Ejima　東京大学　大学院工学系研究科　マテリアル工学専攻　准教授

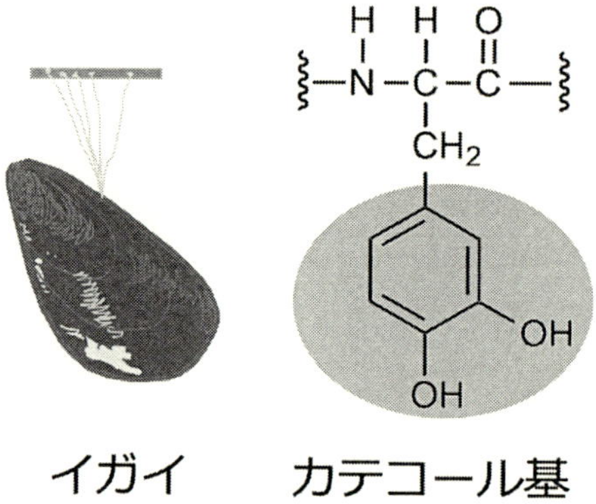

天然系抗菌・防カビ剤の開発と応用

図1 イガイの接着タンパク質中に多くみられる DOPA の化学構造

フェノール，カテコール，ガロール，レゾルシノールなどさまざまなフェノール性官能基が含まれている。2013年には植物性ポリフェノールであるタンニン酸が万能コーティング剤として有用であることが2つの研究グループからほぼ同時期に報告された[6,7]。タンニン酸にはガロール基が多く含まれているので，カテコール基よりもガロール基の方が強い水中接着能をもつ可能性が示唆された。原子間力顕微鏡を用いた分子間力分光法によってガロール基が Si_3N_4 表面に対してカテコール基と同等かそれ以上の強い相互作用力を示すことが報告されている[8]。本章では，フェノール性水酸基（フェノール基，カテコール基，ガロール基）のみを側鎖に持つ化学構造が規定されたモデルポリマーの合成と，これらの抗酸化能，接着能の比較研究について述べる。

2 ポリフェノール模倣高分子の精密重合

ポリフェノールの化学構造中にみられるフェノール性官能基に着目し，これらを側鎖に持つ分子量の揃ったポリマー（図2）をリビングラジカル重合によって合成した。特にポリビニルガロール（PVGal）はこれまで合成例がなく，2016年に初めて合成された高分子である[9]。この

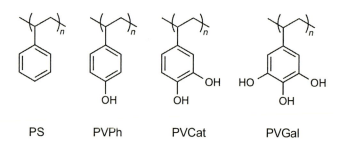

図2 フェノール性水酸基を 0, 1, 2, 3 コもつスチレン系ポリマー，ポリスチレン（PS），ポリビニルフェノール（PVPh），ポリビニルカテコール（PVCat），ポリビニルガロール（PVGal）の化学構造

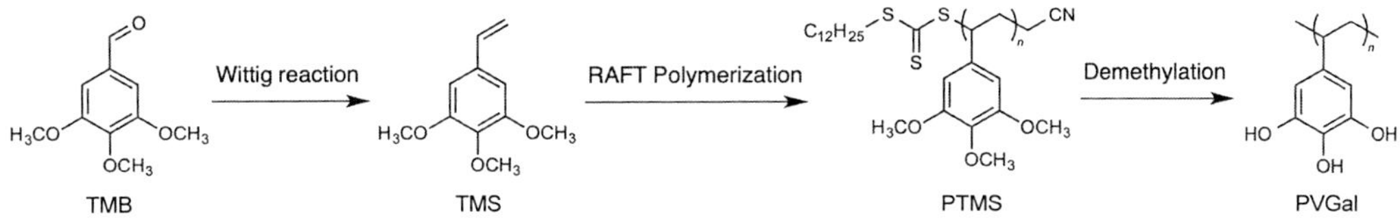

第2章 ポリフェノール模倣高分子の精密重合

図3 PVGal の合成経路

合成経路を図3に示した。Wittig 反応によって市販の 3,4,5-トリメトキシベンズアルデヒド（TMB）から 3,4,5-トリメトキシスチレン（TMS）が合成され，次に可逆的付加開裂連鎖移動重合（RAFT 重合）によってポリトリメトキシスチレン（PTMS）が合成された。最後にメトキシ基を脱保護することで，PVGal が得られた。出発物質のフェノール性水酸基の数を変えることで同様の経路で，ポリビニルフェノール（PVPh），ポリビニルカテコール（PVCat）も合成が可能である[9]。

RAFT 重合の際に用いる連鎖移動剤（CTA）は，分子量の制御に特に重要である。CTA は成長ポリマー鎖からラジカルを受け取り，ポリマーの伸長を止めるが，ラジカルを受け取った CTA はモノマーを攻撃して再び重合を開始させる。この平衡反応の存在によりラジカル活性種の濃度が反応溶液中で低く抑えられるため停止反応が起こりにくい。そのため RAFT 重合ではフリーラジカル重合と比べて分子量分布の狭いポリマーを合成することができる。しかしながら，用いるモノマー種によって適する CTA と適さない CTA が存在するため，最適な CTA を探索する必要がある。

4種類の CTA，2-(dodecylthiocarbonothioylthio)-2-methylpropionic acid（DDMAT），cyanomethyl dodecyl trithiocarbonate（CDTTC），2-cyano-2-propyl dodecyl trithiocarbonate（CPDTTC），4-cyano-4-[(dodecylsulfanyl-thiocarbonyl)sulfanyl]pentanoic acid（CDSPA）を用いて，RAFT 重合条件の最適化を行った。[TMS]：[CTA] = 30：1 の条件で（標的重合度30）重合したところ，得られたポリマーの重合度は DDMAT，CDTTC，CPDTTC，CDSPA の場合，それぞれ 16，29，18，18 であった。また多分散度（M_w/M_n）は 1.4，1.2，1.2，1.6 であった。CTA を用いないフリーラジカル重合では，得られたポリマーの重合度は 80 で M_w/M_n は 2.3 であったから，いずれの CTA も効能があるが，最も標的重合度に近く，分子量分布も狭いポリマーが得られた CTA は CDTTC であった。

次に CTA と重合開始剤のモル比を [CDTTC]：[AIBN] = 1：1 に固定し，モノマーと CTA のモル比を [TMS]：[CDTTC] = 20：1，30：1，50：1，100：1，200：1，300：1 で重合したところ，26，35，53，115，185，276 量体の PTMS が得られた（図4）。すなわち M_n にすると 5～50 kg mol^{-1} の範囲で分子量を良好に調節できた。どの分子量の PTMS も M_w/M_n は < 1.3 であり，分子量分布の狭いポリマーが得られた。最後に，PTMS のメトキシ基を三臭化ホウ素によって脱保護することで PVGal を得た。脱保護反応の進行は ^{1}H NMR，^{13}C NMR，FT-IR によって，メトキシ基ピークの消失およびヒドロキシ基ピークの出現から確認された[9]。

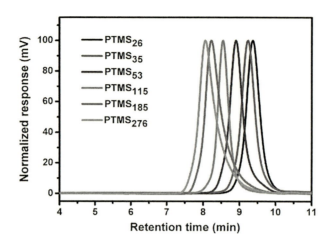

図4 モノマーとCTAのモル比を変えることで分子量を調節したPTMSのGPC溶出曲線

3 ポリフェノール模倣高分子の抗酸化能

抗酸化能は2,2-diphenyl-1-picrylhydrazylラジカル消去活性法（DPPHアッセイ），2,2'-azinobis(3-ethylbenzothiazoline-6-sulfonic acid)カチオンラジカル消去活性法（ABTSアッセイ），oxygen radical absorbance capacity法（ORACアッセイ）の3種の方法を併用して評価した。フェノール性水酸基をそれぞれ1つ，2つ，3つ持つ，PVPh，PVCat，PVGalの抗酸化能を図5に示した。フェノール性水酸基の数が多くなるほど高い抗酸化活性を示した。PVGalはPVPhと比べると60倍以上，PVCatと比べても2倍程度の高い抗酸化活性を示した。低分子のピロガロールとピロカテコールは，ポリマーであるPVGalとPVCatよりも同じ

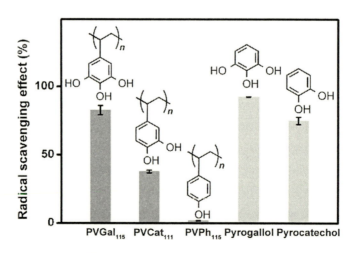

図5 DPPHアッセイによる抗酸化能

第2章 ポリフェノール模倣高分子の精密重合

表1 ABTSとORAC法により求めた酸素ラジカル吸収能（トロロックス当量）

Antioxidant	ABTS	ORAC
Trolox	1.0	1.0
PVPh$_{115}$	0.4	0.1
PVCat$_{111}$	0.9	0.8
PVGal$_{115}$	1.4	1.5

重量濃度で比べると高い抗酸化活性を示したが，モル濃度で比べるとポリマーの方が高い抗酸化活性を示した。

　DPPHラジカルの消去速度はPVGal＞PVCat＞PVPhであり，PVGalは約2分でDPPHをほぼ全て退色させたが，PVCatは10分以上要した。PVPhでは測定時間内の退色はほとんどみられなかった。使用したポリマーの重合度は約110量体で揃えてあるため，溶液中での拡散速度に大きな差はない。そのためPVGalの高いラジカル消去活性はその化学構造に由来すると考えられる。ガロール基の3つのヒドロキシ基の酸化還元電位は1.16，1.40，1.92 V（vs. Ag/AgCl）である。一方で，カテコール基の2つのヒドロキシ基の還元電位は1.18，1.35 V（vs. Ag/AgCl）である[10]。1つ目の酸化還元電位はガロールの方が低いため，酸化されやすい。すなわち抗酸化活性は高い。それに加えて，発生したラジカルは隣接する2つのヒドロキシ基と水素結合して，カテコール基の場合よりもさらに安定化される。この効果は密度汎関数理論（DFT）による計算から，ガロール基では50 kJ mol^{-1}，カテコール基では33 kJ mol^{-1}と見積もられている[9]。

　続いて，ABTSアッセイとORACアッセイから求めた活性酸素消去能（トロロックス当量）を表1に示した。トロロックス当量とは，抗酸化物質の標準であるトロロックスの抗酸化能を1として，それに対して相対的に抗酸化能がどのくらいかを表した換算値であり，値が大きいほど抗酸化能が高い。ABTS/ORACアッセイともほぼ同様の結果を与えた。PVGalのトロロックス当量は約1.5となり，トロロックスよりも大きな値となった。

4　ポリフェノール模倣高分子の接着能

　上記で得られた，PVGalはガラス状態のポリマーであり接着剤には適さない。そこでガラス転移温度を下げるためブチルアクリレートと共重合化した。その際に障害となるのが三臭化ホウ素によるメトキシ基の脱保護反応である。三臭化ホウ素は強いルイス酸であるため，エステル結合を切断してしまう。そのため，共重合モノマーの選択に大きな制限がかかってしまう。この問題点を克服するために，メトキシ基（R＝メチル基）に代わる温和な条件で脱保護可能なフェノール性水酸基の保護基を探索した（図6）。まずHClで脱保護可能な，シリル系保護基である*tert*-butyldimethylsilyl（TBDMS）基を検討した。TBDMS基で保護したモノマーは重合が十分に進まず，オリゴマーを与えた。これはTBDMS基が比較的嵩高いため，立体反発の効果に

よって反応性が落ちたことが原因と考えられる。次にmethoxymethyl（MOM）基で保護したモノマーを試したところ，順調に重合が進み，高分子量体を与えた[11]。

MOM基は温和な条件で脱保護が可能なため，さまざまなモノマーと共重合化が可能である。ブチルアクリレートとの共重合体の合成経路を図7に示した。得られたポリマー6 mgを用いて，2枚のアルミニウム基板（5 cm×1 cm）を水中で貼り合わせた（接着面積1 cm^2）。ここに20 gの重りをのせ，所定時間水中で静置した。引張り剪断試験を行い，破断した時の応力を接着強度とした。6日後の接着強度は，P(VGal-co-BA)は1.0±0.3 MPaに対し，P(VCat-co-BA)は0.1±0.1 MPaと約10分の1であった（図8）。今回試した全てのフェノール性モノマー／BA共重合比において P(VGal-co-BA) ＞ P(VCat-co-BA) ＞ P(VPh-co-BA) ≒ P(VSt-co-BA)であった。特に P(VGal$_{26\%}$-co-BA$_{74\%}$)が海水中で1.3±0.4 MPa，リン酸緩衝生理食塩水

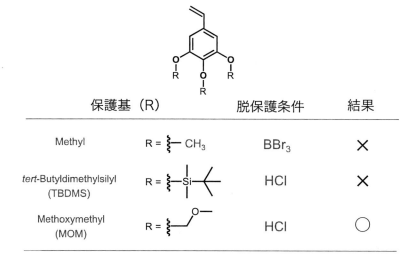

図6　フェノール性水酸基の保護基とその脱保護条件

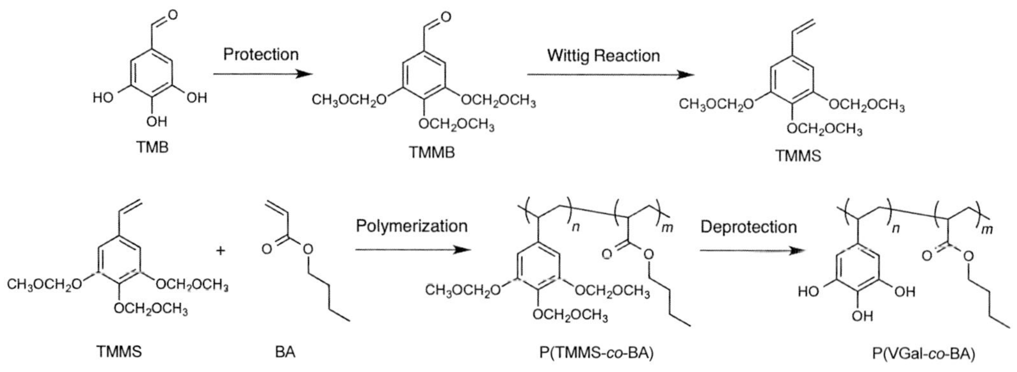

図7　ポリフェノール模倣高分子共重合体の合成ルート

第2章 ポリフェノール模倣高分子の精密重合

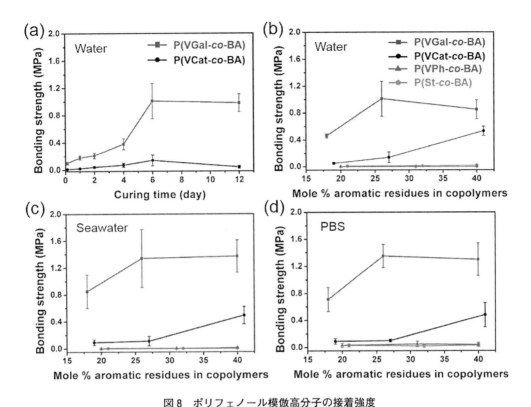

図8 ポリフェノール模倣高分子の接着強度
(a) 硬化時間が接着強度に及ぼす影響。(b) 水中，(c) 海水中，(d) PBS 中において
フェノール性官能基のモル分率が接着強度に及ぼす影響。

(PBS) 中で 1.4±0.2 MPa という非常に高い接着強度を示した。これはカテコール基を側鎖にもつポリマーよりも 10 倍以上大きな接着強度である。

5 おわりに

フェノール性分子は水中接着，色素沈着，感染防止，金属イオンとの結合，抗酸化性を含むさまざまな生物学的機能を果たしている。動物界と植物界の両方で広く存在していることから，ポリフェノールは広範な化学的，物理的，生物学的特性を有することが示唆されている。このことからポリフェノールは高度な機能性材料のビルディングブロックとして有用であるという認識が高まっている。しかしながら，未だ不明点も多い。イガイの接着タンパク質にしても，水素結合だけではテフロンへの接着性を説明できない。クーロンの法則 ($F=Q_aQ_b/4\pi\varepsilon r^2$) から水中 ($\varepsilon=80$) では電荷間の引力は真空中 ($\varepsilon=1$) の 1/80 になってしまう。さらに，双極子-双極子相互作用や分散力の結合エネルギーは ε^2 に比例して小さくなることも知られている[5]。水素結合への水による影響は複雑であり，海水中では金属カチオンとの錯形成も生じる。タンパク質はカテ

コール基以外にもさまざまな官能基（疎水性，アニオン性，カチオン性のもの）を含んでいるため，それらの影響も無視できない。さらに，なぜイガイは進化の過程でカテコール基を接着用途に選択したのか？という疑問も残っている。すなわち，カテコール基より1つヒドロキシ基の少ないフェノール基（相当するアミノ酸はチロシン）では不十分だったのか？1つヒドロキシ基の多いガロール基（相当するアミノ酸はTOPA）では水中接着能はさらに上がるのか？という疑問である。

化学構造が明確に規定されたポリフェノール模倣高分子の性質を調べていくことで，このような疑問の答えに近づけるかもしれない。リビングラジカル重合の発展により，分子量を精密に制御したポリフェノール模倣高分子の合成は容易になった。特に，PVGalは2016年に初めて合成された比較的新しい高分子であり，他のフェノール性高分子と比べて魅力的な機能をもつことが徐々にわかってきた。これまで，有機低分子化合物として用いられてきたポリフェノールをポリマー化する戦略によって，優れた加工性，多価効果，隣接効果，分子量効果などが期待でき，天然のポリフェノールより優れた抗酸化，抗菌素材または水中接着剤などの機能性材料が今後開発されることを期待している。

文　　献

1) W. E. Bentley *et al.*, *Science*, **341**, 136 (2013)
2) H. Ejima *et al.*, *Polym. J.*, **46**, 452 (2014)
3) H. Lee *et al.*, *Science*, **318**, 426 (2007)
4) J. H. Waite *et al.*, *J. Biol. Chem.*, **258**, 2911 (1983)
5) B. P. Lee *et al.*, *Annu. Rev. Mater. Res.*, **41**, 99 (2011)
6) H. Ejima *et al.*, *Science*, **341**, 154 (2013)
7) T. S. Sileika *et al.*, *Angew. Chem. Int. Ed.*, **125**, 10966 (2013)
8) S. Kinugawa *et al.*, Polym. J., **48**, 715 (2016)
9) K. Zhan *et al.*, *ACS Sustainable Chem. Eng.*, **4**, 3857 (2016)
10) M. K. Carter *et al.*, *J. Mol. Struct.*, **831**, 26 (2007)
11) K. Zhan *et al.*, *Biomacromolecules*, **18**, 2959 (2017)

第3章 昆虫由来抗菌ペプチドの作用メカニズム解明と進化工学

田口精一[*]

1 イントロダクション

　日常的に健康寿命という言葉が流布する現代において，人間が心身ともに健康な生活を送れることは益々大きな関心事となっている。そのような背景の下，2018年のノーベル生理学・医学賞の対象となった，本庶佑博士の開発した抗体医薬は多くの人を勇気づけている。本医薬品は，免疫チェックポイントという新しい原理に基づいたがん細胞の増殖をブロックする働きをもつ。がん細胞特異的に発現する抗原に対する抗体タンパク質が，天然型からファージディスプレイ法という進化工学技術により改良されたものである[1]。その効果は臨床例によって多様だが，画期的な開発であることがここで世界的に認識された。このように，先天的に獲得した生体防御機構は，実は人間だけに特化したものでなく，多くの生物に備わっている仕組みである。

　免疫は古くて新しい研究分野であり，これまで多くのブレイクスルーがある。2011年には，Jules A. Hoffmann博士（仏国ルイ・パスツール大学），Bruce A. Beutler博士（米国スクリプス研究所），Ralph M. Steinman博士（米国ロックフェラー大学）の3氏に，自然免疫に関する研究でノーベル生理学・医学賞が授与された。本授賞の成果として，「自然免疫系の活性化に関する発見」「樹状細胞と，その適応免疫系における役割の発見」が挙げられる。まず，ショウジョウバエがカビの感染から身を守るためにTollと呼ばれる核膜レセプター（受容体）が関わっていることが明らかにされた（1996年）。Toll受容体は，元々ショウジョウバエのボディプランに関係するタンパク質として発見されたものである。90年代になって，このToll受容体がヒトのインターロイキン1受容体と構造的によく似ていることが分かり，免疫との関わりが示唆されていた。そのような状況下，Toll受容体に変異が生じるとショウジョウバエはカビに感染して死ぬことが分かった。その衝撃的な写真は，国際誌Cell[2]の表紙に掲載され大きな反響を呼んだ。また，Toll受容体が病原性微生物を検出するためのアンテナとして働いていることが判明し，その活性化が免疫活動に必須であることが突き止められた。その後，ハエから哺乳類に至るまでの生物において，Toll様受容体が病原微生物の侵入に応答する普遍的な「自然免疫」のスイッチをONにすることが明らかとなった。現在，ヒトにおいて多様なToll様受容体が続々と見つかっており，その多様性には目を見張るものがある。その構造多様性から，感染に対する

---

[*] Seiichi Taguchi　東京農業大学　生命科学部　分子生命化学科　生命高分子化学研究室　教授；北海道大学　名誉教授

抵抗力や慢性の炎症疾患のリスクなど多面的な免疫現象に関わっていることが明らかになっている[3]。

著者は，この自然免疫の分子機構解明で熱気に満ちていたHoffmann研究室に客員研究員としてジョイントする機会に恵まれた。当時の研究室は，分子遺伝学，分子細胞生物学，生化学，の各部門が効果的に連携しており，Hoffmann研究所長の統括ぶりは見事であった。一つの研究室内で，異なる分野が統合され知が集結すると大きな仕事ができることを学び，独創的研究をする精神性に触れることができた。著者は，生体防御機構の標的である「微生物」の視点から，抗菌ペプチドの作用メカニズムを解明し高機能化することに関心があった。生化学部門に所属し，自然免疫分子としての抗菌ペプチドを，昆虫（アリ）を材料にして，多段階の単離精製を経て構造決定する研究を担当した。最終的に，構造に基づく分類指標からアリ・ディフェンシンと名付けた[4]。ディフェンシン属ペプチドはヒトにも存在し，腸内免疫はじめ多彩な機能を発揮している。

さて，抗菌ペプチド研究の祖Borman博士（スウェーデン）の先駆的な抗菌ペプチドの構造・機能相関研究が，華やかな自然免疫機構の陰に埋もれがちであるが，互いに交差し融合したことは見逃せない。分子生物学と微生物工学を専門とする著者にとって，この交差点で抗菌ペプチドの基礎と応用研究を展開することになった。昆虫の旺盛な繁殖能力は，外界から身を守るロバストな生存戦略に支えられている。抗菌ペプチドの研究は，まさにその宝庫である昆虫からの単離から出発し，構造決定，活性制御，作用メカニズムの解明，医療への応用の歴史でもある。昆虫由来抗菌ペプチドの構造多様性を知ると，昆虫は抗菌ペプチドの進化分子工学者である。本稿では，抗菌ペプチドの実例として，ミツバチ由来のアピデシンとカメムシ由来のタナチンを取り上げる。理解の一助として，2つの研究の歴史を年表（表1，2）にまとめたので参考にして頂きたい。また，抗菌ペプチドの研究が多面的な視点を与えてくれることの一端を御理解頂ければ幸いである。

2 アピデシンの作用メカニズム解明の変遷

自然免疫における生体防御因子・抗菌ペプチドは，天然アミノ酸を主体とした鎖状ポリマーである。従来の抗生物質と異なり，生体内へ投与した後は速やかに生分解するマイルドな抗菌薬として機能する。ミツバチは，ハチミツやロイヤルゼリーという代表的な機能性食品として珍重されている。また，アリと同様に行動生態学的にも興味深い研究対象になっている。これまで，ミツバチから多くの抗菌ペプチドが単離されており，筆者らはアピデシン（apidaecin）[5,6]という抗菌ペプチドに注目している。アピデシンは，プロリンとアルギニンに富み18アミノ酸残基からなるペプチドである。また，極端なpHや高温に非常に安定な分子である（図1参照）。また，グラム陰性細菌に特異的に作用し，その効き方は殺菌には至らない。いわゆる静菌の作用である。この特徴をうまく利用できれば，ヒトや動物に投与したとき，菌を殺さずに生育を抑え，

第3章　昆虫由来抗菌ペプチドの作用メカニズム解明と進化工学

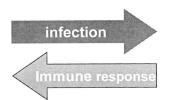

pathogens　　**Apidaecin**　　honeybee (*Apis mellifera*)

1　　　　　　　　　　　　　　18
GNNRPVYIPQPRPPHPRL (Ib)

- Proline-rich basic peptide (Mw: ca. 2100)
- Stable against 100°C and pH2
- Bacteriostatic action specifically toward Gram-negative bacteria
- Nontoxicity toward eukaryotic cells

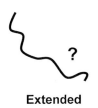

Extended

図1　アピデシンの特徴
病原菌の感染に対抗する物質の一つとしてアピデシンがミツバチの体液から分泌され自然免疫分子として機能する。18アミノ酸残基からなるプロリンに富む塩基性ペプチドである。グラム陰性細菌に有効で，真核生物には毒性がない。

人や動物自身の免疫系により病原菌を撃退し，後天的な獲得免疫をアシストしやすくなる。また，殺菌的作用の多い抗菌剤とは異なり緩慢な作用であるため，病原菌の変異を誘発しづらくし，耐性菌の出現を抑止できる。

　アピデシンは，米国のCasteels博士らによりミツバチのリンパ液から発見された（1989年）[5]。C末端に一部異なるアミノ酸配列を有するホモログが存在し，構造と機能に関する基礎データが報告された[6,7]。先に述べたように，プロリンとアルギニンに富むことからこれら一群のペプチドは，アミノ酸一文字表記により「PR-ペプチド」と総称されている。作用機構解明の端緒として，アピデシンを大腸菌に添加しても，ペリプラズムに存在するβ-ガラクトシダーゼ酵素が漏出しないことから，少なくとも膜には作用しないことが示唆されていた[8]。

　そこで，作用標的分子の探索に乗り出したOtvos博士ら（米国ペンシルベニア大学）は，親和性カラムを利用して細胞抽出液からアピデシン結合性のDnaK分子（シャペロン）を単離した[9]。また，アピデシンがDnaKのATP加水分解活性を阻害することを，構造生物学的手法からも支持する結果を得た。これらのことから，DnaKが有力な標的分子であることが定説になりかけていた。このように細胞内に標的分子が存在するであろうとの知見は，遺伝学的変異実験から特定されたトランスポーターを通過して細胞内に導入されるという報告[10]とも合致する。

表1 アピデシン研究の経緯

年	概要	文献
1989	大腸菌を感染させたミツバチのリンパ液から単離精製された。化学合成したアピデシン（AP；Ia, Ib, II）は，グラム陰性菌に特異的に抗菌活性を示した。	5)
1990	アミノ酸18残基からなる物理化学的に安定なペプチド。グラム陰性菌に対する抗菌活性は，APIaよりAPIbの方が高かった。	6)
1992	APIbが，プロテアーゼインヒビターとの融合タンパク質として放線菌で分泌生産された。また，大腸菌に対して予想外に抗菌活性が示された。	21)
1994	APを大腸菌に作用させた際，ペリプラズムに局在する酵素が遊離されないことから，膜破壊型の抗菌作用ではないことが分かった。また，抗菌作用が立体化学特異的であることが分かった。	7)
1994	APの発現毒性（抗菌活性）を大腸菌の増殖阻害に反映したモニタリング系を構築し，抗菌活性に必須の部位を簡便迅速に特定できた。	22)
1994	PR-ペプチドの抗菌活性と構造を比較し，進化的に保存された領域と可変領域として推定した。	8)
1996	インビボモニタリングアッセイ系を駆使し，APに特徴的なProとArgに変異が集中し低活性化したデータに基づき，活性に必須の残基が浮き彫りになった。	23)
2000	APと類似のPyrrhocoricinをビオチン化し，大腸菌の細胞抽出液から親和性タンパク質を取得し，シャペロン分子DnaKと同定した。APIaも同様にDnaKと結合することから細胞内の標的分子と考えられた。	9)
2009	可変領域であるN末端3アミノ酸残基にランダム変異を導入し，インビボモニタリング系により高活性体を取得した。特に，RVR高活性変異体は，野生型APの10倍の抗菌活性を示した。	24)
2010	AP高活性変異体をFAM蛍光標識して，大腸菌細胞内への導入量をフローサイトメトリーによって測定した。その結果，変異体は細胞内への導入率が向上することで高活性化していることが分かった。	25)
2015	トランスポゾン変異による実験から，SbmAがAP用のトランスポーターであると推定された。実際，蛍光修飾APの細胞内導入効率が大きく低下したことから実証された。	10)
2015	Tyrをp-benzoil-Pheに置換したAPを大腸菌抽出物とUVでクロスリンクさせ，結合性タンパク質が34種検出された。その中で，70Sリボソームを構成するタンパク質が5つ同定された。	11)
2015	蛍光標識したAPと70Sリボソームとの結合を蛍光異方性で分析したところ，APは50Sサブユニットの構築を阻害していることが示唆された。	12)
2015	APの一アミノ酸置換体をセルロース膜上で323個作製し，グラム陰性緑膿菌に対してインビトロの抗菌活性測定で有効なものを選択した。	13)
2016	APのN末端にIle-OrnおよびTrp-Ornモチーフを導入することで，膜相互作用を増大させ，緑膿菌に対する抗菌活性を向上させた。	14)
2016	APに異種抗菌ペプチドを同時に添加すると，グラム陰性細菌に対する抗菌活性が相乗的に増強することが分かった。	15)
2016	定量ゲル／LC-MSプロテオミクスにより，大腸菌のAP抗菌耐性を分析する手法が開発された。	16)
2016	エチレングリコールにより連結したアピデシンとオンコシンのハイブリッド体は，リボソームに対する結合性と抗菌性が高まった。	17)
2016	大腸菌のシャペロン分子DnaKに対する結合力が増大したAP誘導体を，結晶構造に立脚して作製した。	18)
2017	一遺伝子過剰発現株を利用して擬似的抗菌耐性状態を創出したARGO（Acquired Resistance induced by Gene Overexpression）法を開発し，アピデシンの作用標的が翻訳終始因子であるPfrAであることを特定した。分子遺伝学的手法で作用標的を突き止めた最初の成果。	19)
2018	RF3が調節するRF1のリサイクリングしている過程で，アピデシンによって翻訳中間体がトラップされるところを捉えることに成功した。	20)

第 3 章　昆虫由来抗菌ペプチドの作用メカニズム解明と進化工学

　その後，Hoffmann ら（独国ライプツィヒ大学）は，アピデシンを蛍光標識した結合実験から，リボソームを構成するタンパク質中に DnaK 以外の標的候補を推定した[11, 12]。ペプチドの化学修飾やカクテル使用を行った研究が，分析手法を開発しながら次々と報告されている（表1参照）[13~18]。しかしながら，筆者らは，いずれもインビトロ実験に基づく標的分子探索のため，インビボでの作用機序を反映しているか？についての疑問を払拭できないでいた。もちろん，アピデシンのターゲットとする分子の特定は作用メカニズムの解明にとって重要である。また，その標的が単一であるのか，複数存在するのか，さらに他の標的特定のための手法を適用することで精度を上げた絞り込みが必要であろう。

3　アピデシンの作用標的の特定

　筆者らは，インビボ実験を重視して，分子遺伝学的手法によりアピデシンの作用標的分子の特定に迫ろうとした。まず，本プロジェクトを実行するためのモニタリングシステムを開発した。本システムの肝は，緑色蛍光タンパク質 GFP をレポーターとする発光で識別可能な大腸菌を用いることである。もし，アピデシンがタンパク質合成系に作用することがあれば，アピデシンの添加により，GFP 蛍光が消失する原理である。実際，本アッセイ系により，アピデシンの作用点はタンパク質合成系にあることが初期の段階で分かった。つまり，遺伝子発現のセントラルドグマ「複製・転写・翻訳」のいずれかのステップに関与していることが分かる。次に着想したのは，タンパク質合成系に関与する遺伝子を過剰発現させれば，大腸菌に「擬似的抗菌耐性」を付与できるトリックである。一種の抗生物質耐性菌を人工的に創出することになる。当然，標的分子には細菌の生命を維持する機能があるはずなので，過剰発現させた遺伝子が作り出すタンパク質が標的分子だった場合には抗菌物質への抵抗性が高まる。こうして，どの遺伝子を過剰発現させ抗菌物質の作用が低減できる度合いによって標的分子を見つけることができる。筆者らは，この新しい原理に基づく手法を ARGO（Acquired Resistance induced by Gene Overproduction）法と命名した[19]（図2）。そして，まず ARGO 法をアピデシンに応用し，標的分子を探索・同定することにした。

　そこで，一遺伝子過剰発現株のコレクションセットである「ASKA クローン」を用いたスクリーニング法により標的分子の探索に乗り出した。トータル 4,123 株の ASKA クローンのうち，転写・翻訳系に関与するタンパク質の高発現株は 479 株である。そのうち，生育に必須なタンパク質を過剰発現する 88 株に対してスクリーニングを行った。その結果，アピデシンに対する感受性が低くなり，アピデシン存在下でもコントロールに比べて生育（＝抗菌効果と逆相関）の指標となる濁度が高くなる株（高い生育株）が 2 種類見つかった。特に，翻訳終結因子 PrfA にその効果が強く出た。このインビボ実験からインビトロ実験へと移行した。アピデシンはインビトロにおいて PrfA が認識する終止コドンに依存したタンパク質合成阻害をすることが確認された。このように，インビトロにおいて確認された終止コドン依存のタンパク質合成阻害がまたイ

193

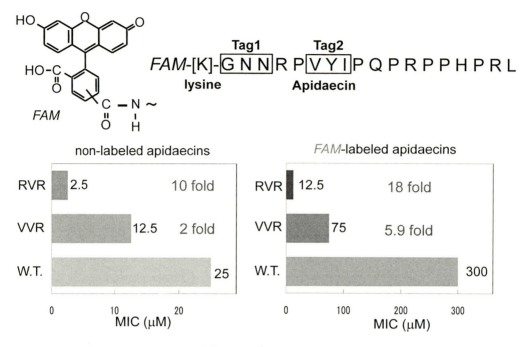

図2 進化型アピデシンの細胞膜透過性
アピデシンのN末端に蛍光試薬FAM試薬を付加標識してFACS装置を用いて測定。
非標識体（左）と標識体（右）との比較から，膜透過性が増大することで抗菌活性が向上することがわかった。W.T.は，野生型アピデシン。MICは，最少有効濃度。

ンビボにおいて見られるか，組換え大腸菌を用いて評価した。その結果，インビボにおいても終止コドン依存のタンパク質合成阻害を確認できた。次いで，表面プラズモン共鳴を用いてアピデシンとPrfAとの相互作用を解析すると，予想に反してアピデシンがPrfAと特異的に結合をする結果は得られなかった。

一方，他のグループから，アピデシンの標的が翻訳装置リボソームであるという同様の結果やアピデシン類似のPR-ペプチドがリボソーム上のPrfA結合部位（A-site）に結合するという結果が報告された[20]（図3）。筆者らの研究成果と総合すると，アピデシンはPrfAと直接相互作用するのではなく，リボソームのA-siteへ結合し，競争的に阻害すると推測される。類似のPrfBも，PrfAと同様にリボソームのA-siteへ結合し翻訳を終結させることから，本仮説はPrfBのみが認識する終止コドンUGAを有する*lacZ*遺伝子の発現がアピデシンの添加により弱く阻害される結果とも一致した。したがって，アピデシンはリボソームのA-siteにPrfAまたはPrfBと競争的に結合することにより，翻訳終結を阻害すると考えられた。このように，翻訳終結のイベントを特異的に阻害する抗菌作用物質としては，アピデシンが初めての例である。既存の抗生物質では，開始過程を阻害するストレプトマイシン，伸長過程を阻害するクロラムフェニコール，また両過程を阻害するカナマイシンなどが代表的である。今後，アピデシンは新規の翻訳阻

第3章　昆虫由来抗菌ペプチドの作用メカニズム解明と進化工学

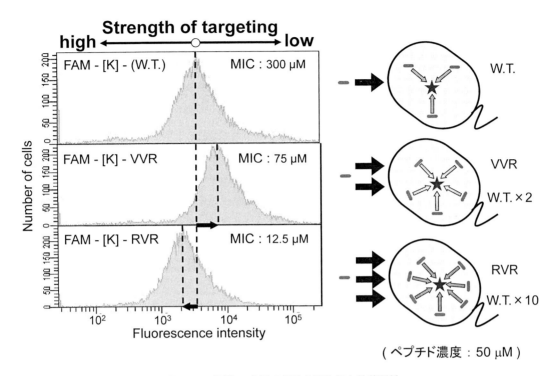

図3　アピデシン分子の細胞内導入量と抗菌活性
膜透過性が高い（進化型）アピデシンは，最少有効濃度が低い（活性が高い）。

害剤としての活用，そして既存抗生物質との組み合わせ効果などが期待される。

4　アピデシンの進化工学的高活性化

4.1　進化工学システムの構築

　著者にとってのアピデシン研究は，遺伝子工学的に効率よく微生物生産させることから出発した。有機合成の代替法として有力である。ただし，抗菌作用に感受性の大腸菌での活性発現は，「自爆現象」をもたらす。また，宿主細胞内プロテアーゼにより低分子ペプチドは分解を受けやすい。そこで，プロテアーゼインヒビターのC末端にFactor Xaの切断部位を有するリンカーを介して融合発現させた[21]。この研究デザインは，先に述べた2つの課題である抗菌性とプロテアーゼ分解性を同時に回避することが目的であった。結果は，アピデシンの分解は全く見られなかったが，融合タンパク質の発現誘導時に大腸菌の増殖阻害が起こった[22]。タンパク質との融合体でもアピデシンの抗菌活性が保持され，それはインビトロでの活性試験からも支持された。まさに，「瓢箪から駒」の現象であった。アピデシンの高活性化という工学的視点からは，「抗菌活性の変動」＝「細胞の増殖阻害」という形でモニタリングできる。しかし，サイズの限られたペプチドを高活性化することは本当に可能か？　高分子量タンパク質の進化工学的改変には成功して

いたが，それは配列空間が広く機能改変の余地が十分にあった。一方，最小化しているペプチドの改変に高活性化の余地はあるのか？　とにかく，先に述べた「瓢箪から駒」現象を，アピデシンの進化工学的高活性化プロジェクトに応用することにした。

　アピデシンの融合遺伝子を導入した大腸菌を寒天プレートに展開したところ，予想どおり発現誘導剤の濃度依存的に生育阻害が生じた。次いで，液体培養系で菌の増殖を分光学的に測定するとプレート上で認められた「抗菌活性⇔増殖阻害」の相関が定量的に再現した。これらの結果から，先の仮説が実証できた。すなわち，以下の実験シナリオである。アピデシン遺伝子に点変異を導入したライブラリを作製し，野生型アピデシンよりも増殖阻害を強く起こす変異体は，高活性化した候補である。筆者らは，この「自爆装置」を基盤としたスクリーニング系を「インビボアッセイシステム」[22]と命名した。

4.2　進化工学研究から合理的高活性化へ

　初期の進化分子工学実験では，活性の低下した変異体ばかり取れた。重要なのは，全てのアミノ酸置換のデータを俯瞰して分析することである。興味深いことに，特徴的な変異パターンが浮き彫りとなった。N末端3残基（Tag 1領域）と6～8残基（Tag 2領域）の二つの領域以外に，全て活性低下の変異が導入されていた。そこで，主要な変異体について化学合成し活性測定したところ，インビボアッセイの結果とよい一致を示した[22,23]。このことより，まず本アッセイ系の妥当性が逆証明された。また，活性発現に必要な部位・領域（＝アイデンティティー）が明確に特定できたことは意義深い。

　第二世代の進化分子工学では，活性低下を招かなかった二つの領域（Tag 1領域とTag 2領域）に注目した。これら変異に対してニュートラルな応答を示した領域を「可変領域」と命名した。木村資生の「進化の中立説」に相当する。この可変領域に集中的に変異を導入すれば，有効な変異が取得できるかもしれないと着想した。まず，Tag 1領域から着手した。実際，増殖阻害を野生型よりも強く引き起こす変異体が複数取得できた[24]。N末端3残基が，RVRやVVRに変化すると，それぞれの活性が10倍と3倍に向上した。塩基性アミノ酸と脂肪族アミノ酸への置換は抗菌活性増大に有効であった。機能的に可変な領域を先に特定し，次に集中的に変異を導入した中から目的の変異体を取得する本手法は，他のターゲットにも応用可能なアプローチである。現在は，同様にTag 2領域にも集中的な変異を導入して，その効果を測定している。

　では，これら有良な変異効果はどのような理由により生じたのであろうか。そこで，アピデシン野生型と2種変異体のN末端に蛍光試薬FAMを付加修飾し，大腸菌細胞への導入効率をセルソーター（FACS）を用いて調べた。その結果，変異体の方が細胞内導入量の大きいことが分かった。すなわち，N末端の変異により膜透過能力が向上（RRV＞VVR＞野生型）し（図4），その結果抗菌活性が増強されることが分かった[25]。図5に，一連の進化工学研究によるアピデシンの抗菌活性向上の概念図を示した。このように，進化分子工学研究がランダム改変から特定領域による系統的な化学合成改変に移行した。

第3章　昆虫由来抗菌ペプチドの作用メカニズム解明と進化工学

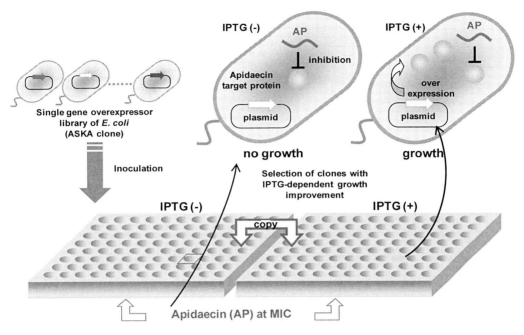

図4　アピデシンの作用標的探索系（ARGO法）の原理
一遺伝子過剰発現（ASKA clone の利用）による抗菌活性耐性付与に基づいている遺伝子発現誘導剤 IPTG の添加条件で，アピデシンに耐性を示すタンパク質遺伝子が候補となる。

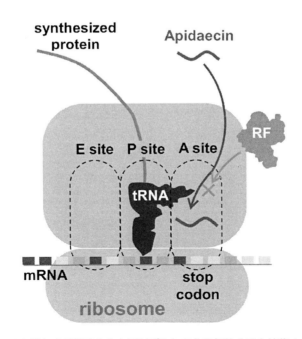

図5　ARGO法により特定されたアピデシンの作用標的分子と抗菌メカニズム
翻訳終始因子（RF）がリボソーム上でアミノ酸・tRNA分子がAサイトへ取り込まれリサイクルする働きを，アピデシンが阻害すると推察される。

5 タナチンの作用メカニズム解明の変遷

二つ目のターゲットであるタナチンは，著者が滞在した Hoffmann 研究室で発見された抗菌ペプチドである（1996 年）[26]。単離した Bulet 博士本人から直接聞いたところ，タナチン＝強く

表2 タナチン研究の経緯

年	概要	文献
1996	タナチンは，カメムシから 21 アミノ酸残基の抗菌ペプチドとして単離された。化学合成したD体は抗菌活性を示さないことから立体特異的な作用を示すと考えられた。	26)
1998	タナチンの溶液中の立体構造を 2D-NMR により決定した。分子中に 2 つの S-S 結合を持ち，逆平行 β-ストランド構造を持つことが分かった。	27)
2000	筆者らが開発したインビボモニタリングアッセイ系によりタナチンの機能マッピングを行った。C末端のループ構造と β-ストランド構造が抗菌活性に重要であった。	28)
2002	S-S 結合ループ内のアミノ酸を一残基削ると逆にグラム陽性菌に対する抗菌活性が向上した。また，アラニン残基を付加した場合には抗菌活性が低下した。	32)
2003	多剤耐性として有名な *Enterobacter aerogenes* と *Klebsiella pneumoniae* にも抗菌性を発揮することから，タナチンの実用性が示された。	19)
2008	S-S 結合に関与するシステイン残基を疎水性保護基で修飾しても抗菌活性は消失しないことが分かり，S-S 架橋が活性発現に必須ではないことが分かった。むしろ，グラム陽性菌に対し増強され，グラム陰性菌に対し低下したことから，作用スペクトルの改変に効果のあること分かった。	29)
2008	タナチンの抗菌活性は，一価の金属カチオン（Na^+/K^+）を添加すると失活したが，二価の金属カチオン（Ca^{2+}/Mg^{2+}）では活性を保持した。このことから，抗菌活性発現にイオン強度の影響が示唆された。	32)
2009	先行研究を受け，Cys 残基をオクチル化修飾すると，抗菌活性が野生型の 8 倍に向上した。このことから，タナチンの抗菌活性は Cys 残基の疎水性により制御可能であることを示せた。	31)
2010	化学修飾されたタナチン（S-Than）は，大腸菌細胞膜中のリン脂質を標的とし，破壊していることを TEM で捉えることに成功した。	32)
2010	タナチンのC末端をアミド化させた化学修飾体は，薬剤耐性大腸菌に対して抗菌性を示し，同時に薬剤耐性大腸菌を感染させたマウスに対しても治癒効果を示した。	33)
2013	メチリシン耐性細菌のバイオフィルム形成に関して，R-Than がインビトロとインビボの両アッセイ系で阻害効果のあることが確認された。	34)
2016	タナチンの抗菌活性が還元型の環境下でも変化がなかったことから，S-S 結合が活性発現に必須ではないこと，CD 測定から二次構造形成にも大きな影響がないことも分かった。本知見から，筆者らの先行結果が支持された。	30)
2016	細胞膜を作用標的とするタナチンを含む β-ヘアピン構造型抗菌ペプチドに関して，ペプチドの両親媒性／疎水性のインデックスに基づいて，ターゲット微生物に対する抗菌性を系統的に調べた。	35)
2017	タナチンの抗菌活性を外膜リポ多糖（LPS）ミセルとの膠着現象を，NMR 溶液構造解析によって解こうとした。その結果，タナチンは LPS ミセルとの相互作用中は単量体から二量体へ遷移することで膠着することが分かった。	36)
2018	タナチンの膜標的分子として，ペリプラズムタンパク質 LptA であることを大腸菌の系で突き止めた。タナチンは，LptA/LptD と複合体を形成することで LPS トランスポーテーションを阻害し，生体エネルギー産生にダメージを与え，作用した微生物を致死へ至らせる。	37)
2018	カメムシ *Riptortus pedestris* 由来タナチンの抗菌活性が，共生関係にある腸内微生物のポピュレーションと強い相関が得られた。	38)

第3章　昆虫由来抗菌ペプチドの作用メカニズム解明と進化工学

殺傷する（ギリシャ語）の語源は面白かった。アピデシンとは異なり、グラム陰性菌、グラム陽性菌、糸状菌のどれに対しても殺菌効果のあるマルチスペクトルな抗菌ペプチドである。

表2に、タナチンの作用メカニズムに迫る研究の変遷を示す。21アミノ酸残基からなるタナチンは、ジスルフィド結合と水素結合ネットワークから形成される逆平行β-ストランド構造を取ることが分かった[27]。図6に、タナチンのNMR解析による溶液構造を示す。溶菌をもたらすタナチンの作用点は、細胞膜中のリン脂質であると言われている。顕微鏡下での観察からも、タナチンを作用させた細胞膜は大きな損傷を受けることが分かる。一般に、膜作用型の抗菌ペプチドの挙動を追跡する研究は、ターゲットが膜という特殊環境であることから難航していた、しかしながら、ここ数年で混沌としていたタナチンの標的分子の特定やそれを端緒とする分子メカニズムの解明が大きく進んでいる。また、細胞膜中での挙動を追跡する物理化学的手法の開発研究や、昆虫の腸内共生系での役割について報告されている。

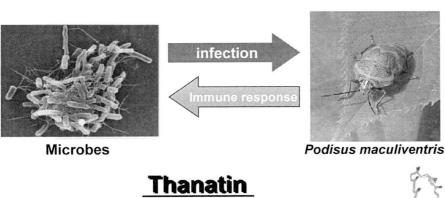

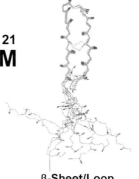

図6　タナチンの特徴

タナチンは、カメムシの体液から分泌される自然免疫分子である。β-シート・ループ構造を形成する21アミノ酸残基ペプチドである。グラム陰性細・グラム陰性細菌・カビに有効な広域スペクトル抗菌ペプチドである。

6 タナチンの進化分子工学的高活性化

　独自に開発したインビボモニタリングアッセイにより，アピデシンの進化分子工学研究は進展した。本手法が，タナチンにも応用可能か検証することにした。基本的に，アピデシンと同じ進化分子工学プログラムを適用した。発現させる遺伝子コンストラクトも同じスタイルを採用した。インビボモニタリングは，アピデシンの時よりも増殖阻害の感度は高く鋭かった[28]。この結果から，構築したインビボモニタリングシステムの妥当性が支持された。基本的には，遺伝子の点変異によるアミノ酸置換が高頻度で発生する条件を設定している。この原理から，作製される変異ライブラリは，タナチン全域に網羅的にアミノ酸置換を有するペプチドの莫大な数の集団となる。多様なレベルで低活性化した変異体の配列分析から，タナチンに特徴的な逆平行の β-ヘアピン構造を形成する S-S 結合およびその架橋構造を支援する水素結合ネットワークに負の影響をもたらすものだった。この分子遺伝学的なアプローチは，生細胞をターゲットに"一網打尽"的な機能マッピングと云える。

　さて，一連の実験過程で，「怪我の功名」的な場面に出会った。すなわち，S-S 結合の形成を担うシステインを化学合成する際使用する保護基の脱保護操作が不十分になった化学修飾体は，4 倍の活性向上が観察された[29]（図 7）。活性発現に必須の逆平行の β-ヘアピン構造の形成には，S-S という共有結合の代わりに疎水性相互作用でも代替可能であることを，NMR 構造解析と活性測定から実証された。このことは，後に他のグループの物理化学的解析によっても支持された[30]。この結果に基づいて，著者らは異なる鎖長のアルキル基を側鎖構造に有した保護基で修飾した化学合成ペプチドによって，本部位における疎水性が重要であることが分かった。最も長い

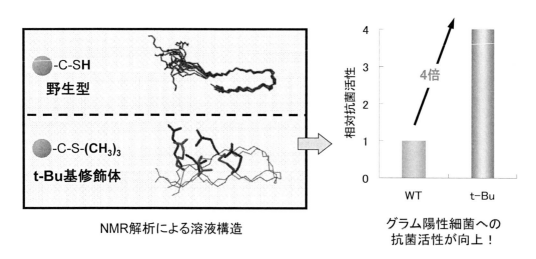

図 7　タナチン化学修飾体の活性向上
　タナチンの S-S 結合を形成するシステイン残基にターシャリブチル基（t-Bu）を化学修飾した変異体は，野生型ペプチドに比べて活性が 4 倍向上した。

第3章　昆虫由来抗菌ペプチドの作用メカニズム解明と進化工学

側鎖を有するオクチル体では，8倍の活性向上を示した[31]。また，イオン強度の影響[32]，C末端のアミド化[33]やN末端アルギニン残基の付加[34]による活性変化も検討されている。

他の研究グループでは，タナチン分子中のS-S結合ループ内にある15番目のスレオニンを欠失させた化学合成変異体は，抗菌活性が野生型と比べてグラム陰性菌に対しては変わらないが，グラム陽性菌に対する抗菌活性が向上した[35]。また，このスレオニンをセリンに置換したS-タナチンは，細菌細胞膜の破壊活性が強化され動物細胞に対する選択毒性が向上する興味深い報告がある[36]。最近は，タナチンのターゲットという観点から，LPSに焦点を当てた物理化学的解析による研究が進展している[36,37]。また，共生関係にある腸内微生物との関連も指摘され[38]，多彩なタナチン機能が話題になっている。

7　私見と今後の展開

本稿では，アピデシンとタナチンについて紹介した。年表（表1と表2）で示したように，作用メカニズムが解き明かされるのに長い年月を要している。実際，用いるアプローチによって辿り着く地点が異なることがあった。複数のアプローチが共通に辿り着く地点が，最も信頼性の高いゴールであろう。抗生物質をはじめとする医薬品が厚生労働省の認可を得，上市されるには，作用メカニズムがきちんと解明されていることが必要である。副作用が極限に抑えられ，安心安全に服用投与されるためには至極当然のことと言えよう。作用メカニズムを解き明かす道筋はとてもクリエイティブである。ノーベル化学賞受賞者である大村智博士は，抗寄生虫薬であるイベルメクチンをはじめ莫大な数の生物活性物質を自然界，特に微生物から発見している。もちろん，大村博士の鋭い嗅覚に依るところが大である。何故，あれほどヒット率が高いのか？ その大村先生をして言わしめた「微生物に頼んで裏切られたことがない。」の言葉は重い。元々国産微生物学の先達が述べた言葉であるが，日本のお家芸を標榜する微生物屋の間では広く浸透している。最近は，この泥臭い「微生物スクリーニング（宝探し）」はやや下火になりつつある。DNA配列ベースの情報生物学の隆盛と理論計算に基づく設計・合成研究の進展が影響しているようである。しかし，シーズが枯渇しつつあるのではないかという説を強く否定する根拠はない。抗菌ペプチドも，主に昆虫を起源として多種多様なものが多数発掘されてきた。目的は単純であり，感染症対策である。その作用機序研究を通じて，微生物の「生き死に」を理解することは面白い。また，自然が与えてくれた微生物生理を理解する上での「低分子プローブ」にもなり得る。

生物進化の過程で創出された抗菌ペプチドは素晴らしい進化分子工学の作品とも言える。実は，筆者のように抗菌ペプチドに進化分子工学のアプローチを駆使して高活性化や作用スペクトルを改変する研究者は類例がない。自然の作品は，最適化された最高傑作だと思う人がほとんどだからだろう。私自身も，わずか約20アミノ酸残基という小型ペプチドで，一部のアミノ酸置換で高活性化できるというのは正直驚いた。天然物を天然物のまま理解する正攻法もあれば，人

工的に改変していくことで天然物を理解するアプローチもある。私が後者のアプローチを好む理由は，同時に天然物を超える性能や機能を獲得したプロダクトを創出できるからである。抗菌ペプチドの人工進化を通じて得た教訓は，活性に致死的な低下をもたらせない可変領域を特定することの重要性である。最初から予測できたことではなく，暗闇を手探りしているうちに掴んだノウハウである。アピデシン研究で経験した「瓢箪から駒」とタナチン研究で経験した「怪我の功名」は，試行錯誤の所産であった。多くの時間を費やして辿り着いた金脈だが，自然のオリジナル作品から出発したことを考えると，真のオリジナルを創製した生物自身の神業には脱帽せざるを得ない。何をもって高活性化か，何をもって最適化かは，扱う研究者の目的と意図によって異なり，ましてや本来の生物生産者にとっての評価軸（生理的意義）は違う。著者が考える理想的な抗菌ペプチドは，静菌的に作用するソフトドラッグである。わざわざ殺菌的に効かせて耐性菌を誘発する必要はない。その意味で，静菌的作用と殺菌的作用の間に明瞭な境界があるのか，それとも延長線上にある現象なのか？を見極める研究は極めて重要である。そして，展開が期待される用途として，化学農薬の代替をはじめ，家畜用飼料用の抗菌ペプチド発現植物の育種，生体医療材料との複合化など，夢は膨らむ。

謝辞

　本原稿は，前職の北海道大学大学院・工学研究院・応用化学部門・バイオ分子工学研究室での研究成果に基づいて執筆した。松本謙一郎教授および大井俊彦准教授はじめ本プロジェクトに参画頂いた多くの学生・共同研究者（東京理科大学・基礎工学部の橋本茂樹准教授など）に感謝申し上げます。

文　　献

1) 田口精一，【特別解説】2018年ノーベル化学賞を読み解く［化学賞 Part II］，ファージディスプレイ法の登場による進化分子工学の大きな進展—知的な進化マシナリー—，化学，**73**(12), 17 (2018)
2) B. Lemaitre *et al.*, *Cell*, **86**, 973 (1996)
3) L. A. O'Neill *et al.*, *Nat. Rev. Immunol.*, **13**, 453 (2013)
4) S. Taguchi *et al.*, *Biochimie*, **80**, 343 (1998)
5) P. Casteels *et al.*, *EMBO J.*, **8**, 2387 (1989)
6) P. Casteels *et al.*, *Eur. J. Biochem.*, **187**, 381 (1990)
7) P. Casteels *et al.*, *Biochem. Biophys. Res. Commun.*, **199**, 339 (1994)
8) P. Casteels *et al.*, *J. Biol. Chem.*, **269**, 26107 (1994)
9) L. Otvos Jr. *et al.*, *Biochemistry*, **39**, 14150 (2000)
10) A. Krizsan *et al.*, *Antimicrob. Agents Chemother.*, **59**, 5992 (2015)
11) D. Volke *et al.*, *J. Proteome Res.*, **14**, 3274 (2015)

12) A. Krizsan *et al.*, *Chembiochem*, **16**, 2304 (2015)
13) M. E. Bluhm *et al.*, *Eur. J. Med. Chem.*, **103**, 574 (2015)
14) M. E. Bluhm *et al.*, *Front. Cell Dev. Biol.*, **4**, 39 (2016)
15) D. Knappe *et al.*, *Future Med. Chem.*, **8**, 1035 (2016)
16) R. Schmidt *et al.*, *J. Proteome Res.*, **15**, 2607 (2016)
17) T. Goldbach *et al.*, *J. Pept. Sci.*, **22**, 592 (2016)
18) D. Knappe *et al.*, *Protein Pept. Lett.*, **23**, 1061 (2016)
19) K. Matsumoto *et al.*, *Sci. Rep.*, **7**, 12136 (2017)
20) M. Graf *et al.*, *Nat. Commun.*, **9**, 3053 (2018)
21) S. Taguchi *et al.*, *Appl. Microbiol. Biotechnol.*, **36**, 749 (1992)
22) S. Taguchi *et al.*, *Appl. Environ. Microbiol.*, **60**, 3566 (1994)
23) S. Taguchi *et al.*, *Appl. Environ. Microbiol.*, **62**, 4652 (1996)
24) S. Taguchi *et al.*, *Appl. Environ. Microbiol.*, **75**, 1460 (2009)
25) K. Matsumoto *et al.*, *Biochem. Biophys. Res. Commun.*, **395**, 7 (2010)
26) P. Fehlbaum *et al.*, *Proc. Natl. Acad. Sci. USA*, **93**, 1221 (1996)
27) N. Mandard *et al.*, *Eur. J. Biochem.*, **256**, 404 (1998)
28) S. Taguchi *et al.*, *J. Biochem.*, **128**, 745 (2000)
29) M. K. Lee *et al.*, *J. Biochem. Mol. Biol.*, **35**, 291 (2002)
30) J. M. Pagès *et al.*, *Int. J. Antimicrob. Agents*, **22**, 265 (2003)
31) T. Imamura *et al.*, *Biochem. Biophys. Res. Commun.*, **369**, 609 (2008)
32) G. Wu *et al.*, *Curr. Microbiol.*, **57**, 552 (2008)
33) Y. Orikasa *et al.*, *Biosci. Biotechnol. Biochem.*, **73**, 1683 (2009)
34) G. Wu *et al.*, *Biochem. Biophys. Res. Commun.*, **395**, 31 (2010)
35) G. Wu *et al.*, *Peptides*, **31**, 1669 (2010)
36) Z. Hou *et al.*, *Antimicrob. Agents Chemother.*, **57**, 5045 (2013)
37) B. Ma *et al.*, *Antimicrob. Agents Chemother.*, **60**, 4283 (2016)
38) K. E. Park *et al.*, *Dev. Comp. Immunol.*, **78**, 83 (2018)

第4章 遺伝子組換え微生物による抗菌ペプチドの生産技術

相沢智康*

1 遺伝子組換え抗菌ペプチド生産技術の重要性

　細菌などの微生物に対して抗菌活性を持つペプチド性の分子である抗菌ペプチドは，幅広い動物や植物の自然免疫の主要な因子の一つとして重要な役割を担っている。抗菌ペプチドの抗菌活性発現機構は，微生物の膜構造の破壊が主要とされるがその詳細には未知の点が多く残されている。さらに膜破壊以外にも，膜を透過したペプチドが細胞内分子を標的とした作用を持つ例も明らかになってきたことから，抗菌ペプチドの活性発現機構解明を目指した基礎分野での精力的な研究が数多く進められている。また，基礎研究にとどまらず，抗菌ペプチドはその抗菌活性の応用利用を目指した研究においても注目され，近年，耐性菌の出現などが問題となっている既存の抗生物質に代わる新たな創薬分野のシーズとしても期待されている。

　このような背景から基礎・応用の両方の側面で，抗菌ペプチドの効率的な生産技術が求められている。一般に抗菌ペプチドの天然からの精製は効率や収量が悪く，また配列改変も容易ではないことから，これらの目的には適していない。また，ペプチドの合成に広く用いられる固相合成は有効な生産手法であるが，比較的長い鎖長のペプチドの合成においては必ずしも効率的とはいえず，合成コストなどの問題が生じる。このような問題の解決策として期待される技術が微生物による遺伝子組換えペプチド生産である。特に微生物によるペプチド生産が極めて有用な例として，研究レベルでの安定同位体標識試料の調製があげられる。構造解析や相互作用解析に有用なNMR法に用いられる安定同位体標識試料の調製においては，抗菌ペプチド全長を標識した試料を固相合成により生産することは合成コストの面から現実的ではないためである。

　本章では，筆者の取り組んできた大腸菌および酵母を宿主とした遺伝子組換え微生物による抗菌ペプチドの生産例を中心に紹介する。

2 遺伝子組換え抗菌ペプチドの可溶性画分での生産

　遺伝子組換え微生物を用いて，分子量の比較的大きな蛋白質を生産する際には，一般に可溶性画分への生産が好まれる。これは，分子量の大きな蛋白質では，不溶化した蛋白質からのリ

＊　Tomoyasu Aizawa　北海道大学　大学院先端生命科学研究院／国際連携研究教育局　教授

第4章 遺伝子組換え微生物による抗菌ペプチドの生産技術

フォールディング条件の検討が容易ではないことなどによる。これに対して分子量の比較的小さい抗菌ペプチドでは，フォールディングは比較的容易であることが多いとはいえ，それでもやはり可溶性画分への発現を積極的に検討している例が多い。

可溶性画分への組換え抗菌ペプチド生産の微生物宿主として報告があるものとしては，原核生物では，大腸菌（Escherichia coli），枯草菌（Bacillus subtilis），真核生物では，酵母（Saccharomyces cerevisiae, Pichia pastoris）などがあげられ，それぞれの特徴を活かした生産が試みられている[1~3]。しかしながら，抗菌ペプチド生産の報告例が圧倒的に多い宿主は，大腸菌と酵母 P. pastoris である。

大腸菌を宿主とした発現系は長い歴史と共に種々の改良が重ねられ，遺伝子の組込みから蛋白質精製までの段階を効率的に進められる発現ベクターが多く市販されており，早い成長速度，取り扱いの簡便さ，培養コストなど多くの利点を有することから，抗菌ペプチドの生産においても最も報告が多い宿主である。大腸菌を宿主として抗菌ペプチドを生産する際に問題となる点としてまずあげられるのは，抗菌ペプチドが有する抗菌活性が宿主に与える毒性である（図1）。また，抗菌ペプチドは微生物表面との相互作用に有利なように正電荷に富んだ一次配列を持つことが多いため，発現宿主内のプロテアーゼによる分解を受けやすいことも問題となる。例えばαヘリックス型に分類される抗菌ペプチドの多くは，標的微生物の膜と相互作用して初めて安定な立体構造を形成するものが多く，水溶液中では特定の立体構造を有せず，プロテアーゼ耐性が低いと考えられる。また，天然状態ではジスルフィド架橋により安定化された構造を有する抗菌ペプチドを宿主内で発現させた場合も，同様に宿主内では安定な立体構造を有しないため分解を

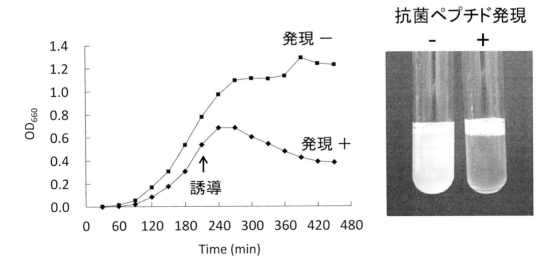

図1 遺伝子組換え抗菌ペプチド発現による微生物宿主への影響
大腸菌を宿主とした発現系を用いて抗菌ペプチドを発現し，その培養液の濁度を測定した。発現誘導を行わなかった場合は大腸菌の増殖が継続しているが，誘導を行い抗菌ペプチドが発現した場合には増殖が停止し，その後細胞の破壊による濁度の減少が観察された。

受けやすいと考えられる。そこで，大腸菌を宿主とした発現系で抗菌ペプチドを生産する場合には，単独発現ではなくキャリア蛋白質との融合発現により生産する方法が広く用いられる。キャリア蛋白質の付加による安定化の効果と同時に，抗菌ペプチドそのものの活性を阻害し宿主への毒性を低減する効果が期待できる。Li らは遺伝子組換え生産による抗菌ペプチドのデータベースを構築し，どのようなキャリア蛋白質が抗菌ペプチドの生産に頻用されるかを分析している[4〜6]。それによると，遺伝子組換え大腸菌を宿主とした発現系において抗菌ペプチドの生産の報告が最も多いキャリア蛋白質は thioredoxin（Trx）であり，大腸菌を宿主とした融合発現抗菌ペプチド生産のおよそ20％に用いられており，次に多い glutathione S-transferase（GST）と比較すると約2倍の割合で利用されている。

　Trx は，約12 kDa の非常に可溶性の高い蛋白質であり，大腸菌を宿主として発現した際に高い発現量が得られることから，大腸菌融合発現系でのキャリア蛋白質として広く用いられる[7]。Trx を用いた抗菌ペプチドの高発現の成功例が多い理由はいくつか考えられるが，キャリア蛋白質としての分子量が小さいため融合蛋白質に占めるキャリア部分の割合が低く抑えられ小ペプチドを効率的に発現することができること，低い等電点を持つため塩基性の抗菌ペプチドの毒性を打ち消す効果があること，などが寄与している可能性がある。我々も Trx をキャリア蛋白質として用いることで，ブタの小腸に寄生する線虫由来抗菌ペプチドである cecropin P1 を効率よく生産することに成功している[8]。

　Trx や GST は抗菌ペプチド以外の蛋白質の発現においても，キャリア蛋白質として広く用いられているが，最近我々は Vogel らのグループと共同で，calmodulin（CaM）が抗菌ペプチドの可溶性発現のためのキャリア蛋白質として特に有用であることを報告した[9]。CaM は，真核生物に広く存在する約17 kDa の酸性の Ca^{2+} 結合蛋白質で，Ca^{2+} 結合部位を持つ相同性の高い2つの球状ドメインが，フレキシブルな領域でつながれたダンベル様の構造を有している。Ca^{2+} の濃度変化に応答し構造変化を起こした CaM は，図2に示すように2つの球状ドメインに存在する標的結合部位で，ターゲット蛋白質に含まれる多様な標的配列を包み込むような構造を形成することが知られている。標的配列は抗菌ペプチドと類似した塩基性に富み両親媒性構造を有するという物理化学的特徴を有しており，表面プラズモン共鳴法を用いた実験でも CaM が種々の抗菌ペプチドに対して高いアフィニティーを有することが確認できた。そこで，CaM と抗菌ペプチドの直接的な相互作用による毒性や分解の回避を期待して，大腸菌を宿主とし T7 プロモーターを用いて N 末端側に CaM をキャリア蛋白質として付加する融合発現系を構築した。この発現系を用いることで，melittin, fowlicidin-1, indolicidin, tritrpticin, puroA, magainin II F5W, lactoferrampin B, MIP3α_{51-70}, human β-defensin 3 といった極めて多様な抗菌ペプチドの効率的な生産に成功して，CaM が広範な抗菌ペプチドの生産に活用可能な可溶性キャリア蛋白質であることを明らかにした。

　大腸菌を宿主としてジスルフィド結合を複数組有する抗菌ペプチドを生産する場合は，複雑なリフォールディングの問題を回避するため，菌体内の還元機構に変異を導入した宿主を用いて細

第 4 章　遺伝子組換え微生物による抗菌ペプチドの生産技術

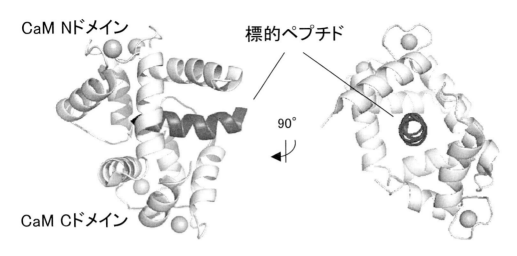

図 2　CaM の標的ペプチド認識状態での立体構造
CaM（白）が Ca^{2+} 存在下で標的ペプチド（黒）を認識する際には，N 末端側ドメインと C 末端側ドメインの両者で包み込むような立体構造を形成する。

胞内でのジスルフィド結合形成を促進する系や，内膜と外膜の間のペリプラズム空間の酸化的環境下でジスルフィド結合を形成させる系などが多く利用されている[1〜3]。また，高い翻訳後修飾の機能を有すると考えられる酵母を宿主として用いた分泌型での報告例も多い。一般の蛋白質の生産において，S. cerevisiae と比較して高効率での発現の報告が多いメタノール資化性酵母 P. pastoris を宿主とすることで，抗菌ペプチドの生産においても多くの成功例が報告されている。P. pastoris はメタノールの資化に必要なアルコール酸化酵素遺伝子（AOX1）の強力なプロモーターが利用可能であることや，高密度培養法の利用により，組換え蛋白質の効率な生産が期待できることが特徴であり，市販のベクターも入手可能で比較的容易に取り扱うことができる[10]。また，安定同位体標識用の培地も簡便に調製可能であることから，NMR 用の安定同位体標識試料の調製も容易である[11]。分泌型での発現を行う場合には，膜透過のためのシグナル配列を N 末端に付加させて翻訳をさせる必要がある。利用されるシグナル配列としては，目的の抗菌ペプチドがもつ固有のシグナル配列のほか，酵母由来のシグナル配列などを利用する方法が広く用いられている。我々のグループでも溶菌活性を有する種々の生物由来のリゾチーム[12,13]や線虫由来抗菌ペプチド[14,15]の生産などに P. pastoris を用いてきた。

　最近の我々の P. pastoris を用いた抗菌ペプチドの生産例として植物由来抗菌ペプチド snakin-1（SN1）の生産を紹介する[16]。SN1 はジャガイモから発見された抗菌ペプチドであり，全長 63 アミノ酸残基のペプチドでありながら，12 個ものシステインを含み，それらがジスルフィド結合を形成しているという特徴を持つ。抗真菌活性も有し，幅広い植物から相同性の高いペプチドが発見されていること，植物で過剰発現させることで耐病性が向上することなどから注目されている。SN1 については，大腸菌発現系や固相合成による生産の報告はあったが，より

効率的な生産の可能性を検討するため P. pastoris を宿主とした分泌系での発現を試みた。AOX1 遺伝子のプロモーターと酵母由来の分泌シグナルであり発現成功例の報告の多い α-ファクタープレプロ配列を利用し，分泌型での発現を検討した。バッフルフラスコを用いた試験培養でメタノールによる発現誘導を行うことで，培養上清中への目的ペプチドの分泌が確認できた。そこで5 L のジャーファーメンターを用いた高密度培養を行い，48 時間に渡りメタノールでの誘導を行った（図3）。最終的な菌体の湿重量は 300 g/L 程度に到達した。pI 8.97 の SN1 を陽

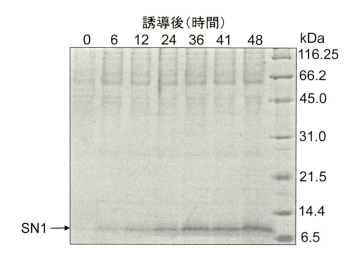

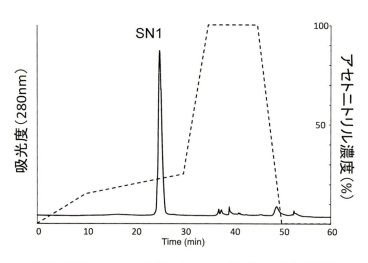

図3　酵母 P. pastoris を用いた SN1 の分泌系での生産と精製

ジャーファーメンターでの培地上清の電気泳動により，メタノールでの誘導後に SN1 が培地中に分泌されていることが確認された。逆相 HPLC によりジスルフィド結合を有した SN1 の最終精製を行った。

第4章　遺伝子組換え微生物による抗菌ペプチドの生産技術

イオン交換クロマトグラフィーにより培地上清より回収し，逆相クロマトグラフィーにより最終精製を行い，培地1Lあたり約40 mgのSN1を得た。得られたSN1が天然と同様のジスルフィド結合により正しい立体構造を形成しているかを確認するために，天然から精製したSN1とP. pastorisで発現したSN1のNMRスペクトルの比較を行った（図4）。この結果，両者の間で良い一致が見られたことから，得られた組換えペプチドは天然型の構造を有していると判断した。SN1は抗真菌活性を有するため，P. pastorisに対しても活性を示すが，培地中に分泌されている濃度がMIC以下であることや培地中に含まれる高濃度の塩などが活性を阻害することなどから，活性による悪影響を受けずに生産に成功していると考えられる。

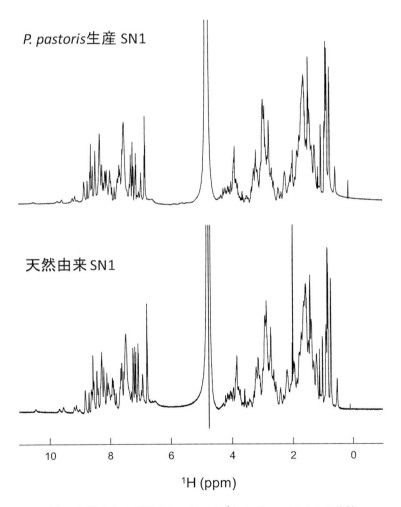

図4　組換えおよび天然由来SN1の¹H-NMRスペクトルの比較
アミド領域での低磁場シフト信号の特徴などが両者で良く一致しており，組換えペプチドも天然ペプチドと同様のジスルフィド結合と立体構造を形成していると推定された。

3　遺伝子組換え抗菌ペプチドの不溶性画分での生産

　抗菌ペプチドの生産では，可溶性の高い蛋白質をキャリア蛋白質として利用し可溶性画分での生産を促す方法とは逆に，封入体形成能の高い不溶性のキャリア蛋白質を積極的に用いて，抗菌ペプチドとの融合蛋白質を不溶化し毒性と分解の両方の抑制を狙う手法も多く用いられている。例えば，大腸菌を宿主とした発現系においては，封入体を形成するキャリア蛋白質として，PurF の N 末端フラグメント，TAF12，発現用ベクターに組み込まれ市販もされている ketosteroid isomerase などを利用した抗菌ペプチドの生産が多く報告されている[6]。不溶性キャリア蛋白質を用いることのもう一つの利点として，破砕した大腸菌から遠心分離のみで簡便に精製できる点もあげられ，これは産業応用などでの生産コスト上でも有利と考えられる。封入体内に含まれる蛋白質の種類は可溶性画分と比較すると圧倒的に少なく，この点でも精製の過程を簡素化できる利点がある。

　可溶性，不溶性に係らず，キャリア蛋白質を用いてペプチドの発現を進めた場合は，次のステップとしてキャリア蛋白質の切断が必要となる場合が一般的である。可溶性発現では factor Xa, thrombin, TEV protease, enterokinase といった酵素による選択的切断が一般に用いられるが[17]，不溶性発現では，可溶化のために用いる変性条件下では酵素を用いた切断が困難なことから，化学的切断が用いられることが多い[18]。臭化シアン処理によるメチオニン C 末端側での切断やギ酸によるアスパラギン酸 – プロリン間の切断，ヒドロキシルアミンによるアスパラギン – グリシン間の切断などが用いられるが，短い配列が対象のため特異性も低く，望まない種々の副反応による修飾などが起こることもしばしば問題となる。

　そこで我々のグループでは，抗菌ペプチドを始めとする各種ペプチドの発現の際にキャリア蛋白質の切断の問題を回避し，より簡便に調製する方法として，封入体形成能の高い蛋白質を融合はせずに共発現をすることにより，ターゲットとなるペプチドの封入体形成を促進する手法の検討を進めてきた[19~22]。まず封入体を形成しやすい蛋白質として，種々の α-lactalbumin（LA）および lysozyme（LZ）を選択した。これらの蛋白質は，共通の祖先から進化した蛋白質であり高い相同性を有するが，ヒトおよびウシ由来 LA は pI 4.8, pI 4.7 で酸性側に等電点を持つのに対して，ウシ由来 LZ は pI 6.5 の中性，ヒト由来 LZ は pI 9.3 の塩基性であり，共発現する蛋白質（パートナー蛋白質）の電荷の影響を検証するのに適当であると期待した。線虫 *Caenorhabditis elegans* 由来の 67 残基の塩基性の抗菌ペプチド ABF-2 を用いて，共発現の効果の検討を行った。大腸菌を宿主として T7 プロモーターを用いて ABF-2 と各パートナー蛋白質を共に誘導発現させる発現系を構築した。誘導発現後の封入体を電気泳動で解析したところ，酸性の等電点の LA を共発現させた場合には，ABF-2 単独発現と比較して顕著な発現量の増加が確認された（図 5）。これに対して，中性，塩基性の LZ の共発現では LZ の封入体形成は確認されたが，ABF-2 の封入体の増加への効果はほとんど確認できなかった。この結果から，正電荷を有する抗菌ペプチドに対しては，負の電荷を持つパートナー蛋白質の選択が効率的な封入体

第4章　遺伝子組換え微生物による抗菌ペプチドの生産技術

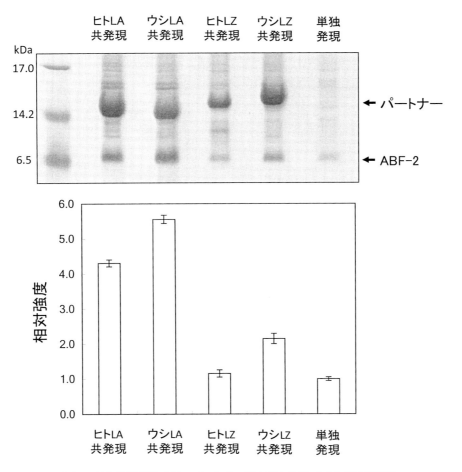

図5　封入体形成能の高いパートナー蛋白質と抗菌ペプチドの共発現
各種のパートナー蛋白質と抗菌ペプチドABF-2の共発現を行い，不溶性画分を電気泳動により分析し定量を行った。

形成に有効であると考えられる。多くの抗菌ペプチドは正電荷に富むことが多いため，もし可溶性画分に存在し立体構造を形成しなければ，宿主のプロテアーゼにより容易に分解が進行すると考えられるが，負電荷を有するパートナー蛋白質の発現による静電的な相互作用が抗菌ペプチドの封入体形成を促すことで安定化し発現量が増加すると推定される。

　他の塩基性の抗菌ペプチドに対してもパートナー蛋白質の効果について確認を行い，20種類以上の抗菌ペプチドで発現量増加を確認することができた。また，オステオカルシンなど酸性ペプチドを用いた検証では，塩基性のパートナー蛋白質であるLZを共発現した際に封入体形成促進の効果が確認されたことから，この手法はパートナー蛋白質の選択により，塩基性，酸性いずれのペプチドに対しても応用可能であると考えられる。

　この手法で逆電荷のパートナー蛋白質が，ペプチドの封入体形成の増加に寄与することは抗菌

ペプチドの精製過程においても有利に働く（図6）。封入体からの抗菌ペプチドの精製過程におけるパートナー蛋白質の分離では，両者が大きく異なった等電点を持つため，イオン交換クロマトグラフィーにより簡便に分離が可能である。この際に融合蛋白質では必要となるキャリア蛋白質からの切断が不要となることが大きなメリットである。ABF-2の精製では，陽イオン交換樹脂を用いてLAを素通り画分に分離後に，吸着したABF-2を塩により溶出し，LB培地1L当たり50 mgを超える粗ペプチドを効率良く得ることに成功した。前述のように封入体は，純度の高い蛋白質の凝集体であることから，この時点でも比較的純度の高いペプチドを得ることが可能である。ABF-2は，4組のジスルフィド結合を有する抗菌ペプチドであるため，その後のリフォールディングが必要となる。リフォールディングの後，最終的な逆相HPLC精製ABF-2の収量はLB培地1L当たり約10 mgとなり，安定同位体標識ペプチドの調製にも応用することで良好なNMRスペクトルを得て，立体構造解析を行うことにも成功した。

　ABF-2の例で明らかなように，この手法でジスルフィド結合を有する抗菌ペプチドを得た場合には，リフォールディングが必要となる。しかし，この手法を利用したマウス由来抗菌ペプチドcryptdin-4（Crp-4）の生産において，可溶化過程でのジスルフィド結合の形成という興味深

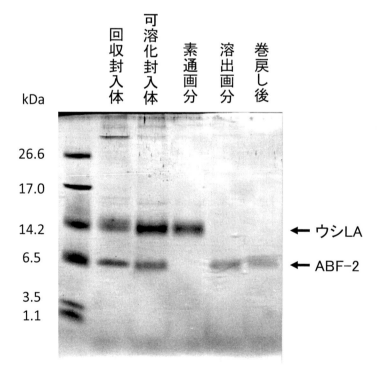

図6　ウシLAとの共発現により得られたABF-2の精製
回収した封入体に含まれるパートナー蛋白質であるウシLAは，変性剤存在下の陽イオン交換クロマトグラフィーで素通りするため，容易に抗菌ペプチドABF-2からの分離が可能であった。

第 4 章　遺伝子組換え微生物による抗菌ペプチドの生産技術

い方法で天然型構造を有するペプチドの調製に成功した[21]。Crp-4 はマウスの消化管で発現する 6 種類のアイソフォームの一つで，強い抗菌活性を有している。6 個のシステインがジスルフィド結合を形成した構造をもつ α-defensin に分類される。ジスルフィド結合を有する組換え蛋白質を封入体として得た場合のリフォールディングでは，一般に変性剤存在下で完全還元したペプチドから，透析などにより変性剤と還元剤の両者を除去し立体構造を形成させる手法が良く用いられる。しかし，Crp-4 の場合にはパートナーとの共発現により得た封入体に，還元剤を加えない酸化的条件下において単に尿素により可溶化するのみで，この可溶化の過程で正しいジスルフィド結合を形成した Crp-4 を得ることに成功した。菌体内から可溶化した直後の Crp-4 では，まだジスルフィド結合は形成していないことが確認されたことから，ジスフィド架橋は変性剤存在下の可溶化の過程で進んだと推定された。Crp-4 と同じ α-defensin ファミリーに属する抗菌ペプチドである human neutrophil peptide-1 でも，固相合成したペプチドのフォールディングの際に分子間相互作用などを低減する効果が期待される変性剤存在下でのフォールディングが適していることが報告されている[23]ことなどから，Crp-4 においても変性剤存在下でも天然型の立体構造を形成しやすい性質があるため，このようなリフォールディング工程が可能となると考えられる。Crp-4 ではこの方法を利用することで，通常の精製後にフォールディングを行う手法と比較して約 2 倍程度の効率で最終精製ペプチドを得ることに成功している。

4　おわりに

抗菌ペプチドのさまざまな分野での応用への期待を背景に，その生産コストの低減や作用機構の解明などの課題は極めて重要である。現在，抗菌ペプチドが登録されるデータベースがいくつか公開されているが，配列解析からのデータを含む CAMP$_{R3}$（http://www.camp.bicnirrh.res.in/）で 10,247 件[24]，天然由来で活性が実験的に確認されたもののみが登録される APD3（http://aps.unmc.edu/AP/）でも 3,061 件[25]が登録されており，この数は増え続けている。抗菌ペプチドの新たな応用分野を切り開く技術として，遺伝子組換え微生物による抗菌ペプチドの生産技術の重要性はますます高まっていくものと考えられる。

文　献

1) N. S. Parachin *et al.*, *Peptides*, **38**, 446（2012）
2) T. Deng *et al.*, *Protein Expr. Purif.*, **140**, 52（2017）
3) D. Wibowo and C. X. Zhao, *Appl. Microbiol. Biotechnol.*, **103**, 659（2019）
4) Y. Li and Z. Chen, *FEMS Microbiol. Lett.*, **289**, 126（2008）

5) Y. Li, *Biotechnol. Appl. Biochem.*, **54**, 1 (2009)
6) Y. Li, *Protein Expr. Purif.*, **80**, 260 (2011)
7) K. Terpe, *Appl. Microbiol. Biotechnol.*, **60**, 523 (2003)
8) M. H. Baek et al., *J. Pept. Sci.*, **22**, 214 (2016)
9) H. Ishida et al., *J. Am. Chem. Soc.*, **138**, 11318 (2016)
10) M. Ahmad et al., *Appl. Microbiol. Biotechnol.*, **98**, 5301 (2014)
11) A. R. Pickford and J. M. O'Leary, *Methods Mol. Biol.*, **278**, 17 (2004)
12) N. Koganesawa et al., *Protein Eng.*, **14**, 705 (2001)
13) Y. Nonaka et al., *Proteins*, **72**, 313 (2008)
14) H. Zhang et al., *Antimicrob. Agents Chemother.*, **44**, 2701 (2000)
15) Y. Kato et al., *Biochem. J.*, **361**, 221 (2002)
16) M. R. Kuddus et al., *Protein Expr. Purif.*, **122**, 15 (2016)
17) D. K. Yadav et al., *Arch. Biochem. Biophys.*, **612**, 57 (2016)
18) P. M. Hwang et al., *FEBS Lett.*, **588**, 247 (2014)
19) 相沢智康ほか, 組み換え蛋白質の製造方法, 特開 2007-201532 (2007)
20) S. Tomisawa et al., *AMB Express*, **3**, 45 (2013)
21) S. Tomisawa et al., *Protein Expr. Purif.*, **112**, 21 (2015)
22) M. R. Kuddus et al., *Biotechnol. Prog.*, **33**, 1520 (2017)
23) Z. Wu et al., *J. Am. Chem. Soc.*, **125**, 2402 (2003)
24) F. H. Waghu et al., *Nucleic Acids Res.*, **44**, D1094 (2016)
25) G. Wang et al., *Nucleic Acids Res.*, **44**, D1087 (2016)

第5章　界面バイオプロセスによる抗菌物質生産カビ・放線菌のスクリーニングと抗菌物質の高生産

小田　忍[*]

1　はじめに

　RifampicinやNew Quinolone系抗結核薬などの多くの薬剤に抵抗性を示す超多剤耐性結核菌や，現行の抗菌剤が無効となってしまったさまざまな多剤耐性菌が地球規模で拡大しつつある今日，新規な抗菌剤の開発が急務となってきている。しかしながら，メガファーマをはじめとする製薬会社による新薬開発は依然停滞しており，極めて深刻で憂慮すべき問題となっている。その理由としては，費用対効果といった経済的な問題のみならず，新規な炭素骨格を有した天然物の発見が極めて困難になってきている事実がある。このことは，抗菌剤の中でも非常に大きなウエイトを占めている抗生物質についても同様な状況である[1,2]。

　A. FlemingによるPenicillin Gの発見以降，微生物が作り出す抗生物質の探索と開発が隆盛となり，特に放線菌とカビ由来の二次代謝物がリード化合物となって多くの新薬開発につながってきた。しかしながら，微生物に新規性を求めるために特殊な環境，例えば，植物や昆虫，あるいは海洋生物の体内から分離してきた新種の微生物でさえ，抗菌活性を有した新規な二次代謝物を生産することがなかなかできないことが分かってきた。このことが，新薬開発の停滞の大きな一因になっている。

　抗生物質を探索および生産するための伝統的かつ現行の微生物培養法の主流は，言うまでもなく液体培養法である。栄養源を溶解した水溶液中に分離した微生物を植菌し，定温条件下で振盪培養した後に有機溶媒を用いて菌体中ならびに培養上清から二次代謝物を抽出する。この抽出物について抗菌活性を評価する流れが，現行の抗菌物質のスクリーニング法である。しかしこの現行法で新規な抗菌活性物質がなかなか見出されなくなってきているのである。

　これに対し筆者らは，現行法とは全く異なる微生物培養法である界面培養法を提案してきた[3]。界面培養法には，栄養寒天平板のような親水性ゲルとn-paraffinのような疎水性有機溶媒との界面で微生物を増殖させる固／液界面培養法[4,5]と，浮上性の中空微粒子を利用してカビ菌体を液体培地と疎水性有機溶媒との界面で増殖させる液／液界面培養法がある[6,7]。両培養法はともに微生物を有機溶媒に接した状態で増殖させることができるため，疎水性有機溶媒中での補酵素要求性の微生物反応を実施させることができ，さらにはその活発な代謝系を利用してさまざ

---

[*]　Shinobu Oda　金沢工業大学　ゲノム生物工学研究所／医工融合技術研究所／バイオ・化学部　応用バイオ学科　教授

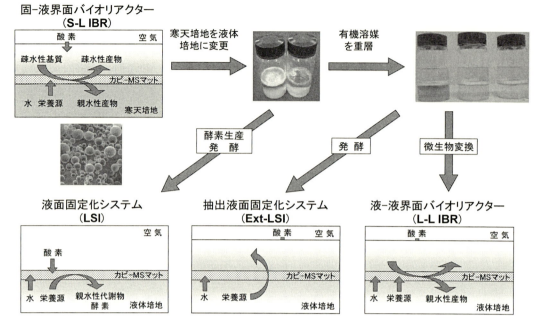

図1 界面バイオプロセス群開発の系譜
LSIは水溶性代謝物や酵素の生産用，Ext-LSIは疎水性代謝物の生産用，L-L IBRは疎水性微生物変換産物の生産用デバイスである。いずれも浮上性微粒子によってカビの菌体を液体培地液面にトラップし，前培養により培地液面に強固なカビマットを形成させる。Ext-LSIとL-L IBRでは，このカビマットの上に疎水性有機溶媒を重層して静置培養する。

まな代謝物を有機溶媒中に生産・蓄積することができる。以下では，これら両界面培養系の構成と原理を概説し，さらにはカビや放線菌を用いた抗菌物質の探索ならびに超高濃度生産プロセスの開発について，最新の成果も踏まえて解説したい（図1）。

2 浮上性微粒子を用いた液体培地液面でのカビマットの形成

寒天平板／疎水性有機溶媒の固／液界面培養法には，寒天中への栄養源の追加やpH制御が困難といった短所があり，標的物質を長期に渡って繰り返し高濃度生産するには限界があった[8～10]。このような固／液界面培養法の限界を克服するためには，ゲル中の水層について栄養源の追加やpH調節を可能にする必要がある。こうした背景から登場してきた第二世代のシステムが液／液界面培養法である[6,7]。

主に建材向けに市販されている中空あるいは多孔性微粒子（マイクロスフェアー：MS）は，粒径が10～70 μm，比重が0.1～0.5程度の軽量微粒子である。MSをカビの菌体懸濁液に混合すると速やかに密集して浮上するが，それに伴い大多数のカビ菌体を液面に形成されるMS層中にトラップすることができる。これを数日間静置培養すると，カビの菌糸が成長してMSを

取り込む形で強固なカビマットが液体培地の液面に形成される。このカビマットを用いて水溶性の代謝物や酵素を発酵生産するシステムが液面固定化（LSI）システムである（図1）[6]。LSI システムでは，培養わずか3日間で供試菌62株中49株が液体培地全面を覆うカビマットを形成した。これに対し，MSを用いない場合（既知の液面培養法）ではわずか5株のみが液面全面を被覆したにすぎない[6]。LSIシステムでは，液体培養法を凌ぐ酵素生産性が確認されている[11, 12]。

3　液／液界面培養法による抗菌物質生産カビのスクリーニング

LSIシステムのカビマット上に疎水性有機溶媒を重層すると，カビは水と有機溶媒との液／液界面に位置して有機溶媒に接することになる。そうなると，生合成されてくる疎水性二次代謝物は in situ に，菌体内から有機層へと連続的に抽出されてくる。培養系が水であるために疎水性代謝物が菌体外に放出され難く，親水性代謝物が優先して生産される従来の液体培養法と比較して，生産される二次代謝物のプロファイルが大きく異なることになる（図2）。こうして登場した液／液界面培養法が，抽出液面固定化（Ext-LSI）システムである[13]。

Ext-LSI システムは，次節で述べるように疎水性二次代謝物の生産に極めて大きな威力を発揮するが，抗菌物質生産カビのスクリーニング［液／液界面スクリーニング（L/L-IFS），図3］においても非常に有効であった[14]。図3に示すようにL/L-IFSシステムではまず，20～50 mL容ガラス製バイアルにMSを懸濁させた液体培地を5～10 mL分注する。次に，MSが

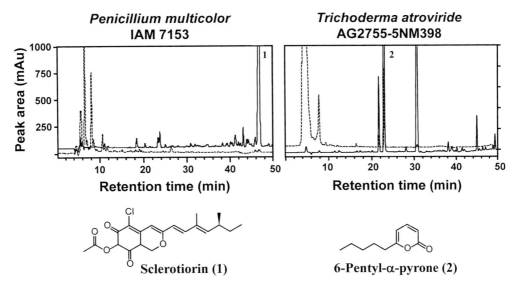

図2　Ext-LSIと液体培養法で得られる代謝物プロファイルのHPLCクロマトグラムの比較
実線はExt-LSI，破線は液体培養法で得られたサンプル。ピーク1はさまざまな生物活性を示すazaphilone系化合物であるsclerotiorin，ピーク2は香気性香料原料として有用な6-pentyl-α-pyrone。

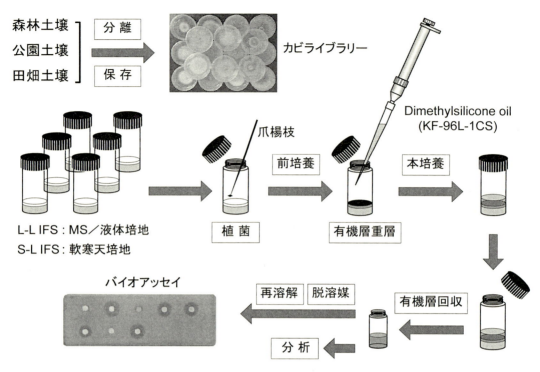

図3 液／液界面スクリーニング（L/L-IFS），固／液界面スクリーニング（S/L-IFS）のプロトコル
L/L-IFSではカビマットは液体培地液面に形成されたMS層上に形成され，S/L-IFSでは軟寒天平板の表面に形成される。回収された有機層は，ヘアドライヤーの冷風で除去可能。その後ヒットしたサンプルは，HPLC-PDA（高速液体クロマトグラフィー-フォトダイオードアレイ）解析に供される。

液体培地液面に浮上してMS層を形成した後に，カビマットの小片を爪楊枝でMS層の中央に植菌する。3日程度の前培養でMS表面にカビマットを成長させた後，低粘性のdimethylsilicone oilを1～3 mLカビマットの上に重層する。7～10日程度の本培養後に有機層を全量回収し，冷風によるエアーブローでこの有機層を揮発させ，二次代謝物を少量の有機溶媒で再溶解して抗菌試験に投入する（図3）。

Ext-LSIシステムで用いるdimethylsilicone oilは酸素の溶解性が高いため，培養器は静置状態で培養される。つまり振盪培養機は不要である。また，有機層はピペットを用いて容易に回収できるため，液体培養法における溶媒抽出操作も不要である。小さいスケールでの培養を静置条件で行ううえに溶媒抽出が不要であるため，ハイスループットなスクリーニングシステムと言えよう。また，疎水性二次代謝物は上記のように有機層中に著量蓄積されてくるため，抗菌活性物質生産カビのヒット率は30％超と非常に高く，極めて感度の高いシステムでもある。

さらには上述の通り，液体培養法では生産が困難な疎水性二次代謝物が選択的に生産できるという極めて重要な特徴もある。つまり，液体培養法でのスクリーニングでドロップアウトした株でさえも，再びスクリーニングの土俵に上げることができることとなるため，新規な抗菌活性物

質の探索法として，大きな可能性を秘めたシステムであると言えよう。

4 液／液界面培養法による生物活性物質の高濃度生産

液／液界面培養法を微生物変換に応用したシステムが，液／液界面バイオリアクター（L-L IBR）である（図1）[6,7]。L-L IBR はこれまでに，カビを用いた加水分解[6,15]，還元[16]，水酸化[17~19]，エポキシ化[20]などの多様な微生物変換に適用され，極めて高い生産物濃度が達成されている。L-L IBR の有機層が毒性基質ならびに生成物のリザーバーとして機能している所以である。

一方，疎水性二次代謝物生産用デバイスである Ext-LSI システムは，香料原料として有用な 6-pentyl-α-pyrone（6PP）の生産に応用された[13]。6PP は *Trichoderma* に属するカビによって生産できるが[21]，強い抗カビ活性を有しているために[22]，それの液体培養法による生産濃度は最大でも 474 mg/L に過ぎなかった[23]。

これに対し，新たに土壌より分離し，さらに NTG（*N*-methyl-*N*'-nitro-*N*-nitrosoguanidine）処理で創成した変異株 *T. atroviride* AG2755-5NM395 を Ext-LSI に適用することにより，有機層中に蓄積する 6PP の濃度は 7.1 g/L に達した[13]。発酵原料である fructose を高濃度で添加した液体培養では，6PP のような二次代謝物の生合成が遺伝子レベルで抑制される。このような現象をカタボライト抑制[24]と称するが，Ext-LSI ではこの現象が発現しない[25]。6PP が生産と同時に *in situ* に菌体中から有機層中へと連続的に抽出される効果（したがって，フィードバック阻害が発現しない）と，カタボライト抑制の回避効果とが相まって，従来のチャンピオンデータの 15 倍もの 6PP の蓄積濃度に達したものと考えられる。

さらに興味ある現象として，MS 層中にアニオン交換樹脂の微粒子を配合した場合，それの交換容量が大きいほど *T. atroviride* AG2755-5NM398 の 6PP 生産活性が向上する一方，胞子形成能が著しく低下することを見出した[26]。胞子への形態分化と二次代謝との間に密接な関係があること，通常胞子形成が亢進される条件下で二次代謝能が向上することが報告されているが[27]，アニオン交換樹脂を用いた本発酵系では，全く逆の効果が発現したことになる。カビの二次代謝と形態分化との関係を検討するうえで，興味深い研究材料になるであろう。

5 固／液界面培養法による抗菌物質生産カビ・放線菌のスクリーニング

前節で述べた通り，L-L IBR は高濃度基質の微生物変換に，Ext-LSI は疎水性二次代謝物の高濃度生産に大きな威力を発揮する。また，後者を基幹とする L/L-IFS では，3 節で述べたように，疎水性二次代謝物を生産し得るカビをハイスループットでかつ高いヒット率でスクリーニングすることが可能である。これら 3 種のシステムでは，液体培地と疎水性有機溶媒との液／液界面で成長したカビマットを利用することが共通の要件となっている。カビは増殖に伴って菌

糸を伸長・分岐させ，多数のMS微粒子を取り込む形で物理的に強固なカビマットを液体培地の液面に形成する。

ところが，増殖速度の遅いカビや放線菌，単細胞微生物である細菌や酵母をMSとともに液体培地液面に浮上・増殖させても，増殖速度の速いカビのように物理的に強固なマットを形成することはできない。液体培地液面に形成された微生物菌体-MS層は物理的に脆弱であるうえに，疎水性有機溶媒を重層するとわずかな衝撃で微生物菌体-MS層は崩壊し，大きな穴が開いてしまうことになる（図4）。この問題に対しては，MS同士を粘着させてMS層を補強する新たなタイプの界面バイオプロセスを開発中である。このシステムは，MS層中に水不溶性粘着剤であるcarboxymethylcellulose あるいはpolyvinyl butyral 樹脂の微粒子を配合した構成であり，増殖速度の遅いカビや放線菌，単細胞微生物である細菌や酵母についても適用可能となってきている（Ext-LSI$_{tac}$, 図4）。

一方，抗菌物質生産菌のハイスループットなスクリーニングシステムとして，固／液界面スクリーニング法（S/L-IFS）を開発した[28]。このスクリーニング法のプロトコルは，図3に示したL/L-IFSの液体培地とMS層を軟寒天培地（寒天1%）に置き換えた構成となっている。水層が軟寒天であるために増殖速度の遅いカビマットはもちろん，放線菌や細菌，酵母や細藻類に

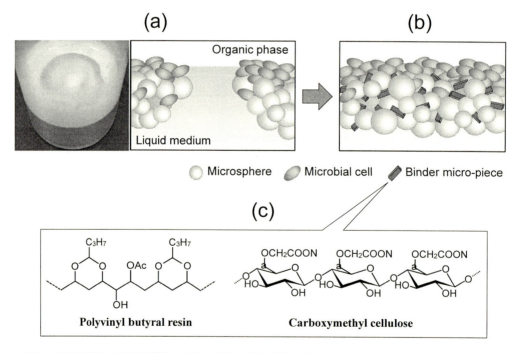

図4 低増殖性のカビと放線菌，細菌，酵母，微細藻類に適用可能な改良型の抽出液面固定化システム（Ext-LSI$_{tac}$）と液／液界面バイオリアクター（L-L IBR$_{tac}$）
菌糸が発達しない微生物では液体培地液面に形成されたMS層は脆弱であり，有機溶媒を重層するとMS層は崩壊する（a）．MS微粒子同士を粘着させ得る水不溶性バインダー材（c）を配合することにより，MS層の崩壊を抑止することができる（b）．

第5章　界面バイオプロセスによる抗菌物質生産カビ・放線菌のスクリーニングと抗菌物質の高生産

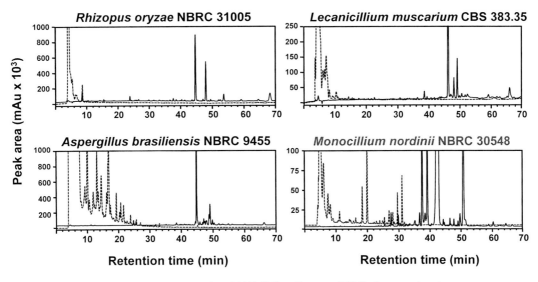

図5　固／液界面培養法と液体培養法で得られる代謝物プロファイルの
HPLCクロマトグラムの比較
　実線はExt-LSI，破線は液体培養法で得られたサンプル。

至る全ての微生物のバイオフィルムを形成可能である。放線菌や単細胞微生物に関しては，菌体懸濁液を寒天平板表面に塗布すればよい。

　上述の固／液界面培養法でも，Ext-LSIシステム同様，疎水性の二次代謝物が疎水性有機溶媒であるdimethylsilicone oil中に蓄積してくる。すなわち，通常の液体培養法で得られるものとは大きく異なる二次代謝物プロファイルを得ることができる（図5）。この固／液界面培養法を基幹とするS/L-IFSではL/L-IFSと同様に，液体培養法では生産できない疎水性二次代謝物が高濃度で得られるが，土壌からの分離カビと放線菌を対象に抗真菌活性をアッセイした結果，カビで35.5%（323株／909株），放線菌で21.7%（23株／106株）もの高いヒット率が得られた[28]。

6　おわりに

　多剤耐性菌症の脅威が急速に世界中に拡大してきている今日，無効になった薬剤に替わる新たな抗菌剤の開発と実用化を強力に推進していく必要がある。しかしながら，分離微生物が新属であっても，液体培養下で生産する抗菌性代謝物に新規な炭素骨格を見出すことは極めて困難であり，専門家の間で諦めムードさえ漂っている感がある。

　これに対して筆者らは，液体培養法とは全く異なる界面培養法を用いた新規な疎水性二次代謝物の探索研究を推進している。界面培養法には液／液ならびに固／液界面の2種のシステムがあるが，両者とも，液体培養法では生産が困難な二次代謝物を疎水性有機溶媒中に生産・蓄積す

ることができる。特に後者は増殖速度の速いカビについてのみならず，増殖の遅いカビや放線菌，細菌や酵母，さらには微細藻類にも適用可能であり，汎用性が極めて広い新規なスクリーニングシステムと言うことができる。今後これら界面スクリーニング法がさまざまな研究機関で実施され，新規な炭素骨格を有した抗菌活性物質が続々と発見されてくることを期待したい。

L/L-IFSの基幹となる培養法のEx-LSI，そしてS/L-IFSの固／液界面培養法は，ともに疎水性二次代謝物の生産に大きな威力を発揮する。L/L-IFSとS/L-IFSで見出されてくる新規な疎水性抗菌物質の大規模工業生産には，Ext-LSIあるいはExt-LSI$_{tac}$が有効となるであろう。今後とも，新規な抗菌物質の探索から工業生産までを想定した，界面バイオプロセスの開発を推進していきたい。

謝辞

本研究は，以下の公的資金を受けて推進されてきた。紙面を借りて深謝の意を表したい。JSTシーズ発掘試験（A発掘型，990205，2009年），科学研究費（基盤研究C，22580094，2010〜2012年），科学研究費（基盤研究C，25450115，2013〜2015年），科学研究費（基盤研究C，16K07678，2016〜2018年）。

文　　献

1) P. Fernandes & E. Martens, *Biochem. Pharmacol.*, **133**, 152（2017）
2) 舘田一博，日本内科学会雑誌，**102**, 2908（2013）
3) S. Oda, *J. Oleo Sci.*, **66**, 815（2017）
4) S. Oda & H. Ohta, *Biosci. Biotech. Biochem.*, **56**, 2041（1992）
5) S. Oda et al., "Enzymes in Nonaqueous Solvents", p.401, Humana Press（2001）
6) S. Oda & K. Isshiki, *Process Biochem.*, **42**, 1553（2007）
7) 小田忍，バイオサイエンスとインダストリー，**70**, 124（2012）
8) S. Oda et al., *J. Ferment. Bioeng.*, **86**, 84（1998）
9) S. Oda et al., *J. Biosci. Bioeng.*, **87**, 473（1999）
10) S. Oda et al., *J. Biosci. Bioeng.*, **91**, 178（2001）
11) K. Ozeki et al., *J. Biosci. Bioeng.*, **109**, 224（2010）
12) K. Ozeki et al., *J. Biol. Macromol.*, **11**, 23（2011）
13) S. Oda et al., *Process Biochem.*, **44**, 625（2009）
14) S. Oda et al., *J. Antibiot.*, **68**, 691（2015）
15) S. Oda et al., *J. Biosci. Bioeng.*, **112**, 151（2011）
16) S. Oda et al., *Biosci. Biotechnol. Biochem.*, **72**, 1364（2008）
17) S. Oda et al., *Bull. Chem. Soc. Jpn.*, **82**, 105（2009）
18) S. Oda et al., *Process Biochem.*, **47**, 2494（2012）
19) S. Oda et al., *J. Biosci. Bioeng.*, **115**, 544（2013）

20) S. Oda *et al.*, *J. Biosci. Bioeng.*, **112**, 561 (2011)
21) J. M. Cooney *et al.*, *J. Agric. Food Chem.*, **45**, 531 (1997)
22) R. Scarselletti & J. L. Faull, *Mycol. Res.*, **98**, 1207 (1994)
23) L. Serrano-Carreón *et al.*, *Biotechnol. Lett.*, **26**, 1403 (2004)
24) C. J. Behmer & A. L. Demain, *Curr. Microbiol.*, **8**, 107 (1983)
25) S. Oda *et al.*, *J. Biosci. Bioeng.*, **113**, 742 (2012)
26) S. Oda *et al.*, *J. Biosci. Bioeng.*, **114**, 596 (2012)
27) D. Guzmán-de-Peña *et al.*, *Antonie van Leeuwenhoek*, **73**, 199 (1998)
28) S. Oda *et al.*, *Biocontrol Sci.*, in press.

第 6 章　ナノ構造に起因する抗菌・殺菌効果

伊藤　健*

1　はじめに

　地球に生物が誕生してから 38 億年が経ち，生物は長い年月をかけてさまざまな環境に適用できるように進化を遂げてきた。生物が進化の過程で得てきた構造，機能や生産プロセスにヒントを得て新しい技術開発を行ったり，それを社会へ展開する試みが活発化している。技術に関して着目したものをバイオミメティクス（生物模倣，生物規範工学）と呼び[1]，技術に加えて環境政策，環境保全などの観点を付与したものはバイオミミクリーと呼ばれ，アメリカの作家 J. Benyus により 1997 年に提唱された[2]。バイオミミクリーは，①形や構造をまねる，②設計思想，機構をまねる，③生物そのものを使う，④自然の循環，メカニズムに寄り添うという 4 つのカテゴリーに分けられる。20 世紀までは，繊維などの高分子化学と，生物の形態を模擬する機械工学的視点というサイズの大きく異なる 2 つの方向性があった。後者については，新幹線 500 系の先頭形状がカワセミのくちばしを模擬していることが知られている。21 世紀に入り電子顕微鏡により生物の表面構造を高精度に観察できる技術が広まったことや，ナノ構造を再現性良く作製できるプロセスが提案されたことなどナノテクノロジーが進展したことにより生物模倣の対象もナノからマクロまでが研究対象となってきた。さらに，生物学と工学が結びついたことでバイオミメティクス，バイオミミクリーの研究が活性化したといえる。

　2015 年の国連持続可能な開発サミットにおいて，持続可能な開発のための 2030 アジェンダが採択された[3]。これにより，2030 年までに達成すべき 17 の目標と 169 のターゲットからなる持続可能な開発目標が定めたれた。貧困，教育，環境などの 17 の目標のうち，間接的，直接的にバイオミミクリーに関連するのは 10 項目あると考えられ，生活の質と環境負荷のバランスを考えながら新しい技術開発を行っていくことは我々に課せられた義務である。このような背景のなか，感染症予防に対する取り組みは非常に重要である。近年，抗菌剤に対して耐性のある細菌が増加しており，それらに感染することで命を落とす人は全世界で毎年 70 万人と考えられている[4]。また，2050 年にはその数が 1,000 万人にまで増加すると危惧されている。これまでに，抗菌材として金属ナノ粒子や化学物質，抗生物質などが開発されてきたが，抗菌剤に耐性のある細菌には無力である。そのため，新しい原理に基づく抗菌材の創出が望まれている。本稿では，ナノ構造と細菌の物理的な相互作用により抗菌・殺菌を発現する今までにない新しい原理に基づく抗菌材の開発に関する取り組みについて記載する。

　＊　Takeshi Ito　関西大学　システム理工学部　機械工学科　教授

2　昆虫の翅にあるナノ構造と抗菌特性

透明な翅をもつ昆虫であるセミやトンボの翅にはナノオーダーの非常に細かい凹凸が存在している。これらの細かい凹凸は元来，光に対する反射を抑えるために進化の過程で得てきたものと推測されるが，他にも超撥水を実現することで雨でも行動の制限を受けずに済むようになり，ゴミの付着に対する洗浄機能など複数の機能を発現している。さらに，そのナノ構造が抗菌・殺菌効果を示すことが 2012 年にオーストラリアのグループにより報告された[5]。しかしながら，ナノ構造がなぜ抗菌・殺菌を発現するかに対する明確な答えは見つかっていないのが現状である。その原理を解明するには，細菌の種類（グラム陰性，グラム陽性，原核生物，真核生物など）やナノ構造のピッチ，高さ，幅，密度などさまざまな条件との関係を明らかにしなければならず，世界的にもさまざまな研究が取り組まれている。私たちは，関西地方でよく見かけるクマゼミに着目してその翅の抗菌作用について研究を行っている。図 1 に示すように，クマゼミの翅には比較的規則的なナノ構造が分布しており，そのサイズはおおよそ直径 150 nm，高さ 230 nm，ピッチ 200 nm である。この寸法を目標として，ナノ構造を人工的に作製し，抗菌作用の解明に向けた研究を行っている[6, 7]。

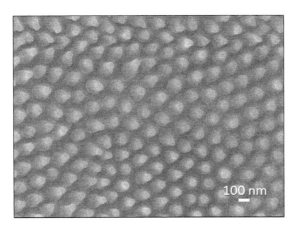

図 1　電子顕微鏡を用いて撮影したクマゼミの翅にあるナノ構造（真上から見た像）

3　ナノ構造の作製法と表面特性の調整

クマゼミの翅にあるナノ構造を再現するために，私たちのグループでは自己組織的に樹脂ビーズを配列させる技術とメタルアシストエッチング（Metal assisted chemical etching）を組み合わせたプロセスを利用している[6]。自己組織的な作製工程は，エネルギーの使用を極力抑える究極のエコでもある。基材としてシリコン基板を用いている。現状では 2 インチ（約 5 cm）角ほどの基板への全面加工が行える状況である。図 2 に作製工程を図示する。まず①Si 基板上にナ

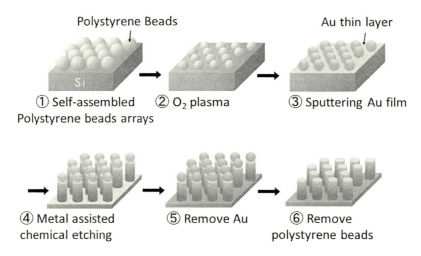

図2 樹脂ビーズとメタルアシストエッチングを用いたシリコンナノピラーの作製方法

ノサイズの有機材料であるポリスチレン（PS）ビーズをスピンコート法を用いて単層配列させる。PS ビーズは，基板全面に球の二次元的最密充填として1層のみ自己組織的に配列されるため，PS ビーズの直径により構造の間隔を決定できる。次に，②酸素プラズマを PS ビーズが配列した基板に当てることで，PS ビーズをガスエッチングにより徐々に削っていく。この時の PS ビーズの直径がナノ構造の直径に相当する。そして，③メタルアシストケミカルエッチングの際の触媒として働く金を上述した基板に薄く堆積させる。PS ビーズの直下には金がシリコンと直接的に載っておらず，この場所はメタルアシストケミカルエッチングの際に削られない箇所となる。続いて，④基板を特殊なエッチング溶液に浸すことで金とシリコンが接触している箇所が深さ方向に異方的にエッチングされる。エッチング溶液に浸している時間で，ナノ構造の高さを制御することができる。最後に，⑤，⑥金と PS ビーズを除去することでシリコン単体からなるナノ構造を形成することができる。この技術を用いることで任意のピッチ，直径，高さを持つナノ構造を得ることができる。ナノ構造はアスペクト比が高いため，ピラーやワイヤー状になっていることからシリコンナノピラー（Si-NP），シリコンナノワイヤー（Si-NW）などと呼ばれることがある。本稿では，単にナノピラーと呼ぶことにする。作製したナノピラーは表面がシリコン酸化膜で覆われているため親水的である。一方，セミの翅は先述した通り水に対する接触角が160°程度と超撥水である。シリコン酸化膜を除去すると疎水的（接触角80°程度）な表面を得ることができるが，空気中の酸素と反応し徐々に自然酸化膜を形成する。セミの翅の撥水性を模倣するためには大きな接触角を得る必要がある。そのため，ナノピラーの表面に自己組織化膜（SAM）を付与し，その表面への大腸菌の付着について評価を行った。SAM が形成された基板の作製方法を以下に示す。シリコンナノピラーにごく薄い金薄膜を堆積させたのち，ドデカンチオールおよびメルカプトウンデカノールのモル比を変化させた溶媒に浸漬することで SAM を形成させた。ドデカンチオールは疎水的であり，メルカプトウンデカノールは親水的である。図3

第6章　ナノ構造に起因する抗菌・殺菌効果

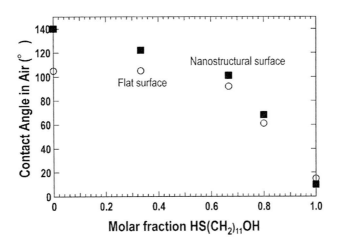

図3　平坦な基板とナノ構造のある基板におけるドデカンチオールおよび
メルカプトウンデカノールのモル比に対する接触角の変化

にモル比と接触角の関係を示す。メルカプトウンデカノールの濃度が高くなると接触角が低下した。また，平らな基板に対してナノ構造を持つ基板は疎水的表面ではより接触角が増加し，親水的表面では接触角がより減少するというロータス効果が見られた。ロータス効果はハスの葉でみられる植物表層での撥水効果のことである。SAM を用いることで平らな基板の接触角は105°から15°，ナノ構造がある基板のそれは140°から10°に変化させることが可能であった。一方，このような構造をもつ抗菌材の大量生産には金型作りとナノインプリント技術が不可欠であるが，今後の取り組みに期待されたい。

4　抗菌評価

人工的に作製したナノピラーが抗菌を発現するかを確認するため，日本工業規格である JIS Z2801（フィルム密着法）に準拠して抗菌試験を実施した。この規格では，物品の表面における細菌の増殖を抑制するかどうかを判断するものであり，細菌を完全に死滅させる滅菌や殺菌とは区別していることに注意が必要である。私たちは，グラム陰性菌の代表である大腸菌を試験体として用いた。評価法は以下の通りである。まず，ナノピラーが作製されたサンプル全面に菌液を塗布し，乾燥を防ぐために滅菌したフィルムを被せたのち35℃にて24時間培養を行った。次に，滅菌生理食塩水でナノピラーが作製されたサンプルおよびフィルムを洗い流し，回収した試験液を大腸菌群微生物検出培地シートに一定濃度に希釈しながら滴下したのち再び35℃の条件で24時間培養した。最後に，各シートからコロニー数をカウントした。また，この試験を行う際に，投入菌液の生菌数を同じく大腸菌群微生物検出培地シートに一定濃度に希釈しながら滴下したのち35℃の条件で24時間培養して算出した。生菌率（R）は以下の式で示される。

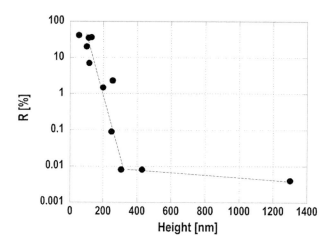

図4 ピッチが200 nmの場合でのナノ構造高さに対する生菌率（JIS Z2801による評価）

$$R\ (\%) = \frac{試験後の生菌数}{投入生菌数} \times 100$$

一般的に，生菌率が1%を下回る場合には抗菌作用があると言われている。図4にピッチが200 nmの場合において，ナノ構造の高さを変化させた時の生菌率を示す。ナノ構造の全くないシリコン基板では，生菌率が数十%であったことから，シリコン基板自体には抗菌性がないことがわかる。また，図からわかるように，高さが大きくなるほど生菌率が低下することから，抗菌作用とナノ構造の高さには相関があると考えられる。ナノ構造の密度は一定であるから，単純にナノ構造の高さが抗菌に影響を及ぼしていることがわかる。データでは示さないが，同じようにピッチを2,000 nmまで拡張しても，ナノ構造がある高さより高くなると抗菌を発現することがわかった。大腸菌の代表的な大きさは縦2 μm，幅0.5 μm程度であることが知られているため，ピッチが菌の大きさよりも小さければ抗菌作用を引き起こす可能性があることを示唆している。

5 細胞レベルでの殺菌評価

抗菌メカニズムを推測するためには，1細胞レベルでの評価が重要である。細胞の増殖が抑えられる場合には抗菌であるが，細菌の死が確認できれば殺菌といえる。先行研究では，DNAを染色する試薬（SYTO 9, ヨウ化プロピジウム：PI）を用いて評価を行っている[5]。細胞膜に傷がない場合には，膜透過性のあるSYTO 9が選択的に細胞内液に入り込み，細胞膜の状態に関わらずDNAを染色し緑色に見える。一方，細胞膜に損傷がある場合には，PIが細胞内液に入り込み，DNAと結合することで赤色に染色される。この手法は，キット化されており細胞の生

第6章　ナノ構造に起因する抗菌・殺菌効果

死の判定に使われている。しかしながら，細胞膜に損傷が起こった段階で赤色の染色が始まるため，本当に細菌が死んでいるかの判定が難しいことが問題である。例えば大腸菌などは，細胞膜に軽く傷をつけることで遺伝子組み換え用のベクターを導入する技術が使われているが，菌は生存可能である。そこで，私たちは，試験体である大腸菌を遺伝子組換えすることで蛍光タンパク質（mCherry）を体内に作らせることにした。細胞膜が損傷し，蛍光タンパク質が漏れ出れば，蛍光強度の低下が見られるはずであり，細胞内液が流出した証となる。また，蛍光強度変化を追えばどれくらいの時間で死に至るのかを推測できる。蛍光像と位相差像を同軸で顕微鏡観察することで，細菌の付着と蛍光強度の観察を同時に行った[7]。サンプルはクマゼミの翅およびナノピラーを用いた。mCherry を発現させた菌液を，セミの翅またはナノピラーの上に滴下した。その後，菌液をカバーガラスで押し広げて，サンプル全面に菌液が行き渡ってからサンプルの上下をひっくり返し，重力の影響を受けない環境下で顕微鏡観察を行った。図5（a）には，セミの翅での観察結果，図5（b）にはナノピラーでの観察結果を示す。それぞれの図において，左側が観察開始直後，右側が30分経過後の顕微鏡像である。また，図5（a）の上段は位相差顕微鏡像，下段は蛍光顕微鏡像である。なお，ナノピラーの場合には光が透過しないため位相差像は得られない。図5（a）において上側の像を見比べると，像にほとんど変化がないことから翅に付着した菌が外れていないことがわかる。次に下段の蛍光顕微鏡像を見比べると，中央付近から右上側にかけた部分に注目すると蛍光強度が減少していることがわかる。この結果は，細胞内液の流出が生じ，蛍光タンパク質が漏れ出ていることを示している。これらの結果から，大腸菌はセミの翅に一度付着すると，外れることなく細胞内液が漏れ出るため死滅するということが分かった。一方，ナノピラーでの結果（図5（b））についてみると，図5（a）の蛍光像と同じように時間が経つにつれて蛍光が弱くなっていることが確認された。これらのことから，セミの翅およびナノピラーのナノ構造表面で同じ現象が生じていると考えられる。

次に，セミの翅およびナノピラー上での大腸菌の蛍光強度の時間変化について1細胞レベルで評価を行った。細胞数は各条件において10個とした。結果を図6（a）：セミの翅，（b）：ナノピラーに示す。図6を見ると，（a），（b）ともに蛍光強度変化は以下の3つに分かれていることがわかる。①蛍光強度はほとんど変化しない，②蛍光強度が徐々に低下する，③蛍光強度が急激に変化する。蛍光強度変化の時定数を以下の式に従って求める。

$$K = -\ln\left(\frac{N(t+\Delta t)}{N(t) \cdot \Delta t}\right)$$

上述したプロセス2，3のそれぞれにおける時定数を K_2, K_3 と記述すると，セミの翅およびナノピラー上で観測された K_2, K_3 の値はほぼ等しいことが分かった（表1）。これらのことからも，ナノ構造上で生じる殺菌は，構造のみで起こる現象であると結論づけられる。

ナノ構造に起因する抗菌作用は，その表面でしか作用しないため，細菌がナノ表面に集まってくる仕掛けが必要である。細菌がナノ構造に付着する原動力は何であろうか？　私たちの実験で

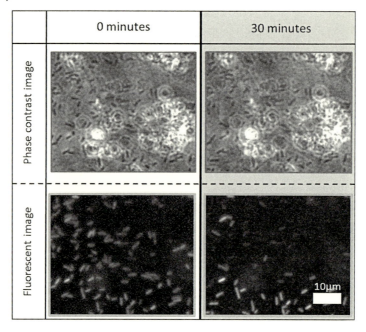

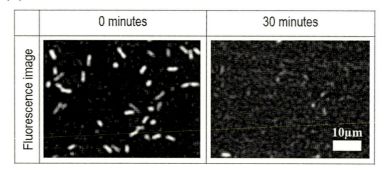

図5 蛍光タンパク質を発現させた大腸菌を用いた1細胞レベルでの殺菌評価
(a) セミの翅，(b) ナノピラーでの評価結果。(a) では，上図が位相差顕微鏡像，下図が蛍光顕微鏡像を示す。(b) では蛍光顕微鏡像を示す。また，各図において左が観察直後，右が観察開始から30分経過した後の図である。

は大腸菌を菌体として利用していることでさまざまな遺伝子組換え体を作ることができる。鞭毛は大腸菌が運動をするうえで非常に重要な機能をはたしている。接触角の変化および，ナノ構造の有無によって大腸菌が付着する個数をカウントしたところ，同じ接触角でも平面よりはナノ構造がある方が付着数が2倍ほど多く，また接触角の増加に伴って付着数が増加することがわかった（図7）。図は示さないが，鞭毛がない場合には付着が抑制されることから，細菌は鞭毛を使って付着に好ましい条件を探していると考えられ，その条件とはより疎水的な表面状態であると考

第6章　ナノ構造に起因する抗菌・殺菌効果

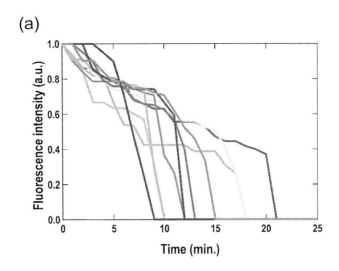

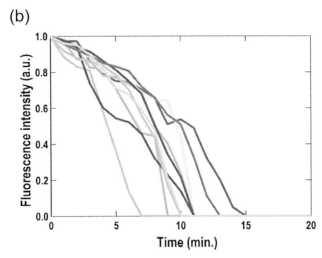

図6　1細胞レベルでの蛍光強度の時間変化（サンプル数は10）
付着直後の蛍光強度を1とし，その変化量を時間とともに解析した。(a)セミの翅，(b)ナノピラー。

表1　セミの翅およびナノピラーにおける時定数の計算結果（サンプル数10）

サンプル	K_2 [min^{-1}]	K_3 [min^{-1}]
セミの翅	4.94×10^{-2}	3.54
ナノピラー	5.32×10^{-2}	2.29

えられる。これは，セミの翅が超撥水的であることからも裏付けられる。また，上述した①～③の蛍光変化との関連を考えると，①では細菌がナノ構造表面に付着した状態をとらえており，この状態ではまだ運動を続けられると考えられる。運動を続けている際に，ナノ構造に菌体がぶつかることで細胞膜に損傷を生じる。その結果，徐々に細胞内液が漏れ出るため蛍光タンパク質も

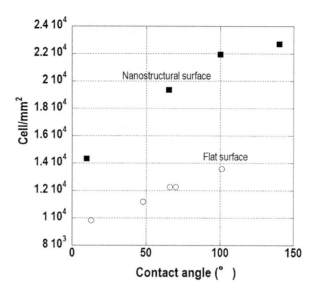

図7 平らな基板とナノ構造のある基板上にSAMを形成し，接触角を制御した
サンプルに大腸菌を塗布したあと1分後に付着数をカウントした結果

徐々に漏れ出ていると考えられる（②のプロセス）。場合によっては，①から②のプロセスは即座に生じることもあるため，①のプロセスが観察されない菌体も存在する。最後に，大きな細胞内液の漏れが発生し（③のプロセス），最終的に死に至ると考えることができる。

6　まとめ

昆虫の翅に存在するナノ構造に起因する抗菌・殺菌効果は，従来の化学的な抗菌材と原理が異なり，持続性があり抗菌剤に対する耐性を持つ菌への殺菌効果も期待できることから新しい抗菌材として世界的に期待されている。本稿では，クマゼミの翅にあるナノ構造を人工的に模擬する技術を紹介し，どのような構造や表面の条件から抗菌が発現するかをJIS規格の評価法や1細胞レベルでの評価を行った結果について示した。1細胞レベルでの評価から，細菌の死滅には3つの過程があることが示唆された。一方，ナノ構造を用いた抗菌材の弱点は，表面のみでしか殺菌効果がないため，細菌を積極的に構造表面に付着させる必要がある。そのため，モデルとして大腸菌を用いて付着の特性を調べたところ，鞭毛が表面への付着に関与しており，ナノ構造のある疎水的表面に積極的に集まってくることがわかった。この結果は，新しい抗菌材の開発の指標になりえると考えている。今後は，大腸菌以外の細菌に対する抗菌・殺菌効果や大量生産に向けた技術開発に取り組んでいきたい。

本稿で紹介した内容は，国立研究開発法人情報通信機構（NICT）との連携で研究を進めているものであり，研究費の一部は科学研究費助成事業（18K19008），カシオ科学振興財団研究助

第 6 章　ナノ構造に起因する抗菌・殺菌効果

成，飯島藤十郎記念食品科学財団学術研究助成，および私立大学戦略的研究基盤形成支援事業から援助をいただいたものである。また，研究の推進には関西大学システム理工学部機械工学科ナノ機能物理工学研究室に所属する多くの学生の協力を頂いた。ここで，関係各位のご指導，ご支援に感謝の意を表す。

文　　　献

1) 下村政嗣監修，次世代バイオミメティクス研究の最前線，シーエムシー出版（2011）
2) J. M. Benyus, 自然と生体に学ぶバイオミミクリー，オーム社（2006）
3) http://www.unic.or.jp/activities/economic_social_development/sustainable_development/2030agenda/
4) A. Tripathy et al., *Adv. Colloid Interface Sci.*, **248**, 85（2017）
5) E. P. Ivanova et al., *Small*, **8**, 2459（2012）
6) T. Ito et al., *ECS Trans.*, **75**, 1（2017）
7) K. Nakade et al., *ACS Appl. Nano Mater.*, **1**, 5736（2018）

天然系抗菌・防カビ剤の開発と応用

2019年4月25日　第1刷発行

監　　修	坂上吉一	(T1112)
発　行　者	辻　賢司	
発　行　所	株式会社シーエムシー出版	
	東京都千代田区神田錦町1-17-1	
	電話 03(3293)7066	
	大阪市中央区内平野町1-3-12	
	電話 06(4794)8234	
	http://www.cmcbooks.co.jp/	
編集担当	渡邊　翔／山本悠之介	

〔印刷　日本ハイコム株式会社〕　　　　　　　　© Y. Sakagami, 2019

本書は高額につき，買切商品です。返品はお断りいたします。
落丁・乱丁本はお取替えいたします。

本書の内容の一部あるいは全部を無断で複写(コピー)することは，法律で認められた場合を除き，著作者および出版社の権利の侵害になります。

ISBN978-4-7813-1260-6　C3043　¥80000E